面向21世纪课程教材

Textbook Series for 21st Century

普通高等教育“十三五”规划教材

定量分析简明教程

第3版

张 莉 赵士铎 主编

U0951491

中国农业大学出版社

·北京·

内容简介

“定量分析化学”是农林院校中本科生必修的一门重要的基础课。本书自2008年第一次出版至今，被多所高校使用，受到广大师生的一致好评。

本书内容共9章，包括：定量分析的误差和数据处理、滴定分析法概述、酸碱滴定法、沉淀滴定法、配位滴定法、氧化还原滴定法、吸光光度分析法、电势分析法、几种现代仪器分析方法概述。

本书概念严谨、文字精炼、逻辑性强，可作为高等农林院校的生物、农学、食品、环境等各专业的大学生教材，也可供从事分析化学教学、科研及分析测试人员阅读参考。

图书在版编目(CIP)数据

定量分析简明教程/张莉，赵士铎主编. —3版. —北京：中国农业大学出版社，2019.4(2025.7重印)

ISBN 978-7-5655-2200-0

Ⅰ.①定… Ⅱ.①张…②赵… Ⅲ.①定量分析-高等学校-教材 Ⅳ.①O655

中国版本图书馆CIP数据核字(2019)第069904号

书　名	定量分析简明教程 第3版		
作　者	张 莉 赵士铎 主编		
策划编辑	张秀环	**责任编辑**	潘晓丽
封面设计	郑 川 李尘工作室	**责任校对**	孟丽萍
出版发行	中国农业大学出版社		
社　址	北京市海淀区学清路甲38号	**邮政编码**	100083
电　话	发行部 010-62733489,1190		读者服务部 010-62732336
	编辑部 010-62732617,2618		出 版 部 010-62733440
网　址	http://www.caupress.cn	**E-mail**	cbsszs@cau.edu.cn
经　销	新华书店		
印　刷	涿州市星河印刷有限公司		
版　次	2019年5月第3版　2025年7月第5次印刷		
规　格	787×980　16开本　15.5印张　280千字		
定　价	48.00元		

图书如有质量问题本社发行部负责调换

第3版编写人员

主　编　张　莉　赵士铎

副主编　王红梅　邹连春

参　编　（按姓氏笔画排序）

石　军　孙　英　吴琼洁　张佩丽

赵　慈　饶震红　蒋　疆　潘振良

主　审　杨桂梧

第2版编写人员

主　编　赵士铎

副主编　杨桂梧　赵　慈　张　莉　蒋　疆

编　著　（按姓氏笔画排序）

石　军　孙　英　吴琼洁　张佩丽

邹连春　饶震红　潘振良

第 3 版前言

作为化学学科的重要分支之一，分析化学是建立在化学、物理、数学、生物、电子学和计算机科学之上的一门交叉性学科，其基本原理和分析方法被广泛应用于生物医药、农学、动物科学、食品、资源环境等相关领域，为工农业生产、环境保护、食品安全等提供了重要的理论和技术支持，是培养农林相关领域内创新型人才的必要基础和有力支撑，也是全面提高人才培养质量，推进教育强国、科技强国、人才强国建设的重要学科之一。

本书自 2008 年出版使用迄今已有 10 年，被多所高校使用，受到广大师生的一致好评。根据新的培养方案和教学需要，编者对第 2 版再次进行修订。

根据同行专家和学生的建议，本书再版在保持原书概念严格、逻辑性强、选材合理、文字精练、难度适中等特点的原则下，对原书中的错误进行了修正。

本书由中国农业大学张莉和赵士铎老师担任主编。参加本次修订的有吉林大学邹连春，中国农业大学王红梅、张莉、赵士铎、饶震红、张佩丽、孙英、赵慈，天津农学院石军，福建农林大学蒋疆、吴琼洁，河南农业大学潘振良。同时，对本书第 1 版、第 2 版的所有参编人员表示深深的敬意。

内蒙古农业大学杨桂梧教授对本书稿进行了精心审阅，中国农业大学出版社为本书的顺利出版给予了大力支持，孙勇和潘晓丽编辑为此书出版付出了辛勤的劳动，在此一并表示真挚的谢意。

由于编者水平有限，本书错误之处在所难免，恳请广大读者批评和指正。

编　者

2023 年 12 月

第 2 版前言

“分析化学”是高等农、林、水院校本科生必修的一门重要基础课，自 2008 年起，列入农学门类硕士研究生入学统一考试《化学》科目中的重要部分。

本书第 1 版在多所农林院校使用。几年来，老师和同学对书中一些不足提出了很多中肯的意见。此次再版，主要在以下几方面做了较大改动：

(1)根据农、林、水院校化学课程基本要求，本书对标准平衡常数、浓度平衡常数、混合平衡常数等不作区别。本书中，所用平衡常数数据基本均为标准平衡常数。

在做化学平衡的处理时，用 c 表示某型体的平衡浓度，用 c' 或 c_0 表示某物种的分析浓度。

(2)考虑到农、林、水院校的具体情况，增加了“几种现代仪器分析方法简介”一章内容，主要介绍了几种仪器分析方法的基本原理、定量方法和适用范围。

(3)为学生使用方便，本书将理论部分与实验部分分两册装订。

参加本书编写的有：内蒙古农牧大学杨桂梧，天津农学院石军，福建农林大学蒋疆、吴琼洁，吉林大学邹连春，河南农业大学潘振良，中国农业大学饶震红、张佩丽、孙英、张莉、赵慈、赵士铎。中国农业大学出版社孙勇和孟梅两位编辑为此书出版付出了很多艰辛劳动，在此向他们表示真挚的谢意。同时，对本书第 1 版的参编人员表示深深的敬意。

由于编者水平有限，还望使用本书的各位老师和同学多多指正。

编　者

2008 年 1 月

第1版前言

分析化学是一门实验性极强的科学。分析化学中建立的多种分析方法，广泛地应用于生物、农林科技领域。所以，“定量分析”是农林院校中一门重要的基础课程，更是一门以实践为主的工具课程。根据教育部“面向21世纪高等农林院校本科生化学系列课程体系改革的研究与实践”项目制定的《化学系列课程基本要求》，我们编写了这本适于农林院校使用的《定量分析简明教程》教材，本书是高等教育面向21世纪教学内容和课程体系改革项目(04-8)研究成果。为此，我们做了如下处理：

(1)化学分析和仪器分析，仅是适用范围不同的两种分析方法，无所谓孰优孰劣。发达国家的有识之士已在惊叹化学分析人才的匮乏给经济发展带来的巨大损失。考虑到化学分析法在农林生产中的广泛应用以及国内农林院校中“仪器分析”单独设课的现状，本书主要讨论化学分析法，仪器分析部分只讨论分光光度法、电势分析法以及线性滴定法。

(2)精简理论部分，力图做到够用即可。凡在普通化学课中已讲授的内容，一般不重复；尽量避免复杂的数学演绎，而代之以简明的定性说明。

(3)影响各类滴定分析终点误差的因素，统一根据反应的完全程度来说明。

(4)考虑到学时限制和学生的化学基础，本书强调定量分析的基本理论、基本知识及基本技能。如由于农业样品的多样性和复杂性，样品的前处理、分离方法均留专业课讨论；实验部分安排的大多为基本实验，但一般不详述原理，并要求学生事先估算各种试剂用量等，旨在锻炼学生基本的实验技能。

(5)本书提供“分析化学”计算机软件一套，该软件界面友好、使用简单，包含本书中涉及的各类复杂、烦琐的计算，如数据处理、酸度计算、EDTA酸效应系数计算、电势分析结果计算等。计算机技术的使用，不但大大提高了工作效率和计算质量，还将大大减轻机械记忆的负担。

(6)积极贯彻《量和单位》国家标准(1993),物理量之间的关系,除个别使用数值方程外,一般均用量方程表示。

本书适用于农林院校各专业使用,理论部分约需30学时,实验部分应安排50学时左右。

由于编者水平有限,书中不当之处,恳请同行专家和使用本书的读者指正。

编 者

2001年1月

目　录

绪　论
Introduction

分析化学(Analytical Chemistry)是研究物质的化学组成的科学。构成宇宙的万物,究竟由哪些成分组成(元素、离子、原子团或化合物)?各组分含量如何?物质内部结构如何?这些都是分析化学要解决的问题:前两者,属组分分析中的定性、定量分析的任务;后者,属结构分析的任务。

分析化学是一门既古老又充满活力的科学,它从一门技术发展为一门科学,得益于化学和其他科学技术的进步,同时又对人类科学技术的发展起了任何学科都不可替代的重要作用。古代,人们在生产实践中接触了大量化学反应,关心的往往仅是能得到什么产物及伴随化学反应发生的现象,因此积累了很多定性分析的手段。至18世纪,由于冶金工业的发展,迫切需要准确测定矿石中各组分的含量,加之当时的工业技术水平已可制造出精密的天平(拉瓦锡已使用可测准0.000 1 g的天平)等测量仪器,促进了定量分析技术得以大大发展,化学家们精确测定了各种矿物的组成。这些工作不仅促进了冶金工业的进步,还在测得的大量数据的基础上,建立了现代化学的3大基础定律:质量守恒定律、定组成定律和倍比定律。因此,现代化学是在分析化学发展的基础上建立起来的。20世纪初,分析化学经历了第1次大变革:由于化学热力学理论的发展,溶液中4大平衡理论的建立,为化学分析提供了坚实的理论基础,使之从一门技术发展为一门科学。"二战"前后,发生了分析化学的第2次大变革:当时物理学和电子学的新成就,促进了分析化学中物理方法(仪器分析方法)的发展,使测定的灵敏度大大提高,实现了超纯物质中痕量杂质测定,反过来,分析化学的进步又对半导体材料、原子能工业等的发展起了决定性的作用。

现代社会,分析化学已渗透到工业、农业、医药、国防、公安、体育以及科学技术各个领域,成为衡量国家科技水平的重要标志之一。农业生产和研究中,土壤肥力测定、肥料、饲料、农产品品质的评价、水、大气、土壤污染情况的监测等,无一离得开不断进步的分析化学理论和方法,如在震惊世界的比利时食品中强致癌物质四氯二噁英污染事件中,分析化学就充分发挥了人类健康保护神的积极作用(四氯二噁英的22种异构体中,毒性最大的2,3,7,8-TCDD在食品中的质量分数仅为$4/10^{12}$)。现代生物学已进入分子水平,对分析化学提出了更高的要求,如超微量生物活性物质及活体分析、在单个细胞内检测痕量元素及其结合形式(检出限

为 10^{-15} g)等。现代分析化学，面临种种挑战，正在发生第3次大的变革，它吸收了现代科学技术的最新成果(化学、物理、计算机、数学、生物学等)，利用物质一切可利用的性质，建立了大批新方法、新技术，已成为现代科学中最有活力的学科之一。

定量分析(Quantitative Analysis)的基本原理、方法和技术，是现代农业、生物学工作者知识结构的重要组成，因此"定量分析化学"是农业院校中一门重要的基础课程。分析化学是一门实验性极强的科学，学习者除需掌握各种基本原理和操作技能外，还应着力培养观察、思考、推理、判断、表达及应变能力；分析化学是老老实实的科学，来不得半点虚假，学习者必须严肃认真，实事求是，并养成细心、整洁、爱护仪器、珍惜药品的良好素质。

0.1 分析化学的分类(Classification of Analytical Chemistry)

分析化学，除可按任务不同分为定性分析、定量分析及结构分析，按被测物种类分为无机分析与有机分析，还可按试样用量多少、被测组分含量高低等分为不同类型。

按组分含量，可分为常量组分分析、微量组分分析和痕量组分分析等(表Ⅰ)。

表Ⅰ 分析化学的分类

类别	常量组分分析	微量组分分析	痕量组分分析
组分质量分数 w/%	>1	0.01～1	<0.01

按试样用量，可分为常量、半微量、微量分析等(表Ⅱ)。

表Ⅱ 分析化学的分类

类别	固体试样用量/g	液体试样用量/mL
常量分析	>0.1	>10
半微量分析	0.01～0.1	1～10
微量分析	<0.01	<1

0.2 分析化学的方法(Methods of Analytical Chemistry)

分析化学的方法，按原理不同，可分为化学分析和仪器分析：

0.2.1　化学分析(Chemical Analysis)

化学分析是利用物质发生的化学反应而进行的分析方法，适用于常量分析中的常量组分分析。其中定量化学分析又可分为：

1. **气体分析法**　气体分析法是利用化学反应前后气体体积的变化进行定量测量的方法，其理论基础是气体定律。如将 NH_4HCO_3 样品与 CaC_2 混合，样品中的水分与 CaC_2 发生反应，定量生成 C_2H_2 气体：$2H_2O+CaC_2=C_2H_2+Ca(OH)_2$，通过测量生成 C_2H_2 的体积即可知样品含水量。由于实际气体偏离理想气体方程，此法准确度不很高。

2. **重量分析法**　令被测物与试剂反应，使生成有固定组成的沉淀，经过滤、洗涤、干燥或灼烧后，称量所得沉淀的质量，即可算得组分含量。如 Na_2SO_4 样品，溶解后加入过量 $BaCl_2$，再通过称量所得 $BaSO_4$ 质量即可知样品中硫酸根含量。此法可获得十分准确的结果，但操作麻烦，耗费时间，故现在很少用于例行分析，而常用之校准其他方法。

3. **滴定分析法**　滴定分析法是将一种已知准确浓度的试剂溶液，用滴定管逐滴加入被测试液中，直至两者按化学计量关系恰好完全反应为止，根据两溶液的体积和试剂溶液浓度，即可算得被测组分含量。此法简便、快速、准确，应用面广，是最常用的定量化学分析方法。其理论基础为溶液中 4 大平衡原理。

0.2.2　仪器分析(Instrumental Analysis)

仪器分析是以物质的物理性质或物理化学性质为依据的分析方法。这类方法都要求使用特殊的仪器设备。

依测定原理之不同，仪器分析法可分为光学分析法(如发射光谱法、吸收光谱法等)、电化学分析法(如电势分析法、电导分析法、极谱法等)、色谱分析法(如气相色谱、液相色谱、离子色谱)及质谱分析法等。随着科学技术的进步，各种新的仪器分析方法还在不断出现。仪器分析法快速、灵敏，适用于微量、痕量组分的测定，在农业及其他各行业中已大量使用。

仪器分析的出现，是分析化学的一大变革，但化学分析法并非是应退出历史舞台的落后方法，据统计，当前实际工作中使用最多的仍是化学分析法。主要原因是：

1. **两种方法适用范围不同**　化学分析法准确度高，灵敏度低，仪器分析法灵敏度高，但相对误差较大。如用滴定分析法测定 As_2O_3 样品中砷的质量分数 [$w(As)\approx75\%$]，按相对误差 $\pm0.2\%$ 计，测定结果在 74.85%～75.15%，而若用分光光度法，相对误差±5%，测定结果将在71.25%～78.75%，显然仪器分析结果很差；但测定土壤中砷含量[$w(As) \approx 1 \times 10^{-6}$]，滴定法根本无法进行，采用分光光度法，结果在($9.50 \times 10^{-7}$)～($1.05 \times 10^{-6}$)，绝对误差很小，可满足要求。

2. 仪器分析法离不开化学分析法的原理和技术 这不仅指测定前样品的处理、标准溶液的配制和标定、测定过程对干扰的掩蔽等，很多仪器分析本身就离不开对化学反应的研究和利用。如吸光光度法中对显色反应的研究、研制离子选择性电极时对电化学界面机理和结构的探讨等。所以难怪20世纪60年代初，人们曾怀疑化学分析法是否仍有必要存在，提出："不管你喜欢不喜欢，化学正在走出分析化学。"而今，人们充分认识到化学分析法的重要，又在惊呼"信不信由你，化学正在回到分析化学"。化学分析法和仪器分析法各有特点，两者相辅相成，共同构成分析科学。实际工作中，要根据被测物的性质、含量和对分析结果准确度的要求选择适宜的方法。化学分析法是分析化学的基础，本书重点讨论化学分析法、吸光光度法、电势分析法，并对农业研究中常用的几种仪器分析法作简单介绍。

0.3 定量分析的程序(Procedures of Quantitative Analysis)

定量分析工作过程一般包括以下步骤：

0.3.1 采样

从大量的分析对象中抽取一小部分作为分析材料的过程称为采样，所得分析材料称为试样或样品。试样必须能代表全部分析对象，故其必须具有代表性。采样是分析程序中极重要的一环，采样不正确，测定再准确也徒劳。

采样方法，依分析对象的性质、均匀程度、粒度大小、数量多少及分析项目的不同而异，总的原则是多点采集原始材料，采样量依原料总量、区域大小、均匀程度而确定。采得的原始样，应打碎并充分混匀，堆成圆锥，再压成圆饼形，通过中心画十字均分4等份，弃去任一对成对角的两份，将之缩分为原量的一半。再按上法依次缩分，至所需量为止。以上缩分方法称四分法。

农业样品的采集比较复杂，待有关专业课详细介绍。

0.3.2 样品制备

采得的样品在分析前一般需风干粉碎以增加其均匀性，并要求全部通过一定大小的筛孔，使之达到一定粒度，最后装瓶，贴好标签，注明名称、采集地点、时间等，备分析用。

0.3.3　试样分解

试样在分析前一般必须分解制备成溶液，按所用试剂不同，分解方法可分为以下两种：

1. **湿法分解**　用水、稀酸、浓酸、混酸（如王水、硫酸与硝酸、硝酸与高氯酸及氢氟酸）等消化分解试样。

2. **干法分解**　使样品与 Na_2CO_3、$KHSO_4$、$NaNO_3$ 等熔剂混合，加热熔融，然后用湿法处理。

实际工作中，要依试样性质和测定项目选择分解方法，以使被测组分能全部转入溶液中。各种农业样品分解方法留专业课介绍。

0.3.4　测定

根据分析对象的组成、被测组分的含量以及对测定准确度的要求，选择适宜的分析方法进行测定。

0.3.5　数据处理和结果的表示

对测定所得数据，应利用统计学方法进行合理取舍和归纳，结果报告中，应对其可靠性和精密度进行正确表述。

固体试样中组分含量常用物质的质量分数 w_B 表示：

$$w_B=\frac{m_B}{m}$$

质量分数的单位为 1。如某试样中铜的质量分数 $w(Cu)=1\times10^{-2}$，也可以表示为 $w(Cu)=1\%$。

溶液中被测组分含量常用质量浓度 ρ_B 或物质的量浓度 c_B 表示。物质 B 的质量浓度定义为：

$$\rho_B=\frac{m_B}{V}$$

即物质 B 的质量除以混合物的体积。其常用单位为 $g\cdot L^{-1}$、$mg\cdot L^{-1}$ 等。

第1章　定量分析的误差和数据处理 Errors of Quantitative Analysis and Data Analysis

定量分析化学的目的是准确测定样品中组分的含量。但实际上由于种种因素的影响，人们永远不可能得到绝对准确的测定结果：即使由最优秀的分析工作者采用最可靠的方法、使用最先进、最精密的仪器进行测定，所得结果也不可能绝对准确；同一人对同一样品在相同条件下进行多次测定（平行测定），所得结果也不可能完全相同。测定结果的这两个特征，说明定量分析中误差是不可避免的，定量分析的结果只能是真值的近似值。因此，分析工作者必须能根据生产、科研等工作的要求，采取措施减少误差对测定结果的影响，并对结果的可靠性做出正确评价。

1.1　准确度与精密度（Accuracy and Precision）

为了表述测定结果所具有的两个特征，引入了准确度与精密度概念。

1.1.1　准确度及其表示——误差（Error）

准确度指测定结果与真值的接近程度。准确度高低用误差来说明：误差表示测定结果 x 与真值 T 的差异，可用绝对误差 E 和相对误差 RE 两种方式表达。

$$\text{绝对误差 } E = x - T \tag{1-1}$$

$$\text{相对误差 } RE = \frac{E}{T} \tag{1-2}$$

相对误差常用百分数形式表示。一般人们总要对同一样品进行多次重复测定，并用各次测定结果的平均值$\bar{x}$ 表示样品的测定结果，因此实际工作用$\bar{x} - T$ 表示绝对误差。由于真值 T 永不能准确得知，实际工作中常用所谓标准值代替：标准值系由经验丰富的多名分析人员，在不同实验室采用多种可靠方法对试样反复分析，并对全部个别测定结果进行统计处理后得出的较准确的结果。纯物质中元素的理论含量也可作真值使用。

误差越小,表示测定结果与真值越接近,准确度越高。误差有正负之分,正误差表示测定结果偏高,负误差表示结果偏低。通常用相对误差来衡量测定的准确度,原因是可反映测定值与真值之差在测定结果中所占比例,能更合理地反映测定准确度。

【例1.1】 用万分之一分析天平称量两试样,测得质量分别为0.005 1 g和5.125 1 g。两试样真实质量分别为0.005 3 g和5.125 3 g。计算两测定结果的绝对误差和相对误差。

解:

$$E_1=x_1-T_1=0.0051\ \text{g}-0.0053\ \text{g}=-0.0002\ \text{g}$$

$$E_2=x_2-T_2=5.1251\ \text{g}-5.1253\ \text{g}=-0.0002\ \text{g}$$

$$RE_1=\frac{E_1}{T_1}=\frac{-0.0002\ \text{g}}{0.0053\ \text{g}}=-4\%$$

$$RE_2=\frac{E_2}{T_2}=\frac{-0.0002\ \text{g}}{5.1253\ \text{g}}=-0.004\%$$

同为−0.000 2 g的绝对误差,由于第1个试样质量较小,故对其测定结果的准确度影响必然较大。RE_1与RE_2的差异合理地反映了这一点。

1.1.2　精密度及其表示——偏差(Deviation)

精密度指对同一样品在相同条件下所做多次平行测定的各个结果间的接近程度,表现了测定结果的重复性。精密度高低常用偏差衡量:偏差越小,精密度越高,表示平行测定结果接近程度较好。偏差常用下列方法表示:

1. **绝对偏差和相对偏差**　绝对偏差d为某单次测定结果(x_i)与平行测定各单次测定结果的平均值$\bar{x}$之差;相对偏差$d\text{r}$为绝对偏差与平均值之比,常用百分数形式表示。

$$d_i=x_i-\bar{x} \tag{1-3}$$

$$d\text{r}_i=\frac{d_i}{\bar{x}} \tag{1-4}$$

一组平行测定,各单次测定结果偏差的代数和为0,故偏差的自由度$f=n-1$,n为测定次数。某次测定结果的偏差,只能反映该结果偏离平均值的程度,不能反映一组平行测定的精密度。

2. **平均偏差与相对平均偏差**　为表示一组平行测定结果间接近程度或离散程度,引入平均偏差和相对平均偏差概念。平均偏差指各单次测定结果偏差绝对值的平均值:

$$\bar{d}=\frac{|d_1|+|d_2|+\cdots+|d_n|}{n}=\frac{\sum_{i=1}^{n}|d_i|}{n} \tag{1-5}$$

相对平均偏差为平均偏差与平均值之比，常以百分数形式表示：

$$\bar{d}\text{r}=\frac{\bar{d}}{\bar{x}} \tag{1-6}$$

一般分析工作中，精密度常用相对平均偏差表示。

【例 1.2】 下列数据为两组平行测定中各次结果的绝对偏差，据此计算两组测定结果的绝对平均偏差。

Ⅰ：+0.1，+0.4，0.0，−0.3，+0.2，−0.3，+0.2，−0.2，−0.4，+0.3；

Ⅱ：−0.1，−0.2，+0.9，0.0，+0.1，+0.1，0.0，+0.1，−0.7，−0.2。

解：

$$\bar{d}_1=\frac{1}{10}(0.1+0.4+0.0+0.3+0.2+0.3+0.2+0.2+0.4+0.3)=0.2$$

$$\bar{d}_2=\frac{1}{10}(0.1+0.2+0.9+0.0+0.1+0.1+0.0+0.1+0.7+0.2)=0.2$$

虽然$\bar{d}_1=\bar{d}_2$，但在第Ⅱ组中出现了+0.9 和−0.7 两个较大偏差，精密度明显较差，其原因是一组平行测定结果偏差较小的总占多数，偏差很大的总占少数，故将偏差取平均值后，有时大的偏差得不到应有的反映。可见用平均偏差表示精密度时，对极值反应不灵敏。

3. 标准偏差与相对标准偏差(变异系数) 标准偏差又称均方根偏差。当平行测定次数趋于无穷大时，标准偏差定义为：

$$\sigma=\sqrt{\frac{\sum_{i=1}^{n}(x_i-\mu)^2}{n}} \tag{1-7}$$

式中，μ 为无限多次平行测定结果的平均值，称为总体平均值。

一般分析工作中，仅做有限次平行测定，此时标准偏差用 s 表示，定义为：

$$s=\sqrt{\frac{\sum_{i=1}^{n}(x_i-\bar{x})^2}{n-1}}=\sqrt{\frac{\sum_{i=1}^{n}d_i^2}{n-1}} \tag{1-8}$$

手工计算时，依式(1-8′)较方便，其与式(1-8)恒等：

$$s=\sqrt{\frac{\sum_{i=1}^{n}x_i^2-\left(\sum_{i=1}^{n}x_i\right)^2/n}{n-1}} \tag{1-8′}$$

用标准偏差表示例 1.2 中两组平行测定结果的精密度，得：

$$s_1=0.3; s_2=0.4$$

表示第Ⅱ组测定精密度较差。可见标准偏差对极值反应灵敏，故用其表示精密度要比用平均偏差科学。

相对标准偏差又称变异系数(CV)，通常用百分数形式表示：

$$CV=\frac{s}{\bar{x}} \tag{1-9}$$

4. 相差和相对相差　若对样品只做两次平行测定，精密度常用相对相差表示：

$$相差=|x_1-x_2| \tag{1-10}$$

$$相对相差=\frac{|x_1-x_2|}{\bar{x}} \tag{1-11}$$

5. 极差和相对极差　极差指一组平行测定结果中最大者与最小者之差：

$$R=x_{max}-x_{min}$$

相对极差则定义为$\frac{R}{\bar{x}}$。相对极差适于说明少数几次测定结果的离散程度。

1.1.3　准确度与精密度的关系

测定结果之优劣，可根据准确度和精密度的高低进行判断。图 1-1 表示甲、乙、丙 3 人分析同一试样中 Fe_2O_3 质量分数的结果。

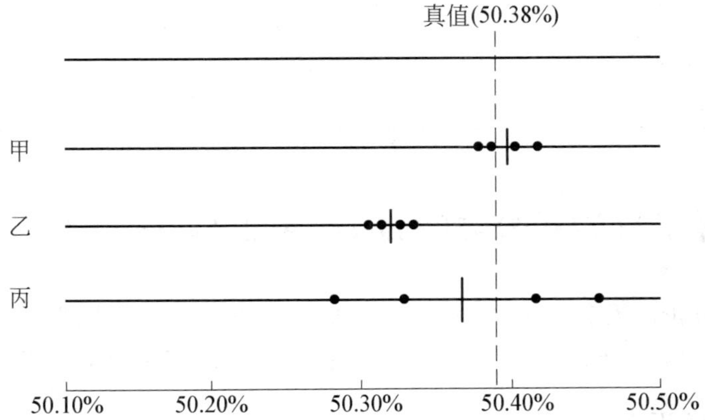

图 1-1　不同分析人员对同一样品分析结果

（● 表示单次测定值；| 表示平均值）

由图1-1可见,甲准确度、精密度均高,故测定结果好;乙虽精密度高,但准确度低,测定结果差;丙的平均值接近真值,看似准确度高,但精密度很差,只是由于正负误差相互抵消,凑巧使平均值接近真值,若只取2次或3次测定值取平均,结果必与真值相差甚远。故丙的测定技术最差,结果最劣。由此可知,好的测定结果,必然精密度、准确度均高;精密度差的测定,结果绝不可信,即精密度是保证准确度的先决条件。但精密度高,不一定能保证准确度也高,即仅凭高的精密度不能断定结果必优。

定量分析中对准确度和精密度的要求,主要决定于分析目的、样品的复杂性、被测组分含量高低等,并非越高越好。如土壤、肥料中常量组分的测定,必与原子量的测定不可同日而语,相对误差不超过百分之几足矣。一般分析工作对准确度和精密度的要求见表1-1和表1-2。

表1-1 分析结果允许的相对误差范围

组分质量分数 w/%	~100	~10	~1	~0.1	0.01~0.000 1
相对误差 RE/%	0.1~0.3	~1	1~2	~5	~10

表1-2 分析结果允许的相差

组分质量分数 w/%	相差	相对相差/%
80~100	0.30	0.33
40~80	0.25	0.41
20~40	0.20	0.66
10~20	0.12	0.80
5~10	0.08	1.13
1~5	0.05	1.16
0.1~1	0.03	5.45

1.2 误差的来源和分类(Sources and Types of Errors)

为保证分析结果准确度和精密度符合要求,首先应搞清影响准确度和精密度的各种因素,即误差的来源。按性质及产生原因的不同,通常可将误差分为两大类。

1.2.1 系统误差(Systematic Errors)

此类误差是由于某些固定的原因按确定方向起作用而造成的,因此在对样品重复测定时，此类误差也重复出现，并具单向性：或均为正误差，或均为负误差。系统误差影响测定的准确度，不能靠做平行实验消除，故一旦发现，必须找出原因并设法消除。产生系统误差的主要原因为：

1. **方法误差**　是因分析方法本身不尽完善而造成的。如滴定分析中，由于指示剂指示的滴定终点与计量点不完全一致，或不可完全避免的副反应的存在；重量法中，沉淀不可能 100%完全等，均将系统地影响结果偏高或偏低。

2. **仪器和试剂误差**　仪器误差是因仪器不准确造成的。如天平两臂不等长、砝码因磨损质量发生了变化、滴定管刻度不准确等，都会引起仪器误差。试剂误差则是因试剂、蒸馏水不纯而造成的。

3. **操作误差**　是因在正常操作情况下，操作人员的某些主观原因造成的。如因对颜色敏感程度不同，辨别滴定终点颜色时有人偏深，有人偏浅，均将引入操作误差。

1.2.2　随机误差（Random Errors）

随机误差又称偶然误差，是由某些无法避免、难以控制的因素造成的。定量分析操作过程中，环境温度、湿度、压力的微小变化，电源电压的微小波动，仪器性能的微小变动，以及操作者因一时辨别上的差异而造成的仪器读数不确定等，都会引起随机误差，并造成平行测定结果的波动。随机误差的大小、方向均不确定，从而影响测定结果的准确度和精密度。

在此，对图 1-1 中 3 种情况可做进一步讨论：甲，系统误差和随机误差均很小，结果可靠；乙，随机误差小，但明显存在系统误差，结果不准确；丙，随机误差和系统误差严重，影响了测定的精密度和准确度，所得结果最差。

若分析人员粗枝大叶，或违反操作规程，发生溶液溅失、加错试剂、沉淀穿滤等现象，必对测定结果产生严重影响。凡此类错误，称为过失。过失与误差不同，应绝对避免发生，若有过失发生，所测结果应弃去。

1.3　随机误差分布规律和有限数据的统计处理（Distribution of Random Errors and Statistical Treatment of Limited Data）

1.3.1　随机误差的分布规律

随机误差产生的具体原因很难找出，对个别一次测定，随机误差或正或负，或大或小，纯属偶然。但偶然性中一定包含有必然性：当对同一试样进行无限多次平行测定时，各次结果的随机误差分布明显呈现出一定的规律：

(1)由于随机误差的影响,测定值大小不一,有离散趋势,但绝对值相等的正、负随机误差出现的机会相等。

(2)小误差出现的机会多,大误差出现的机会少,特大误差出现的机会极少,即测定值又有集中趋势。

由此可知,无限次平行测定各结果随机误差的代数和趋于0,即不存在系统误差的条件下,无限次平行测定结果的平均值——总体平均值 μ 趋于真值。

随机误差的分布规律可用统计学中正态分布曲线来描述(图1-2),即随机误差遵从正态分布规律。

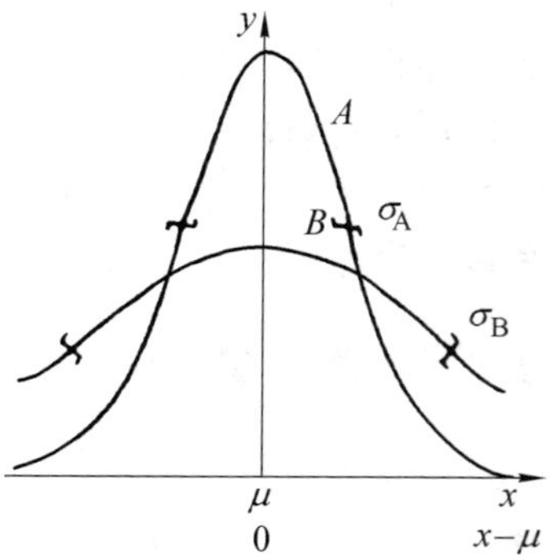

图1-2 正态分布曲线

图1-2中,横坐标表示随机误差,也可表示测定值,随机误差等于0时,测定值等于 μ;纵坐标表示频率密度 y,其意义为随机误差在某点出现次数(或测定值在某点出现次数)与总测定次数之比。图中两曲线分别表示标准偏差不同的两组无限次平行测定结果(或随机误差)的分布特征($\sigma_A < \sigma_B$)。由图可见,尽管受随机误差的影响,绝大多数结果仍落在随机误差为0,即总体平均值附近,因此 μ 反映了测量数据的集中趋势,以 μ 代表真值可信程度最高;标准偏差 σ 越大,即精密度越差,测定结果落在 μ 附近的机会越少,以 μ 代表真值的可信程度越低,即 σ 反映了随机误差影响下测定结果的离散趋势。因此从理论上讲,为减少随机误差对测定结果的影响,应对样品做无限次平行测定,在无系统误差存在时,可用总体平均值作为测定结果,且测定精密度越高,结果的可信程度越高,准确度越高。

1.3.2 有限数据的统计处理

实际工作中,为减少随机误差的影响,不可能做无限次平行测定。对有限次平行测定,随机误差不遵从正态分布,各测定结果平均值 $\bar{x}$ 也只接近 μ。因此在无系统误差的情况下,只可能在一定把握程度(统计学中称为置信度)估计总体平均值 μ 会在以测定平均值 $\bar{x}$ 为中心的多么大的范围出现。统计学中称此范围为置信区间。英国化学家 W. S. Gosset 根据统计学原理,证明了有限次测定结果的平均值 $\bar{x}$ 符合 t-分布,提出用 t-分布描述有限数据分布规律,并导出了 $\bar{x}$ 和 μ 的关系:

$$\mu = \bar{x} \pm \frac{ts}{\sqrt{n}} \tag{1-12}$$

此式表示在一定置信度下，以平均值$\bar{x}$为中心，包含总体平均值μ的置信区间。式中s为标准偏差，n为测定次数，t为校正系数。t的取值与选定的置信度P及测定次数n有关，可从表 1-3 查出。表中f为偏差的自由度，取值为：$f=n-1$。

表 1-3　t 分布值表

自由度 f	置信度 P			
	0.50	0.90	0.95	0.99
1	1.00	6.31	12.71	63.66
2	0.82	2.92	4.30	9.93
3	0.76	2.35	3.18	5.84
4	0.74	2.13	2.78	4.60
5	0.73	2.02	2.57	4.03
6	0.72	1.94	2.45	3.71
7	0.71	1.90	2.37	3.50
8	0.71	1.86	2.31	3.36
9	0.70	1.83	2.26	3.25
10	0.70	1.81	2.23	3.17
20	0.69	1.73	2.09	2.85
∞	0.67	1.65	1.96	2.58

【例 1.3】 为检测鱼被汞污染的情况，测定了鱼体中汞的质量分数$w(Hg)$。6 次平行测定结果分别为：2.06×10^{-6}，1.93×10^{-6}，2.12×10^{-6}，2.16×10^{-6}，1.89×10^{-6}，1.95×10^{-6}。试计算置信度$P=0.90$和0.95时的置信区间。

解：

$$\bar{x}=2.02\times10^{-6}, s=0.11\times10^{-6}$$

查表 1-3，当$P=0.90$，$f=n-1=5$时，$t=2.02$　得：

$$\mu=\bar{x}\pm\frac{ts}{\sqrt{n}}=2.02\times10^{-6}\pm\frac{2.02\times0.11\times10^{-6}}{\sqrt{6}}$$
$$=(2.02\pm0.09)\times10^{-6}$$

当$P=0.95$，$f=n-1=5$时，$t=2.57$　得：

$$\mu=2.02\times10^{-6}\pm\frac{2.57\times0.11\times10^{-6}}{\sqrt{6}}=(2.02\pm0.12)\times10^{-6}$$

即在$(2.02\pm0.09)\times10^{-6}$和$(2.02\pm0.12)\times10^{-6}$区间包括总体平均值$\mu$的把握分别为90%和95%。

由此例可知，置信度越高，置信区间就越大。置信度高低反映了估计把握程度大小，区间的大小反映了估计的精度高低。过高的置信度意味着极宽的置信区间，精度极差，结果毫无意义。分析化学中一般取置信度为0.90和0.95。

由表1-3可知，一定置信度下，测定次数n越多，t值越小，所得置信区间越小，对结果估计的精度越高。这说明平行测定次数越多，$\bar{x}$越接近真值，随机误差对准确度的影响越小。但n超过20后，t值基本不再减小，故实际工作中，对要求较高的分析，平行测定10次，一般分析，平行测定三四次就可以了。

标准偏差s也影响置信区间：若测定的精密度差，则置信区间较宽，即随机误差对准确度的影响较大。因此，“做多次平行测定取平均值以减少随机误差对准确度影响”的前提是：必须保证测定的精密度符合要求。

1.3.3 可疑值的取舍

在处理数据时，常会出现一组平行测定结果中有个别特大、特小的数据，这种数据称为离群值或可疑值。若可疑值系过失引起，必须舍弃；若非过失引起，则必须依据统计学原理决定其取舍。

无限次平行测定时，随机误差遵从正态分布规律，可大可小，且绝对值相等的正负误差出现机会相同。故任一测定结果，不论偏差大小都不应舍弃。但在对有限数据处理时，随便取舍可疑值会严重影响结果的准确度和精密度。此时必须根据大的随机误差出现机会少的特点，结合其他数据精密度的高低及对置信度的要求，才能对其取舍做出判断。可疑值取舍的方法很多，较方便的为$4\bar{d}$法和Q值检验法，其中Q值检验法较为严格。

1. $4\bar{d}$ 法 在一组数据中，除去可疑值后，求出其余数据的平均值$\bar{x}$和平均偏差$\bar{d}$。若可疑值x'与$\bar{x}$之间差值的绝对值大于或等于4倍的平均偏差$\bar{d}$，则x'应舍弃，反之则应保留。

【例1.4】 某分析工作，5次平行测定结果分别为：20.18%，20.16%，20.10%，20.20%，20.18%。用$4\bar{d}$法判断可疑值20.10%是否应保留？

解：

$$\bar{x}=\frac{\sum_{i=1}^{n}x_i}{n}=\frac{20.18\%+20.16\%+20.20\%+20.18\%}{4}=20.18\%$$

$$\bar{d}=\frac{\sum_{i=1}^{n}|d_i|}{n}=\frac{0.00\%+0.02\%+0.02\%+0.00\%}{4}=0.01\%$$

$$4\bar{d}=0.04\%$$

$$|x'-\bar{x}|=|20.10\%-20.18\%|=0.08\%>4\bar{d}$$

所以 20.10%应舍弃。

2. Q 值检验法　首先将数据由大到小依次排列，求出可疑值与其最邻近数据之差，然后将此差值的绝对值与极差（最大值与最小值之差）相比，得：

$$Q_{计算}=\frac{|x_{可疑}-x_{邻近}|}{x_{最大}-x_{最小}}$$

再根据测定次数 n 和置信度，查舍弃商 Q 值表（表 1-4），若 $Q_{计算}>Q_{表}$，可疑值应舍去，反之则应保留。在需对多个可疑值决定取舍时，先检验最小值。若 $Q_{计算}$ 与 $Q_{表}$ 接近，为慎重起见，最好补充测定一两次后再处理。

表 1-4　舍弃商 Q 值表（置信度 0.90 和 0.95）

测定次数 n	3	4	5	6	7	8	9	10
$Q_{0.90}$	0.90	0.75	0.64	0.56	0.51	0.47	0.44	0.41
$Q_{0.95}$	0.97	0.84	0.73	0.64	0.59	0.54	0.51	0.49

【例 1.5】　某土壤含锌质量分数测定结果如下：6.963×10^{-5}，7.121×10^{-5}，7.087×10^{-5}，7.138×10^{-5}，7.123×10^{-5}，7.119×10^{-5}，7.207×10^{-5}。其中 6.963×10^{-5} 应否舍去（$P=0.95$）？

解：

$$Q_{计算}=\frac{7.087\times10^{-5}-6.963\times10^{-5}}{7.207\times10^{-5}-6.963\times10^{-5}}=0.51$$

查表：$n=7$，$P=0.95$ 时，$Q_{表}=0.59$，$Q_{计算}<Q_{表}$，故此数据应保留。

1.4　系统误差的检验（Detection of Systematic Errors）

系统误差往往严重影响准确度，因此定量分析工作中必须要检验其是否存在。最有效的检验方法是做对照试验：选用组成与试样相近的标准试样来做测定，若测定结果 $\bar{x}$ 与标准值 μ 不符，则说明系统误差的存在；或采用标准方法与所选方法测定同一样品，若两组测定结果$\bar{x}_1$与$\bar{x}_2$不符，则说明存在方法误差；还可用加入法（又称回收试验）做对照：称取等量试样两份，在其中一份中先加入已知量的被测组分后，平行进行两份试样测定，由加入的量是否完全定量回收判断有无系统误差存在。在这里讨论的$\bar{x}$与μ或$\bar{x}_1$与$\bar{x}_2$是否相符，并非指$\bar{x}$与μ或$\bar{x}_1$与$\bar{x}_2$是否相等，而是指两者差异是否显著：若差异不显著，则可认为差异系随机误差引起，是不可避免的正常现象；若差异显著，则说明存在系统误差。

1.4.1　*t* 检验法

t 检验法用来检验$\bar{x}$与μ之间是否存在显著差异。显然，在一定置信度下，若标准值μ落在以$\bar{x}$为中心的置信区间内，则两者无显著差异，反之则差异显著。

做t检验时，习惯上先将标准值μ和平均值$\bar{x}$代入下式计算$t_{计算}$：

$$t_{计算}=\frac{|\bar{x}-\mu|}{s}\sqrt{n} \tag{1-13}$$

再根据置信度P和自由度f，由t值表（表1-3）中查出t值。若$t_{计算}>t_{表}$，则μ定处于以$\bar{x}$为中心的置信区间之外，$\bar{x}$与μ差异显著，说明存在系统误差。

【例 1.6】　测定标样中 CaO 质量分数，结果如下：$\bar{x}=30.51\%$，$s=0.05\%$，$n=6$。标样中 CaO 质量分数标准值$\mu=30.43\%$。在$P=0.95$时，此测定是否有系统误差存在？

解：

$$t_{计算}=\frac{|\bar{x}-\mu|}{s}\sqrt{n}=\frac{30.51\%-30.43\%}{0.05\%}\times\sqrt{6}=3.92$$

查表：$P=0.95$，$f=n-1=5$时，$t=2.57$，$t_{计算}>t_{表}$，说明$\bar{x}$与μ差异显著，此测定中有系统误差存在。

1.4.2　两组数据平均值的比较

为比较两组数据$\bar{x}_1$、s_1、n_1与$\bar{x}_2$、s_2、n_2间是否有显著性差异，需首先用F检验法检验两组测定结果的精密度s_1、s_2之间是否差异显著。若两者无明显差异，再用t检验法检验$\bar{x}_1$和$\bar{x}_2$有无明显差异；若s_1与s_2差异显著，进一步处理就很复杂，此处不做介绍。

1. *F* 检验法　F检验法是通过计算两组数据方差s^2之比$F_{计算}$来检验两组数据的精密度是否存在显著性差异：

$$F_{计算}=\frac{s_{大}^2}{s_{小}^2} \tag{1-14}$$

计算时，以大方差($s_{大}^2$)为分子，小方差($s_{小}^2$)为分母。若两组测定的精密度相差很小，则 $F_{计算}$ 值趋于 1；反之，则 $F_{计算}$ 值较大。把 $F_{计算}$ 与 F 值表中的 F 值进行比较，若 $F_{计算}>F_{表}$，则两组测定的精密度间差异显著；反之，无明显差异。F 值表见表 1-5。表中 f_1、f_2 分别为 s 较大的一组数据、s 较小的一组数据偏差的自由度。

表 1-5　置信度为 0.95 的 F 值

f_2($s_{小}$ 的自由度)	f_1($s_{大}$ 的自由度)									
	2	3	4	5	6	7	8	9	10	∞
2	19.00	19.16	19.25	19.30	19.33	19.35	19.37	19.38	19.40	19.50
3	9.55	9.28	9.12	9.01	8.94	8.89	8.85	8.81	8.79	8.53
4	6.94	6.59	6.39	6.26	6.16	6.09	6.04	6.00	5.96	5.63
5	5.79	5.41	5.19	5.05	4.95	4.88	4.82	4.77	4.74	4.36
6	5.14	4.76	4.53	4.39	4.28	4.21	4.15	4.10	4.06	3.67
7	4.74	4.35	4.12	3.97	3.87	3.79	3.73	3.68	3.64	3.23
8	4.46	4.07	3.84	3.69	3.58	3.50	3.44	3.39	3.35	2.93
9	4.26	3.86	3.63	3.48	3.37	3.29	3.23	3.18	3.14	2.71
10	4.10	3.71	3.48	3.33	3.22	3.14	3.07	3.05	2.98	2.54
∞	3.00	2.60	2.37	2.21	2.10	2.01	1.94	1.88	1.83	1.00

2. 用 t 检验法检验 $\bar{x}_1$ 和 $\bar{x}_2$ 有无显著差异　若 s_1、s_2 无显著差异，则按下式计算 t 值：

$$t_{计算}=\frac{|\bar{x}_1-\bar{x}_2|}{s}\sqrt{\frac{n_1 n_2}{n_1+n_2}} \tag{1-15}$$

式中，s 为 s_1、s_2 中较小者。再从 t 值表中查出 t 值，此时自由度 $f=n_1+n_2-2$。若 $t_{计算}>t_{表}$，则 $\bar{x}_1$、$\bar{x}_2$ 差异显著。若 $\bar{x}_1$ 和 $\bar{x}_2$ 无显著性差异，则两组数据的置信区间必定基本重合。

【例 1.7】　采用标准方法和一新方法对同一试样中 Na_2CO_3 质量分数进行测定，结果如下：

(1)标准方法：$\bar{x}=42.34\%$，$s_1=0.10\%$，$n_1=5$

(2)新方法：$\bar{x}=42.44\%$，$s_2=0.12\%$，$n_2=4$

判断新方法中是否存在系统误差($P=0.95$)？

解：

(1)先用 F 检验法检验 s_1 与 s_2 是否有明显差异：

$$F_{计算}=\frac{s_{大}^2}{s_{小}^2}=\frac{0.12^2}{0.10^2}=1.44$$

查表 1-5：$f_1=4-1=3$，$f_2=5-1=4$ 时，$F_{表}=6.59$，$F_{计算}<F_{表}$，故 s_1、s_2 无明显差异。

(2)用 t 检验法检验 $\bar{x}_1$ 与 $\bar{x}_2$ 是否有显著差异：

$$t_{计算}=\frac{|42.44-42.34|}{0.10}\times\sqrt{\frac{5\times4}{5+4}}=1.49$$

查表 1-3：$f=n_1+n_2-2=5+4-2=7$，在 $P=0.95$ 时，$t_{表}=2.37$，$t_{计算}<t_{表}$，所以 $\bar{x}_1$ 与 $\bar{x}_2$ 无明显差异，即新方法中无系统误差存在。

1.5 提高测定准确度的措施(Methods to Improve Accuracy)

要提高测定的准确度，首先要选择适宜的分析方法。不同的分析方法对准确度和灵敏度各有侧重，如化学分析法准确度高(相对误差可控制在千分之几内)，但灵敏度低(绝对误差较大)，适宜常量分析中常量组分的测定；仪器分析灵敏度高，但相对误差较大，一般适宜微量组分的测定。选择分析方法时，还需注意样品的组成。如测定土壤中铁含量时，为防止其他元素干扰，宜用重铬酸钾滴定法而不用配位滴定法。

选定分析方法后，可采用以下方法减少测定误差。

1.5.1 减少测量误差

使用仪器进行测量时造成的绝对误差的大小，是由测量仪器本身的精度决定的。如 50 mL 滴定管的最小分度值为 0.1 mL，确定液面位置时，可在两刻度线之间估计读至 0.01 mL，所以读数误差为±0.01 mL。用滴定管量液时需读数两次，可能造成的量液误差为±0.02 mL。为使滴定管造成的测量误差不超过±0.1%，滴定时由滴定管放出溶液的体积就不能太少，最低值可依下法算出：

$$V=\frac{E}{RE}=\frac{\pm0.02\ \text{mL}}{\pm0.1\%}=20\ \text{mL}$$

即要求滴定分析中消耗滴定剂体积必须大于 20 mL，一般控制在 20～30 mL。

又如万分之一分析天平读数误差为±0.1 mg，称量样品质量时需读数两次，可能造成±0.2 mg误差。为保证称量误差不超过±0.1%，样品质量不得低于0.2 g。由以上两例可知，减少测量误差的方法是适当增大被测量。

1.5.2　减少随机误差

前已述及，对样品做多次平行测定，在保证精密度符合要求的前提下，以平均值作为测定结果，可减少随机误差的影响。

1.5.3　减少系统误差

根据对照试验结果，经显著性检验，若确证存在系统误差，则应找出具体原因，采用不同的办法加以处理。

1. **减小仪器误差**　定量分析中使用的各种测量仪器如天平、砝码、滴定管、移液管、容量瓶、比色皿等，使用前都应经过校准，方法可参阅有关参考书。

2. **减小试剂误差**　采用空白试验，可判断系统误差是否因试剂或蒸馏水不纯所致。所谓空白试验，是在不加被测样品的情况下，按照被测样品分析步骤和条件进行的分析试验，所得结果称为空白值。若空白值较高，说明试剂、蒸馏水或所用器皿被严重污染，应更换或提纯试剂，改进水质，换用洁净器皿。若空白值较低，可从被测样品结果中扣除空白值以获得较可靠的结果。

3. **减少方法误差**　若无仪器和试剂误差，从对照试验的结果一般可断定是否存在方法误差。存在方法误差时，必须对测定方法进行检查，对不合理处进行改进。如滴定分析中，指示剂选择是否恰当、是否有共存干扰物质、介质酸度及反应温度是否合适等。若方法误差较小且稳定，可根据对照实验的结果计算出校正系数，对测定结果进行校正。

1.6　有效数字及运算规则(Significant Figures and Arithmetic Rules)

1.6.1　有效数字

科学实验中，离不开使用各种不同精度的仪器对有关物理量的测量，所以测量结果不仅要能表示量的大小，还要能正确反映测量的精确度。为此，科技工作中使用有效数字记录测量数据。有效数字，即实际测量到的数字，规定其中仅最后1位数不甚准确，而其他各位数字均是确定的。例如，记录由50 mL滴定管中放液

21.34 mL，这 4 位数字中，前 3 位均根据刻度线读出，是准确的，最后 1 位则是根据液面在滴定管两刻度线间的位置估计出的，不甚准确，有±0.02 mL 误差，但它并非臆造，即 21.34 这 4 个数字均为有效，所以称之为 4 位有效数字。

有效数字位数的保留，应根据仪器的精度确定，所以根据有效数字最后 1 位是如何保留的，可大致判断测定的绝对误差及所用仪器的精度，根据有效数字位数，可大致判断测定相对误差的大小。如由有效数字 0.427 0 g，可知测定的绝对误差±0.000 2 g，相对误差±0.05%，所用仪器为万分之一分析天平。若将之错记为 0.427 00 g，则会被误认为绝对误差±0.000 02 g，相对误差±0.005%，是用十万分之一天平称得；若错记为 0.427 g，则会被误认为绝对误差±0.002 g，相对误差为±0.5%，是用千分之一天平称得。可见若有效数字位数保留不当，会使测定的准确度人为不合理地提高或降低。

在确定有效数字位数时，需注意数字“0”的不同作用。若其作为普通数字使用，表示实际的测量结果，它就是有效数字；若其仅起定位作用，则不是有效数字。如 25.0 mg 中，“0”是测量得来，是有效数字，即此数据为 3 位有效数字；若将单位改用 g，应记为 0.025 0 g，这时前面的两个“0”仅起定位作用，数据仍为 3 位有效数字；若将单位改用 μg，仍应保留 3 位有效数字，利用科学记数法记为 2.50×10^4 μg。若写为 25 000 μg，则错误地将之记为 5 位有效数字，人为地将准确度提高。

分析化学计算中常用到倍数关系。倍数非测量所得，不是有效数字，可作为无限多位有效数字使用。pH、pM、lg*K* 等对数数值，首数部分仅起定位作用，只尾数部分的位数决定有效数字位数。如 pH=2.02，为两位有效数字，换算为 H^+ 浓度时，为 9.5×10^{-3} mol · L^{-1}，仍为两位有效数字。

1.6.2 有效数字的运算和修约规则

分析测定的结果，是综合各测量值经一定运算得出的，所以各测量值的误差都要传递到最终计算结果中。为防止最终结果的准确度被错误地提高或降低，根据误差传递原理，总结出了有效数字运算规则，以便在运算中对有效数字位数合理保留。

1. 有效数字的加减法运算 和或差的绝对误差大小，主要由绝对误差最大的数据决定。故数据相加减时，和或差的有效数字位数保留，应以绝对误差最大的数据为依据。例如：

$$0.012\,1+25.64+1.065\,1+11.015+10.225$$

其中，25.64 绝对误差最大，故计算结果中小数点后只应保留两位有效数字。

为简便起见，计算前应将各数据根据需要一次修约到位。如此例，运算前应先将各数据一次修约至两位小数。修约按“四舍六入五留双”规则进行。所谓“五留双”，意思为：若尾数为 5 或 5 后的数为 0，5 前面为偶数时则舍去尾数，5 前面为奇数时则入；若 5 后面数字不为 0 时，则入。故：

$$
\begin{aligned}
&0.0121+25.64+1.0651+11.015+10.225\\
=&0.01+25.64+1.07+11.02+10.22=47.96
\end{aligned}
$$

2. 有效数字的乘除法运算　积或商的相对误差大小，主要由相对误差最大的数据决定。所以数据相乘除时，积或商有效数字位数应与有效数字位数最少的数据相同。例：

$$0.0121\times25.64\times1.0651\times11.015\times10.225$$

所得乘积应保留 3 位有效数字，即与 0.012 1 一致：

$$
\begin{aligned}
&0.0121\times25.64\times1.0651\times11.015\times10.225\\
=&0.0121\times25.6\times1.07\times11.0\times10.2=37.2
\end{aligned}
$$

定量分析中，各数据有效数字位数及所用仪器的精度应根据实际要求及所用方法能达到的准确度来决定。如滴定分析的方法误差可达±0.1%以内，故各测量值和结果一般均应具有 4 位有效数字，称量样品时应用万分之一天平；而用仪器分析法测定土壤或和生物体内微量元素含量时，误差小于±10%即可，则各数据只需保留两位有效数字，称量样品时用百分之一天平就可满足要求。

分析实验中所用容量瓶、移液管等精密量器的容积，一般均可保证 4 位有效数字。在计算误差或偏差时，一般只保留一两位有效数字。进行化学平衡计算时，因平衡常数一般仅两三位有效数字，结果也只需保留两三位有效数字。

本章小结

系统误差和随机误差是影响分析测定结果优劣的重要因素，因此，在选择适宜的分析方法后，除需注意减小测量误差外，应着力减小系统误差和随机误差，并对测定结果及其可信程度进行估计和正确表示。

良好的精密度是保证测定结果准确度的前提。因此，分析人员在做平行测定以减少随机误差对准确度的影响时，必须能做到保持测定条件尽量一致。系统误差往往对准确度影响严重，必须根据其来源，采取相应措施，尽量减小其影响。

系统误差的检验及置信区间的确定（即随机误差对准确度影响的表示），均需根据统计学原理进行。对有限数据的处理，若精密度符合要求，可依下列顺序完成：

(1)对可疑值合理取舍。

(2)根据对照试验结果，进行显著性检验。若存在系统误差，应查明原因，采取措施，重新测定。

(3)在无系统误差情况下，给出一定置信度时以测定结果平均值$\bar{x}$为中心的包括总体平均值μ的置信区间作为分析结果，合理反映随机误差的影响。一般分析测定，平行测定次数较少(两三次或三四次)，则报告平均值$\bar{x}$、测定次数n和测定精密度即可。

思 考 题

1-1 下列说法，哪些是正确的？

(1)做平行测定的目的是减小系统误差对测定结果的影响。

(2)随机误差影响精密度，对准确度无影响。

(3)测定结果精密度高，准确度不一定高。

(4)只要多做几次平行测定，就可避免随机误差对测定结果的影响。

1-2 下列情况，将造成哪类误差？如何改进？

(1)天平两臂不等长。

(2)测定天然水硬度时，所用蒸馏水中含Ca^{2+}。

1-3 填空：

(1)若只做两次平行测定，则精密度应用________表示。

(2)对照试验的目的是________，空白试验的目的是________。

(3)F 检验的目的是________。

(4)为检查测定结果与标准值间是否存在显著性差异，应用________检验。

(5)对一样品做六次平行测定，已知d_1至d_5分别为0.000 0，+0.000 3，−0.000 2，−0.000 1，+0.000 2，则d_6为________。

1-4 用50 mL滴定管放液6.50 mL，相对误差为多少？放液25.65 mL，又如何？计算结果说明了什么？

练 习 题

1-1 用氧化还原滴定法测定纯品$FeSO_4 \cdot 7H_2O$中铁的质量分数，4次平行测定结果分别为20.07%，20.03%，20.04%，20.05%。计算测定结果的平均值、绝对误差、相对误差、平均偏差、相对平均偏差、标准偏差及变异系数。

1-2　有一铜矿样品，经两次平行测定，w(Cu)分别为 24.87%和 24.93%，而实际 w(Cu)为 25.05%，求分析结果的相对误差和相对相差。

1-3　某试样 5 次测定结果为：12.42%，12.34%，12.38%，12.33%，12.47%。数据 12.47%是否应舍弃？(P=0.95)

1-4　某分析人员测定试样中 Cl 的质量分数，结果如下：21.64%，21.62%，21.66%，21.58%。已知标准值为 21.42%。问置信度为 0.95 时，分析结果中是否存在系统误差？

1-5　在不同温度下测定某试样的结果如下：

10℃：96.5%，95.8%，97.1%，96.0%；

37℃：94.2%，93.0%，95.0%，93.0%，94.5%。

试比较两组结果是否有显著差异？(P=0.95)温度对测定是否有影响？

1-6　某试样中待测组分的质量分数经 4 次测定，结果为 30.49%，30.52%，30.60%，30.12%。应该怎样报告分析结果？(P=0.90)

1-7　(1)用返滴定法测定某组分含量，测定结果按下式计算：

$$w=\frac{0.1023\ \text{mol}\cdot\text{L}^{-1}\times(0.02500\ \text{L}-0.01921\ \text{L})\times 106.0\ \text{g}\cdot\text{mol}^{-1}}{0.5123\ \text{g}}$$

计算结果应以几位有效数字报出？

(2)已知 pH=4.75，则 $c(H^+)$=__________。

(3)已知 $c(H^+)=2.20\times10^{-3}\ \text{mol}\cdot\text{L}^{-1}$，则 pH=________。

第 2 章　滴定分析法概述
Introduction of Volumetric Titration

滴定分析是定量化学分析中最重要的方法。若被测物质可与某种试剂以一定的化学计量关系相互作用，则可将一定量的被测物溶液置于三角瓶中，然后通过滴定管逐滴加入已知准确浓度的试剂溶液，直至所加试剂与被测物按化学计量关系恰好定量作用。根据所加试剂溶液的浓度和体积，依两者相互作用时的化学计量关系，即可求算出被测物的含量。此种化学分析法称为滴定分析法。

滴定分析中所用的已知准确浓度的试剂溶液叫标准溶液(Standard Solution)或滴定剂(Titrant)。利用滴定管把标准溶液逐滴加入被测溶液中的操作过程叫滴定。当滴定到滴定剂的量与被测物的量之间恰好符合两者相互作用时的化学计量关系时，称滴定反应达到化学计量点(Stoichiometric Point)。滴定过程应在化学计量点时结束，但因为此时溶液往往无任何明显的外部特征变化，故通常需在被测物溶液中加入指示剂。指示剂应在化学计量点附近变色或生成具有明显特征的沉淀，此时停止滴定，达到滴定终点(End Point)。由于滴定终点与化学计量点不同，必造成测定误差，此种系统误差称为终点误差(Titration Error)。终点误差是滴定分析误差的最主要的来源之一，一般可控制在±0.1%～±0.2%以内，其大小不仅受指示剂选择的影响，更与滴定反应的完全程度高低，即反应转化率高低密切相关。故做滴定分析时，首先要根据反应完全程度判断终点误差能否达到要求，然后选择适当的指示剂。

根据标准溶液与被测物反应类型的不同，滴定分析法可分为 4 类：

(1)酸碱滴定法：是利用酸碱反应进行的滴定分析法。在农业分析中可用以测定各类农业试样中含酸、碱的量，测定试样中氮、磷、碳酸盐等的含量。

(2)沉淀滴定法：是利用沉淀反应进行的滴定分析法。农业分析常用之测定试样中含氯量。

(3)配位滴定法：是利用配位反应进行的滴定分析法。农业分析中常用之测定钙、镁、硫酸盐、土壤的代换性钾、钠等。

(4)氧化还原滴定法：是利用氧化还原反应进行的滴定分析法。农业分析中常用之测定土壤肥料中的有机质、钾、钙、铁的含量，以及农药中的砷、铜等。

滴定分析通常用于常量分析，主要用来测定含量在 1%以上的物质。在适当条件下，其准确度可很高，误差可控制在±0.2%。与重量法相比，滴定分析法操作简便、迅速，易于掌握，应用广泛，可用于测定大量的无机物和有机物。因此，滴定分析法在工农业生产和科研中都具有很大实用价值。

滴定分析中常用仪器有滴定管、移液管、容量瓶、三角瓶、烧杯、分析天平等。

2.1 滴定分析法对滴定反应的要求和滴定方式（Requirements of Titration Reactions and Titration Processes）

2.1.1 滴定分析法对反应的要求

滴定分析虽能应用多种类型的反应，但并非所有化学反应都能用于滴定分析。滴定分析中所用的反应必须具备以下条件：

(1)反应要按一定的化学计量关系进行，否则滴定分析将失去定量测定的依据。

(2)滴定反应的完全程度要高。完全程度高的反应，在化学计量点附近溶液的性质有较明显的变化，使指示剂变色敏锐，因此终点误差较小。滴定反应完全程度应在 99.9%以上。

化学反应的完全程度高低，由反应的平衡常数大小、反应物浓度大小及副反应发生程度而决定。因此，在进行不同类型的滴定分析时，首先应根据反应平衡常数、反应物浓度及有无副反应干扰来判断终点误差的大小能否符合要求。详见以后各章的讨论。

(3)滴定反应速率要快，否则滴定终点将无法判断。对于一些速率慢的反应，可利用加热、加入催化剂等方法使之满足滴定分析的要求。

(4)必须有适当方法确定终点。在滴定分析中，偶尔有这种情况，即标准溶液的颜色与反应产物颜色明显不同，此时可用稍过量的标准溶液的颜色指示滴定终点，而大多数情况下，必须选用能在化学计量点附近一定范围内产生明显外观变化的指示剂，或使用仪器分析法确定滴定终点。

2.1.2 滴定方式

由于滴定剂与被测物间的反应不一定完全满足以上 4 点要求，故为使滴定分析顺利进行，应根据反应的特点选用不同的滴定方式。

1. 直接滴定法　若滴定剂与被测物间的反应完全满足以上 4 点要求，一般可采用直接滴定法，即用标准溶液直接滴定被测物溶液进行测定。例如，用 HCl 标准溶液滴定 NaOH、用 $K_2Cr_2O_7$ 标准溶液滴定 Fe^{2+} 等。直接滴定法是最重要、最常用、最基本的滴定方式。

2. **返滴定法(回滴法)** 若滴定剂与被测物间反应较慢,或用滴定剂直接滴定一固体时,反应不能立即完成,可先在被测物中加入已知量且过量的标准溶液,待作用完全后,再用另一标准溶液滴定剩余的第1种标准溶液。例如,在石灰石样品中先加入过量的 HCl 标准溶液,再用 NaOH 标准溶液滴定剩余的 HCl,即可测得石灰石中碳酸盐的含量。

若被测物易挥发(如氨水),也可以用返滴定法进行测定。对某些无合适的指示剂指示终点的测定,有时也可用返滴定法进行。

3. **置换滴定法** 若滴定剂与被测物间的反应不按一定的反应式进行而失去两者间的计量关系时,可先用适当试剂与被测物作用,使其被定量地置换成另一物质,再用标准溶液滴定此物质。这种滴定方式称置换滴定法。例如,$Na_2S_2O_3$ 标准溶液不能直接测定 $K_2Cr_2O_7$,因为 $Cr_2O_7^{2-}$ 不仅把 $S_2O_3^{2-}$ 氧化为 $S_4O_6^{2-}$,还会有 SO_4^{2-} 生成,使两者间无一定的计量关系。但可先在 $K_2Cr_2O_7$ 酸性溶液中加入过量 KI,使 $K_2Cr_2O_7$ 还原并定量产生一定量 I_2,再用 $Na_2S_2O_3$ 滴定置换出的 I_2,即可测得 $K_2Cr_2O_7$ 的含量:

$$Cr_2O_7^{2-}+6I^-+14H^+=2Cr^{3+}+3I_2+7H_2O$$

$$I_2+2S_2O_3^{2-}=2I^-+S_4O_6^{2-}$$

4. **间接滴定法** 不能与滴定剂直接反应的物质,有时可通过另外的化学反应间接进行测定。如 Ca^{2+} 不能被 $KMnO_4$ 氧化,但可先使之沉淀为 CaC_2O_4,用酸溶解后,再用 $KMnO_4$ 标准溶液滴定与 Ca^{2+} 结合的 $C_2O_4^{2-}$,从而间接测定 Ca^{2+} 的含量。

2.2 滴定分析的标准溶液(Standard Solutions of Volumetric Titration)

2.2.1 标准溶液浓度

滴定分析中所用标准溶液的浓度必须是准确和已知的。其浓度常以物质的量浓度来表示。

1. **物质的量、摩尔、摩尔质量** 物质 B 的物质的量 n_B,是从粒子数 N_B 这一角度出发,用以反映物质系统基本单元多少的物理量。即 n_B 是比例于系统中基本单元 B 的数目 N_B 的量；

$$n_B \propto N_B$$

$$\text{或 } n_B = (1/L) N_B$$

式中，L 为阿伏伽德罗常数，$L=6.022\times10^{23}\ \text{mol}^{-1}$。因此，物质的量 n_B 是以阿伏伽德罗常数为计数单位，来表示物质的指定基本单元多少的物理量，单位为摩尔(mol)。

摩尔是一系统的物质的量，该系统中所包含的基本单元数与 0.012 kg 碳 12 的原子数目相同。0.012 kg 碳 12 中原子数目应为阿伏伽德罗常数的数值(6.022×10^{23})。但阿伏伽德罗常数的数值有效数字位数随测定技术的提高而增加，故摩尔的定义是绝对定义。在使用摩尔时，基本单元应予指明，可以是原子、分子、离子、电子及其他粒子，或是这些粒子的特定组合。基本单元宜用化学式指示，如 H_2、H、$KMnO_4$、$\frac{1}{5}KMnO_4$ 等。

实验证明，1 摩尔任何原子、分子、离子的质量，若以克为单位，则其相应数值等于该原子、分子、离子的相对原子质量、相对分子质量、相对离子质量。故 2.016 g H_2 中含 H_2 的物质的量 $n(H_2)=1$ mol，含 H 的物质的量 $n(H)=2$ mol；158.03 g $KMnO_4$ 中含 $KMnO_4$ 的物质的量 $n(KMnO_4)=1$ mol，含$\frac{1}{5}KMnO_4$ 的物质的量为 $n\left(\frac{1}{5}KMnO_4\right)=5$ mol。由此可见，对于同一系统，若选取不同的基本单元，其物质的量是不同的。基本单元的选取一般是根据使用方便的原则确定的。

物质的摩尔质量 M，定义为物质的质量除以物质的量，即：

$$M_B = \frac{m_B}{n_B}$$

摩尔质量的 SI 单位为 $\text{kg}\cdot\text{mol}^{-1}$，分析化学中常以 $\text{g}\cdot\text{mol}^{-1}$ 为单位。使用时也要指明基本单元，如 $M(H_2)=2.016\ \text{g}\cdot\text{mol}^{-1}$，$M(H)=1.008\ \text{g}\cdot\text{mol}^{-1}$，$M(KMnO_4)=158.03\ \text{g}\cdot\text{mol}^{-1}$，$M\left(\frac{1}{5}KMnO_4\right)=31.606\ \text{g}\cdot\text{mol}^{-1}$ 等。

2. 物质的量浓度　物质 B 的物质的量浓度(又称物质 B 的浓度)c_B，定义为物质 B 的物质的量除以混合物的体积，即：

$$c_B = \frac{n_B}{V}$$

其 SI 单位为 $mol \cdot m^{-3}$,分析化学中常用 $mol \cdot dm^{-3}$ 或 $mol \cdot L^{-1}$。使用时也应注明基本单元,如一高锰酸钾溶液,$c(KMnO_4)=0.02\ mol \cdot L^{-1}$,也可表示为 $c\left(\frac{1}{5}KMnO_4\right)=0.1\ mol \cdot L^{-1}$ 等。

物质的量、物质的质量与物质的量浓度的关系分别为:

$$n_B = c_B \cdot V$$
$$m_B = c_B \cdot V \cdot M_B$$

【例 2.1】 准确称取 8.495 g $AgNO_3$,溶解后全部转移至 500 mL 容量瓶中,用水稀释至刻度,求 $c(AgNO_3)$。

解:

$$M(AgNO_3)=169.9\ g \cdot mol^{-1}$$

$$c(AgNO_3)=\frac{n(AgNO_3)}{V(AgNO_3)}=\frac{m(AgNO_3)}{M(AgNO_3) \cdot V(AgNO_3)}$$
$$=\frac{8.495\ g}{169.9\ g \cdot mol^{-1} \times 0.5000\ L}=0.1000\ mol \cdot L^{-1}$$

3. **滴定度** 工农业生产中,在进行大批固定试样分析时,为了便于快速计算出测定结果,时常使用滴定度来表示标准溶液的浓度。滴定度笼统地说是质量除以体积,它通常将标准溶液的反应强度说成是 1 mL 标准溶液相当于被滴定物质的质量。如果以 T 表示滴定度,以 $m(B)$表示被滴定物质的质量,以 $V(T)$表示标准溶液体积,则有:

$$T=\frac{m(B)}{V(T)}$$

滴定度常用的量符号为 $T(B/T)$,其中的 T 代表标准溶液的化学式,B 代表被滴定的物质。常用的单位为 $g \cdot mL^{-1}$、$mg \cdot mL^{-1}$。

如用 $AgNO_3$ 标准溶液滴定 Cl^-,其滴定度为 $T(Cl^-/AgNO_3)=1.773\ mg \cdot mL^{-1}$,即表示 1 mL $AgNO_3$ 标准溶液相当于 1.773 mg Cl^-,或者可以说 1 mL $AgNO_3$ 可定量地滴定 1.773 mg Cl^-。因此,只要知道滴定 Cl^- 时所消耗 $AgNO_3$ 标准溶液的体积,就可以通过它和滴定度的乘积求出被测 Cl^- 的含量。

例如,若 $V(AgNO_3)=10.00$ mL,则 Cl^- 的含量为:

$$m(Cl^-)=T(Cl/AgNO_3) \cdot V(AgNO_3)=1.773\ mg \cdot mL^{-1} \times 10.00\ mL$$
$$=17.73\ mg$$

2.2.2　标准溶液的配制和标定

1. 标准溶液的配制　滴定分析中标准溶液的配制方法分直接法和间接法两种。

(1)基准物质与标准溶液直接法配制:准确称取一定质量的纯物质,溶于适量水后,完全转移至容量瓶中,用水稀释至刻度,根据称取物质的质量和所配溶液的体积,即可计算出该标准溶液的准确浓度。这种标准溶液的配制方法称为直接法。溶液浓度可依下式计算:

$$c_B = \frac{m_B}{M_B \cdot V}$$

直接法配得的标准溶液可直接用于滴定分析。

【例 2.2】　欲用直接法配制 $c(K_2Cr_2O_7) = 0.020\,00\ mol \cdot L^{-1}$ 的重铬酸钾溶液 250.0 mL,应称取 $K_2Cr_2O_7$ 多少克? 如何配制?

解:

已知 $M(K_2Cr_2O_7) = 294.2\ g \cdot mol^{-1}$

$$\begin{aligned} m(K_2Cr_2O_7) &= c(K_2Cr_2O_7)V(K_2Cr_2O_7)M(K_2Cr_2O_7) \\ &= 0.020\,00\ mol \cdot L^{-1} \times 0.250\,0\ L \times 294.2\ g \cdot mol^{-1} \\ &= 1.471\ g \end{aligned}$$

在分析天平上准确称取分析纯 $K_2Cr_2O_7$ 1.471 g,放入干净小烧杯中,加适量蒸馏水使之完全溶解后,将溶液定量转移至 250.0 mL 容量瓶中,定容后充分摇匀即可。

能够用以直接配制成标准溶液的纯物质叫基准物质(Primary Standard)。它必须具备以下条件:

①试剂纯度应足够高(99.9%以上),杂质含量应少到不致影响分析的准确度。

②试剂的化学组成应与它的化学式完全相符,若含结晶水,如 $Na_2B_4O_7 \cdot 10H_2O$、$H_2C_2O_4 \cdot 2H_2O$ 等,结晶水的含量也应与化学式完全相符。

③试剂应稳定,在配制和贮存中不会发生变化。如在烘干时不分解,称量时不吸湿,不吸收 CO_2,也不易被空气氧化。

④应具有较大的摩尔质量,使称量时误差较小。

凡是基准物质,都可以用来配成标准溶液。现将一些常用的基准物质及其干燥温度和应用范围列入表 2-1。

表 2-1 常用基准物质的干燥条件和应用范围

基准物质		干燥后组成	干燥条件/℃	标定对象
名 称	化学式			
碳酸氢钠	$NaHCO_3$	Na_2CO_3	270～300	酸
碳酸钠	$Na_2CO_3 \cdot 10H_2O$	Na_2CO_3	270～300	酸
硼砂	$Na_2B_4O_7 \cdot 10H_2O$	$Na_2B_4O_7 \cdot 10H_2O$	放在含 NaCl 和蔗糖饱和水溶液的干燥器中	酸
碳酸氢钾	$KHCO_3$	K_2CO_3	270～300	酸
草酸	$H_2C_2O_4 \cdot 2H_2O$	$H_2C_2O_4 \cdot 2H_2O$	室温空气干燥	碱或 $KMnO_4$
邻苯二甲酸氢钾	$KHC_8H_4O_4$	$KHC_8H_4O_4$	110～120	碱
重铬酸钾	$K_2Cr_2O_7$	$K_2Cr_2O_7$	140～150	还原剂
溴酸钾	$KBrO_3$	$KBrO_3$	130	还原剂
碘酸钾	KIO_3	KIO_3	130	还原剂
铜	Cu	Cu	室温干燥器中保存	还原剂
三氧化二砷	As_2O_3	As_2O_3	室温干燥器中保存	氧化剂
草酸钠	$Na_2C_2O_4$	$Na_2C_2O_4$	130	氧化剂
碳酸钙	$CaCO_3$	$CaCO_3$	110	EDTA
锌	Zn	Zn	室温干燥器中保存	EDTA
氧化锌	ZnO	ZnO	900～1 000	EDTA
氯化钠	NaCl	NaCl	500～600	$AgNO_3$
氯化钾	KCl	KCl	500～600	$AgNO_3$
硝酸银	$AgNO_3$	$AgNO_3$	180～290	氯化物

(2)标准溶液的间接法配制：实际工作中，许多化学试剂是不符合基准物质条件的，如固体 NaOH，很容易吸收空气中的水分和 CO_2，因此称得的质量不能代表纯净 NaOH 的质量；盐酸（除恒沸溶液外）也很难知道其中 HCl 的准确含量；$KMnO_4$、$Na_2S_2O_3$ 等均不易提纯，且见光易分解，均不宜用直接法配制成标准溶液。对于这类物质，可先大致配制成接近所需浓度的溶液，再用基准物质或另一种物质的标准溶液来确定它的准确浓度，这个操作过程称为标定(Standardization)。

2. 标准溶液浓度的标定

(1)用基准物质标定：称取一定量的基准物质，溶解后用待标定的溶液滴定。根据基准物质的质量及待标定溶液所消耗的体积，即可算出该溶液的准确浓度。

如称取 4 g NaOH，溶于 1 L 水，粗配得 0.1 mol·L^{-1} NaOH 溶液后，称取一定量的邻苯二甲酸氢钾（基准物质），溶解后用 NaOH 溶液滴定。由邻苯二甲酸氢钾的质量和消耗 NaOH 的体积，即可计算出氢氧化钠标准溶液的准确浓度。

（2）与标准溶液进行比较：准确吸取一定量的待标定溶液，用已知准确浓度的另一种标准溶液滴定，反之也可。根据两种溶液所消耗的体积及已知标准溶液的浓度就可以计算出待标定溶液的准确浓度，这个操作过程称“比较滴定”。如上述 NaOH 标准溶液的浓度已准确知道后，就可以用比较滴定的方法来确定 HCl 标准溶液的准确浓度。

用基准物质标定，准确度优于比较法。标定时一般平行试验不少于 3 次，其结果的相对偏差不应大于±0.2%。标定好的标准溶液应密闭存放，有的还需避光。长期或频繁使用的标准溶液应装在下口瓶或有虹吸管的瓶中，且在进气口有时还需安装过滤管，内装适当物质用以吸收 CO_2、酸气、水汽等，对不稳定的溶液还需定期进行标定。

2.3　滴定分析法的计算（Calculations in Volumetric Titration）

滴定分析的有关计算包括标准溶液的配制与标定、分析结果的计算等。不论哪类滴定反应，不论什么物质若一律以参与反应的分子、原子或离子作基本单元，则达化学计量点时，各反应物的物质的量之比，等于滴定反应方程式中化学计量数之比。这一规则称为化学计量数比规则。

对于滴定反应

$$bB+tT=pP+qQ$$

式中，B 和 T 分别代表被测组分和滴定剂，则反应达到化学计量点时，根据化学计量数比规则，应有下列关系式：

$$\Delta n_B : \Delta n_T = b : t$$

$$\Delta n_B = \frac{b}{t}\Delta n_T$$

式中，$\frac{b}{t}$是一换算因数，也即反应方程式中两物质化学计量数之比。

$$m_B = -\Delta n_B \cdot M_B = -\frac{b}{t}\Delta n_T \cdot M_B = \frac{b}{t}c_T V_T M_B$$

故：若样品的质量为 m，则样品中被测组分 B 的质量分数为：

$$w_B=\frac{m_B}{m}=\frac{\frac{b}{t}c_T V_T M_B}{m}$$

若标准溶液浓度用滴定度表示时，则：

$$w_B=\frac{T(B/T)\times V_T}{m}$$

由此可知，滴定度与物质的量浓度的关系为：

$$T(B/T)=\frac{b}{t}c_T\cdot M_B$$

2.3.1 有关标准溶液的配制与标定的计算

标准溶液配制的计算如[例 2.1]。有关标定的计算举例如下。

【例 2.3】 标定 $KMnO_4$ 标准溶液浓度时，称取基准物 $Na_2C_2O_4$ 0.214 0 g，溶解后，在 H_2SO_4 介质中，用 $KMnO_4$ 溶液 31.78 mL 滴定至终点。计算 $c(KMnO_4)$。

解：

$$2MnO_4^- + 5H_2C_2O_4 + 6H^+ = 2Mn^{2+} + 10CO_2\uparrow + 8H_2O$$

由反应式可知

$$\Delta n(KMnO_4)=\frac{2}{5}\Delta n(Na_2C_2O_4)$$

所以

$$\begin{aligned}c(KMnO_4)&=\frac{2m(Na_2C_2O_4)}{5M(Na_2C_2O_4)V(KMnO_4)}\\&=\frac{2\times 0.214\,0\ \text{g}}{5\times 134.0\ \text{g}\cdot\text{mol}^{-1}\times 0.031\,78\ \text{L}}\\&=0.020\,10\ \text{mol}\cdot\text{L}^{-1}\end{aligned}$$

【例 2.4】 试计算以 Na_2CO_3 为基准物标定 $c(HCl)$ 约为 0.1 mol·L^{-1} 的盐酸时，Na_2CO_3 的称量范围为多少？此时造成的称量误差为多少？如何才能使称量误差小于±0.1%？

解：

50 mL 滴定管，最小分度为 0.1 mL，故由于滴定管读数最后一位估计不准而造成的绝对误差为±0.02 mL，为保证滴定管读数造成的相对误差应在±0.1%以内，故滴定剂体积不应少于 20 mL，一般应控制在 20～30 mL 内。由此就可估算基准物的称量范围。

$$Na_2CO_3 + 2HCl = 2NaCl + 2H_2O + CO_2\uparrow$$

$$\Delta n(Na_2CO_3) = \frac{1}{2}\Delta n(HCl)$$

所以

$$\frac{m(Na_2CO_3)}{M(Na_2CO_3)} = \frac{1}{2}c(HCl)V(HCl)$$

$$m(Na_2CO_3) = \frac{1}{2}c(HCl)V(HCl)M(Na_2CO_3)$$

$$= \frac{1}{2} \times 0.1\ mol \cdot L^{-1} \times V(HCl)M(Na_2CO_3)$$

已知 $M(Na_2CO_3) = 106\ g \cdot mol^{-1}$，故

当 $V(HCl) = 20$ mL，$m(Na_2CO_3) \approx 0.11$ g；

当 $V(HCl) = 30$ mL，$m(Na_2CO_3) \approx 0.16$ g。

即 Na_2CO_3 的称量范围为 0.11～0.16 g。

若称量 0.11 g，因天平称量的绝对误差为±0.000 2 g，故称量相对误差为：

$$\frac{\pm 0.000\,2\ g}{0.11\ g} \times 100\% \approx \pm 0.2\%$$

若称量 0.16 g，称量相对误差为±0.13%。为使称量相对误差小于±0.1%，可称取几倍量，如 4 倍量 Na_2CO_3(0.45 g 左右)，溶解后在 100 mL 容量瓶中定容，用移液管每次吸取 25.00 mL 作标定用。此种方法常称为“称大样”。

2.3.2　分析结果的计算

1. 直接滴定法

【例 2.5】　含惰性杂质的 K_2CO_3 试样 0.500 0 g，溶解后用 $c(HCl) = 0.106\,4\ mol \cdot L^{-1}$ 的盐酸标准溶液 27.31 mL 滴定至 CO_3^{2-} 恰好完全转化为 CO_2。计算试样中 $w(K_2CO_3)$、$w(K_2O)$、$w(K)$。

解：

$$K_2CO_3 + 2HCl = 2KCl + H_2O + CO_2\uparrow$$

由反应式可知

$$\Delta n(K_2CO_3) = \frac{1}{2}\Delta n(HCl)$$

所以 $$w(K_2CO_3)=\frac{\frac{1}{2}c(HCl)V(HCl)M(K_2CO_3)}{m}$$

$$=\frac{\frac{1}{2}\times 0.1064\ mol\cdot L^{-1}\times 0.02731\ L\times 138.2\ g\cdot mol^{-1}}{0.5000\ g}$$

$$=40.16\%$$

$$\Delta n(K_2O)=\frac{1}{2}\Delta n(HCl)$$

$$w(K_2O)=\frac{\frac{1}{2}c(HCl)V(HCl)M(K_2O)}{m}$$

$$=\frac{\frac{1}{2}\times 0.1064\ mol\cdot L^{-1}\times 0.02731\ L\times 94.20\ g\cdot mol^{-1}}{0.5000\ g}$$

$$=27.37\%$$

$$\Delta n(K)=\Delta n(HCl)$$

所以 $$w(K)=\frac{c(HCl)V(HCl)M(K)}{m}$$

$$=\frac{0.01064\ mol\cdot L^{-1}\times 0.02731\ L\times 39.10\ g\cdot mol^{-1}}{0.5000\ g}$$

$$=22.72\%$$

根据已经计算出的 K_2CO_3 的质量分数，也可利用化学因数计算 $w(K_2O)$ 及 $w(K)$：

$$w(K_2O)=\frac{M(K_2O)}{M(K_2CO_3)}\cdot w(K_2CO_3)$$

$$=\frac{94.20\ g\cdot mol^{-1}}{138.2\ g\cdot mol^{-1}}\times 40.16\%=27.37\%$$

$$w(K)=\frac{2M(K)}{M(K_2CO_3)}\cdot w(K_2CO_3)$$

$$=\frac{2\times 39.10\ g\cdot mol^{-1}}{138.2\ g\cdot mol^{-1}}\times 40.16\%=22.72\%$$

【例 2.6】 有一 $KMnO_4$ 溶液，$c(KMnO_4)=0.02010\ mol\cdot L^{-1}$，求其在测定

Fe_2O_3 含量时对 Fe 及 Fe_2O_3 的滴定度。若一试样质量为 0.271 8 g，在测定过程中用去此 $KMnO_4$ 溶液 26.30 mL，求试样中 $w(Fe_2O_3)$。

解：

(1)$KMnO_4$ 滴定 Fe^{2+} 的反应为：

$$MnO_4^- + 5Fe^{2+} + 8H^+ = Mn^{2+} + 5Fe^{3+} + 4H_2O$$

$$\Delta n(Fe^{2+}) = 5\Delta n(MnO_4^-)$$

$KMnO_4$ 对 Fe 的滴定度为：

$$T(Fe/KMnO_4) = 5c(KMnO_4)M(Fe)$$

$$= 5\times 0.020\ 10\ mol \cdot L^{-1} \times 55.85\ g \cdot mol^{-1} = 0.005\ 613\ g \cdot mL^{-1}$$

(2)$\Delta n(Fe_2O_3) = \frac{5}{2}\Delta n(KMnO_4)$，$KMnO_4$ 对 Fe_2O_3 的滴定度为：

$$T(Fe_2O_3/KMnO_4) = \frac{5}{2}c(KMnO_4)M(Fe_2O_3)$$

$$= \frac{5}{2}\times 0.020\ 10\ mol \cdot L^{-1} \times 159.7\ g \cdot mol^{-1} = 0.008\ 025\ g \cdot mL^{-1}$$

(3)$w(Fe_2O_3) = \frac{T(Fe_2O_3/KMnO_4)\times V(KMnO_4)}{m}$

$$= \frac{0.008\ 025\ g \cdot mL^{-1} \times 26.30\ mL}{0.271\ 8\ g} = 77.65\%$$

2. 置换滴定法和间接滴定法 置换滴定法和间接滴定法中涉及的反应较多，被测物与滴定剂间不是直接作用。计算时应根据各步反应式，直接找出被测物的量与滴定剂的量的关系。如利用置换滴定法以 $Na_2S_2O_3$ 标准溶液测定 $K_2Cr_2O_7$ 含量时，首先在酸性溶液中 $K_2Cr_2O_7$ 与过量 KI 作用，定量置换出 I_2：

$$Cr_2O_7^{2-} + 6I^- + 14H^+ = 2Cr^{3+} + 3I_2 + 7H_2O$$

然后用 $Na_2S_2O_3$ 标准溶液滴定生成的 I_2：

$$I_2 + 2S_2O_3^{2-} = 2I^- + S_4O_6^{2-}$$

由此可知 1 mol 滴定剂 $Na_2S_2O_3$ 与 1/2 mol I_2 完全作用，1/2 mol I_2 是 1/6 mol 被测物 $K_2Cr_2O_7$ 与过量 KI 作用的结果，故试样中含被测物 $K_2Cr_2O_7$ 的量 $n(K_2Cr_2O_7)$ 可依以下关系求出：

$$-\Delta n(K_2Cr_2O_7) = -\frac{1}{6}\Delta n(Na_2S_2O_3)$$

又如利用间接滴定法，以 $KMnO_4$ 标准溶液测定 Ca^{2+} 含量时，首先使 Ca^{2+} 沉淀为 CaC_2O_4：

$$Ca^{2+}+C_2O_4^{2-}=CaC_2O_4\downarrow$$

过滤后，加 H_2SO_4 使之溶解：

$$CaC_2O_4+2H^+=H_2C_2O_4+Ca^{2+}$$

最后用 $KMnO_4$ 标准溶液滴定溶液中的 $H_2C_2O_4$：

$$5H_2C_2O_4+2MnO_4^-+6H^+=2Mn^{2+}+10CO_2\uparrow+8H_2O$$

由反应式可知，1 mol 滴定剂 $KMnO_4$ 相当于与 5/2 mol 被测物 Ca^{2+} 作用，则样品中含被测物 Ca^{2+} 的量可依以下关系求出：

$$-\Delta n(Ca^{2+})=-\frac{5}{2}\Delta n(MnO_4^-)$$

【例 2.7】 碘量法测定试样中 $K_2Cr_2O_7$ 的含量时，称取样品 0.500 0 g，加入过量 KI，生成的 I_2 用 $c(Na_2S_2O_3)=0.200\ 0\ mol\cdot L^{-1}$ 的硫化硫酸钠标准溶液 25.00 mL 滴定至终点，计算样品中 $w(K_2Cr_2O_7)$。

解：

$$Cr_2O_7^{2-}+6I^-+14H^+=2Cr^{3+}+3I_2+7H_2O$$

$$I_2+2S_2O_3^{2-}=2I^-+S_4O_6^{2-}$$

$$\Delta n(K_2Cr_2O_7)=\frac{1}{6}\Delta n(Na_2S_2O_3)$$

所以

$$w(K_2Cr_2O_7)=\frac{\frac{1}{6}c(Na_2S_2O_3)V(Na_2S_2O_3)M(K_2Cr_2O_7)}{m}$$

$$=\frac{\frac{1}{6}\times 0.200\ 0\ mol\cdot L^{-1}\times 0.025\ 00\ L\times 294.2\ g\cdot mol^{-1}}{0.500\ 0\ g}=49.03\%$$

3. 返滴定法 返滴定法中所用第 1 种滴定剂部分与被测物作用，剩余部分被第 2 种滴定剂滴定。故由第 1 种滴定剂的总量减去与第 2 种滴定剂作用的量即可知与被测物作用的第 1 种滴定剂的量，进而可知样品中被测物的量。若所用第 1 种滴定剂 T_1 部分与被测物 B 作用：

$$t_1T_1+bB=cC+dD$$

则两者物质的量关系为：

$$\Delta n_B = \frac{b}{t_1}\Delta n_{T_1}$$

第 1 种滴定剂剩余部分被第 2 种滴定剂 T_2 滴定：

$$t_1'T_1 + t_2T_2 = eE + fF$$

则两者物质的量关系为：

$$\Delta n'_{T_1} = \frac{t'_1}{t_2}\Delta n_{T_2}$$

所以

$$-\Delta n_B = \frac{b}{t_1}\left[c(T_1)V(T_1) - \frac{t'_1}{t_2}c(T_2)V(T_2)\right]$$

如返滴定法测样品中 $CaCO_3$ 的含量，先加入过量 HCl 标准溶液，再用 NaOH 标准溶液返滴 HCl：

$$CaCO_3 + 2HCl = CaCl_2 + H_2O + CO_2\uparrow$$
$$HCl + NaOH = NaCl + H_2O$$

由反应式可知

$$\Delta n(CaCO_3) = \frac{1}{2}\Delta n(HCl)$$
$$\Delta n(HCl) = \Delta n(NaOH)$$

故

$$-\Delta n(CaCO_3) = \frac{1}{2}[c(HCl)V(HCl) - c(NaOH)V(NaOH)]$$

【例 2.8】 粗铵盐 2.000 g，加过量 KOH 溶液，加热，蒸出的 NH_3 吸收在 50.00 mL $c(HCl)=0.500\ 0\ mol \cdot L^{-1}$ 标准盐酸中，过量的酸用 $c(NaOH)=0.450\ 0\ mol \cdot L^{-1}$ 标准氢氧化钠溶液 2.31 mL 回滴至终点。计算样品中 $w(NH_3)$。

解：

$$NH_3 + HCl = NH_4Cl$$
$$HCl + NaOH = NaCl + H_2O$$

由反应式可知

$$\Delta n(NH_3)=\Delta n(HCl)$$
$$\Delta n(HCl)=\Delta n(NaOH)$$

$$w(NH_3)=\frac{[c(HCl)V(HCl)-c(NaOH)V(NaOH)]M(NH_3)}{m}$$
$$=\frac{(0.5000\ mol\cdot L^{-1}\times 0.05000\ L)\times 17.03\ g\cdot mol^{-1}}{2.0000\ g}$$
$$-\frac{(0.4500\ mol\cdot L^{-1}\times 0.00231\ L)\times 17.03\ g\cdot mol^{-1}}{2.0000\ g}$$
$$=20.40\%$$

思　考　题

2-1　解释下列名词：

化学计量点　滴定终点　基准物质　标准溶液　终点误差

2-2　回答下列问题：

(1)什么是滴定分析法？适用测定什么样品？其精度可达到什么水平？

(2)滴定分析中终点误差大小与何种因素有关？滴定达化学计量点时反应是否完成100%？

(3)除终点误差外，称量误差和滴定管读数误差也是滴定分析的重要误差来源。应如何控制后两者均不大于±0.1%？

(4)为什么用于滴定分析的化学反应必须有确定的化学计量关系？

(5)什么是标定？如何确定标定剂的称量范围？

(6)分析纯的NaCl试剂若不做任何处理就用以标定$AgNO_3$溶液的浓度，结果会偏高，试解释之。若将$H_2C_2O_4\cdot 2H_2O$基准物长期保存于放有干燥剂的干燥器中，用以标定NaOH溶液浓度时，结果将偏高还是偏低？为什么？

2-3　计算下列各题：

(1)$H_2C_2O_4\cdot 2H_2O$和$KHC_2O_4\cdot H_2C_2O\cdot 2H_2O$两种物质分别和NaOH作用时，$\Delta n(H_2C_2O_4\cdot 2H_2O):\Delta n(NaOH)=$________；$\Delta n(NaOH):\Delta n(KHC_2O_4\cdot H_2C_2O_4\cdot 2H_2O)=$________。

(2)测定明矾中的钾时，先将钾沉淀为$KB(C_6H_5)_4$，滤出沉淀后溶解于EDTA-Hg(Ⅱ)溶液中，再以已知浓度的Zn^{2+}滴定释放出来的EDTA：

$$KB(C_6H_5)_4+4HgY^{2-}+3H_2O+5H^+=4Hg(C_6H_5)^++4H_2Y^{2-}+H_3BO_3+K^+$$
$$H_2Y^{2-}+Zn^{2+}=ZnY^{2-}+2H^+$$

则 $\Delta n(K^+):\Delta n(Zn^{2+})$为________。

练　习　题

2-1　配制 $c(H_2SO_4)=0.2\ mol\cdot L^{-1}$ 的硫酸和 $c(NaOH)=0.1\ mol\cdot L^{-1}$ 的氢氧化钠溶液各 500 mL，需密度 $\rho(H_2SO_4)=1.84\ g\cdot mL^{-1}$、质量分数 $w(H_2SO_4)=95\%$的浓 H_2SO_4 多少毫升，NaOH 固体多少克？

2-2　$c(HCl)=0.110\ 0\ mol\cdot L^{-1}$ 的盐酸标准溶液滴定 Na_2CO_3 至 CO_2 时 $T(Na_2CO_3/HCl)$为多少？此 HCl 25.00 mL 滴定一含惰性杂质的碳酸钠样品 0.250 0 g 至生成 CO_2，计算样品中 $w(Na_2CO_3)$。

2-3　称取基准物质草酸($H_2C_2O_4\cdot 2H_2O$)1.648 4 g，配制于 250.0 mL 容量瓶中，计算 $c(H_2C_2O_4)$。

2-4　用邻苯二甲酸氢钾($KHC_8H_4O_4$)标定浓度约为 $0.1\ mol\cdot L^{-1}$ 的 NaOH 时，如要求体积测量的相对误差在±0.1%以内，则 NaOH 用量至少要多少？这时应至少称取邻苯二甲酸氢钾多少？如改用 $H_2C_2O_4\cdot 2H_2O$ 做基准物质，应称取多少？称量的相对误差是多少？

2-5　工业硼砂 1.000 g，用 $c(HCl)=0.2\ 000\ mol\cdot L^{-1}$ 的盐酸 25.00 mL 恰滴定至终点：

$$Na_2B_4O_7\cdot 10H_2O+2HCl=4H_3BO_3+2NaCl+5H_2O$$

计算样品中 $w(Na_2B_4O_7\cdot 10H_2O)$、$w(Na_2B_4O_7)$、$w(B)$。

2-6　0.200 0 g $BaCO_3$ 与 Na_2CO_3 的混合物，完全中和需 30.00 mL $c(HCl)=0.100\ mol\cdot L^{-1}$ 的盐酸(生成 CO_2)。计算样品中 $w(BaCO_3)$和 $w(Na_2CO_3)$。

2-7　测定试样中的含铝量时，称取试样 0.200 0 g，溶解后，加入 $c(EDTA)=0.050\ 10\ mol\cdot L^{-1}$ 的 EDTA 标准溶液 25.00 mL，发生如下反应：

$$Al^{3+}+H_2Y^{2-}=AlY^-+2H^+$$

控制条件，使 Al^{3+} 与 EDTA 配位反应完全，然后用 $c(Zn^{2+})=0.050\ 05\ mol\cdot L^{-1}$ 的标准锌溶液返滴定，消耗 5.50 mL：

$$Zn^{2+}+H_2Y^{2-}=ZnY^{2-}+2H^+$$

求试样中 Al_2O_3 的质量分数。

2-8　称取含 $Ca(ClO_3)_2$ 试样 0.200 0 g，溶解后将溶液调至强酸性，加入 $c(Fe^{2+})=0.100\ 0\ mol\cdot L^{-1}$ 的硫酸亚铁标准溶液 26.00 mL，将 ClO_3^- 还原为 Cl^-：

$$ClO_3^- + 6Fe^{2+} + 6H^+ = Cl^- + 6Fe^{3+} + 3H_2O$$

过量 Fe^{2+} 用 $c(K_2Cr_2O_7) = 0.020\ 00\ mol \cdot L^{-1}$ 的重铬酸钾溶液滴定至终点，用去 10.00 mL：

$$Cr_2O_7^{2-} + 6Fe^{2+} + 14H^+ = 2Cr^{3+} + 6Fe^{3+} + 7H_2O$$

计算试样中 $Ca(ClO_3)_2$ 的质量分数。已知 $M\{Ca(ClO_3)_2\} = 206.98\ g \cdot mol^{-1}$。

2-9 用 $KMnO_4$ 法间接测定石灰石中 CaO 的含量。若试样中 CaO 含量约为 40%，为使滴定时消耗 $c(KMnO_4) = 0.02\ mol \cdot L^{-1}$ 的高锰酸钾标准溶液约 30 mL，应该称取试样多少克？

第 3 章　酸碱滴定法
Acid-Base Titration

酸碱滴定法是利用酸碱反应进行的滴定分析方法。应用酸碱滴定法，不但可以准确测定很多酸(碱)的量，而且若某些非酸碱性物质可经化学处理产生酸(碱)，其含量也可以利用酸碱滴定法测定。

3.1　酸碱平衡定量处理方法(Quantitative Methods for Acid-Base Equilibrium)

溶液中酸碱平衡原理是酸碱滴定法的理论基础。正确判断溶液酸度与酸(碱)存在型体的关系，计算酸(碱)水溶液的酸度，是掌握酸碱滴定法理论必需的基本知识。

3.1.1　酸度对水溶液中弱酸(碱)型体分布的影响

根据酸碱质子理论，弱酸(碱)在水溶液中发生离解反应，因此弱酸(碱)在水溶液中必定有多种不同型体同时存在。如在弱一元酸 HB 水溶液中，由于离解反应 $HB+H_2O=H_3O^++B^-$ 的发生，HB 部分转化为其共轭碱 B^-，故水溶液中弱一元酸以 HB 和 B^- 一对共轭酸碱两种型体存在。一定条件下离解反应达平衡状态后，各型体的平衡浓度 c^{eq} 与弱酸的分析浓度(即初浓度，或称总浓度)c_0 的关系为：

$$c_0(HB)=c^{eq}(HB)+c^{eq}(B^-)$$

或用 c 表示平衡浓度，则：

$$c_0(HB)=c(HB)+c(B^-)$$

根据化学平衡移动原理，若提高弱酸(碱)水溶液的酸度，必使离解平衡向生成共轭酸方向移动，反之则向生成共轭碱方向移动。因此，可利用调节溶液酸度的方法控制酸碱水溶液中有关存在型体的浓度，这对有效控制很多化学反应进行的条件具有重要指导意义。化学科学中用“摩尔分数”来表示溶液中弱酸(碱)某一型体浓度与分析浓度之比。如弱一元酸两种存在型体的摩尔分数分别为：

$$x(\mathrm{HB})=\frac{c(\mathrm{HB})}{c_0(\mathrm{HB})}=\frac{c(\mathrm{HB})}{c(\mathrm{HB})+c(\mathrm{B}^-)}$$

$$x(\mathrm{B}^-)=\frac{c(\mathrm{B}^-)}{c_0(\mathrm{HB})}=\frac{c(\mathrm{B}^-)}{c(\mathrm{HB})+c(\mathrm{B}^-)}$$

根据离解平衡原理：

$$c(\mathrm{B}^-)/c^{\ominus}=\frac{K_a\{c(\mathrm{HB})/c^{\ominus}\}}{c(\mathrm{H}^+)/c^{\ominus}}$$

及

$$c_0(\mathrm{HB})=c(\mathrm{HB})+c(\mathrm{B}^-)$$

得

$$c_0(\mathrm{HB})/c^{\ominus}=\{c(\mathrm{HB})/c^{\ominus}\}\left\{1+\frac{K_a}{c(\mathrm{H}^+)/c^{\ominus}}\right\}$$

故

$$x(\mathrm{HB})=\frac{c(\mathrm{HB})}{c_0(\mathrm{HB})}=\frac{1}{1+\dfrac{K_a}{c(\mathrm{H}^+)/c^{\ominus}}}=\frac{c(\mathrm{H}^+)/c^{\ominus}}{c(\mathrm{H}^+)/c^{\ominus}+K_a}$$

又因

$$c(\mathrm{HB})/c^{\ominus}=\frac{\{c(\mathrm{H}^+)/c^{\ominus}\}\{c(\mathrm{B}^-)/c^{\ominus}\}}{K_a}$$

得

$$c_0(\mathrm{HB})/c^{\ominus}=\{c(\mathrm{B}^-)/c^{\ominus}\}\left\{1+\frac{c(\mathrm{H}^+)/c^{\ominus}}{K_a}\right\}$$

故

$$x(\mathrm{B}^-)=\frac{c(\mathrm{B}^-)}{c_0(\mathrm{HB})}=\frac{1}{1+\dfrac{c(\mathrm{H}^+)/c^{\ominus}}{K_a}}=\frac{K_a}{c(\mathrm{H}^+)/c^{\ominus}+K_a}$$

利用上述结果便可计算出不同的 pH 条件下，弱一元酸(碱)水溶液中共轭酸碱两种存在型体的摩尔分数，根据摩尔分数和弱酸(碱)的分析浓度，还可方便地计算出一定 pH 条件下各型体的平衡浓度。

【例 3.1】 计算 pH＝5.00 时，$c_0(\mathrm{HAc})=0.10\ \mathrm{mol\cdot L^{-1}}$ 的醋酸水溶液中 HAc 和 Ac^- 的平衡浓度。已知 $K_a(\mathrm{HAc})=1.8\times10^{-5}$

解：

$$x(\mathrm{HAc})=\frac{c(\mathrm{H}^+)/c^{\ominus}}{c(\mathrm{H}^+)/c^{\ominus}+K_a}=\frac{1.0\times10^{-5}}{1.0\times10^{-5}+1.8\times10^{-5}}=0.36$$

$$x(\mathrm{Ac}^-)=1-x(\mathrm{HAc})=0.64$$

所以

$$c(\mathrm{HAc})=x(\mathrm{HAc})c_0(\mathrm{HAc})=0.36\times0.10\ \mathrm{mol\cdot L^{-1}}=0.036\ \mathrm{mol\cdot L^{-1}}$$

$$c(Ac^-) = x(Ac^-)c_0(Ac^-) = 0.64 \times 0.10\ mol \cdot L^{-1} = 0.064\ mol \cdot L^{-1}$$

同法，可推导出计算弱多元酸（碱）$H_nB(B^{n-})$各型体摩尔分数的计算公式：

$x(H_nB) =$

$$\frac{\{c(H^+)/c^{\ominus}\}^n}{\{c(H^+)/c^{\ominus}\}^n + \{c(H^+)/c^{\ominus}\}^{n-1}K_{a_1} + \{c(H^+)/c^{\ominus}\}^{n-2}K_{a_1}K_{a_2} + \cdots + K_{a_1} \cdot K_{a_2} \cdots K_{a_n}}$$

$x(H_{n-1}B^-) =$

$$\frac{\{c(H^+)/c^{\ominus}\}^{n-1}K_{a_1}}{\{c(H^+)/c^{\ominus}\}^n + \{c(H^+)/c^{\ominus}\}^{n-1}K_{a_1} + \{c(H^+)/c^{\ominus}\}^{n-2}K_{a_1}K_{a_2} + \cdots + K_{a_1} \cdot K_{a_2} \cdots K_{a_n}}$$

$x(H_{n-2}B^{2-}) =$

$$\frac{\{c(H^+)/c^{\ominus}\}^{n-2}K_{a_1}K_{a_2}}{\{c(H^+)/c^{\ominus}\}^n + \{c(H^+)/c^{\ominus}\}^{n-1}K_{a_1} + \{c(H^+)/c^{\ominus}\}^{n-2}K_{a_1}K_{a_2} + \cdots + K_{a_1} \cdot K_{a_2} \cdots K_{a_n}}$$

⋮

$x(B^{n-}) =$

$$\frac{K_{a_1} \cdot K_{a_2} \cdots K_{a_n}}{\{c(H^+)/c^{\ominus}\}^n + \{c(H^+)/c^{\ominus}\}^{n-1}K_{a_1} + \{c(H^+)/c^{\ominus}\}^{n-2}K_{a_1} \cdot K_{a_2} + \cdots + K_{a_1} \cdot K_{a_2} \cdots K_{a_n}}$$

由于计算烦琐，读者可利用软件进行数据处理。

根据摩尔分数，可绘制 x-pH 曲线（酸碱型体分布图），图 3-1 至图 3-3 分别表

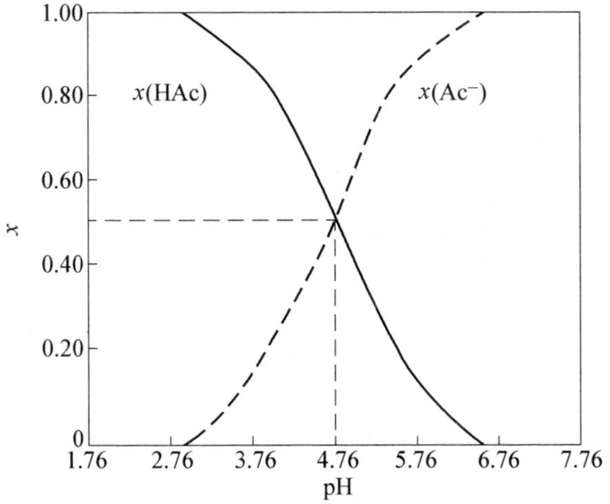

图 3-1　HAc 的型体分布图

示醋酸、草酸和磷酸水溶液中弱酸(碱)各存在型体随 pH 的变化情况。

图 3-2 和图 3-3 有一明显区别，即 $x(H_2PO_4^-)$ 和 $x(HPO_4^{2-})$ 最大值都可近于达到 100%，而 $x(HC_2O_4^-)$ 的最大值明显低于 100%，此时 $H_2C_2O_4$ 和 $C_2O_4^{2-}$ 的存在均不容忽略。造成这种区别的原因是，H_3PO_4 的相邻两级 pK_a 相差较大，而 $H_2C_2O_4$ 的 pK_{a_1}(1.25)与 pK_{a_2}(4.29)相差较小。因此，向 H_3PO_4 水溶液中滴加 NaOH 溶液，可使之近 100%地定量转化为 $H_2PO_4^-$，然后再近 100%地定量转化为 HPO_4^{2-}；而向 $H_2C_2O_4$ 水溶液中滴加 NaOH 溶液，则在其远未完全转化为 $HC_2O_4^-$ 时，已有大量 $C_2O_4^{2-}$ 生成，即 $H_2C_2O_4$ 不能完全定量转化为 $HC_2O_4^-$，反应 $H_2C_2O_4+OH^-=HC_2O_4^-+H_2O$ 进行的完全程度较低。

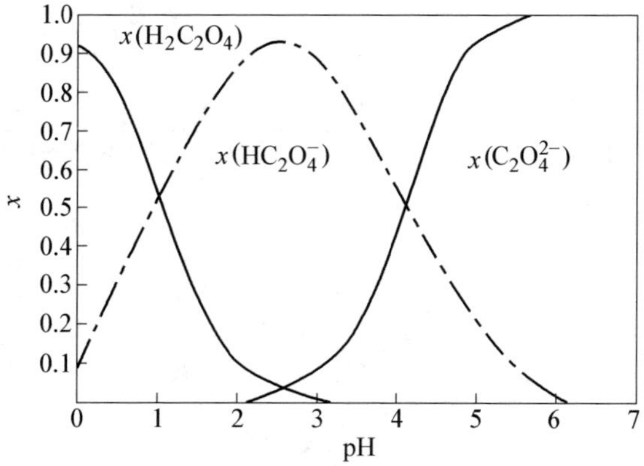

图 3-2　$H_2C_2O_4$ 的型体分布图

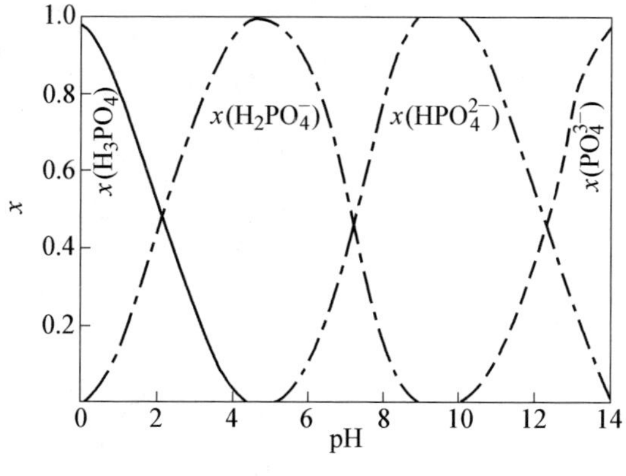

图 3-3　H_3PO_4 的型体分布图

3.1.2　质子条件及弱酸(碱)水溶液酸度计算

酸度是溶液最基本、最重要的一种性质。许多化学反应与介质酸度密切相关。在研究酸碱滴定原理时,更需要了解滴定过程中溶液 pH 变化的情况。因此,准确计算溶液酸度十分重要。

酸(碱)水溶液中,不仅发生酸(碱)与水分子间的质子转移,溶剂水分子间也发生质子自递反应,所以酸(碱)水溶液是一复杂的多重平衡系统,各物种平衡浓度间的数量关系复杂。质子条件式(PBE)简单、清晰、严格地反映了酸(碱)水溶液中质子转移反应各种产物平衡浓度间的量的关系,是处理酸碱平衡的基础。

根据酸碱质子理论,酸碱反应的实质是质子的得失,且酸失去质子的物质的量必与碱得到质子的物质的量相等,这种关系称为质子条件,其数学表达式称为质子条件式。列出 PBE 时,首先要选择系统中发生质子转移的物质作为考虑质子转移过程的起点,常称这些物质为零水准物质。选择零水准时应注意:每一酸(碱)多种存在型体中只能选其中一种型体;为计算方便,选为零水准的物质应是大量存在的,如列出 HAc 水溶液 PBE 时,选 HAc 和 H_2O 为零水准,而列出 NaAc 水溶液 PBE 时,则应选 Ac^- 和 H_2O 为零水准。确定零水准后,根据它们在酸碱反应中得失质子物质的量相等的关系即可写出质子条件式。

【例 3.2】　写出弱一元酸 HB 水溶液的质子条件式。

解:

选 HB 和 H_2O 为零水准。零水准得失质子反应为:

$$HB + H_2O = \underset{(H_2O\text{ 得质子产物})}{H_3O^+} + \underset{(HB\text{ 失质子产物})}{B^-}$$

$$H_2O + H_2O = \underset{(H_2O\text{ 得质子产物})}{H_3O^+} + \underset{(H_2O\text{ 失质子产物})}{OH^-}$$

因得质子产物所得质子物质的量等于失质子物质所失质子物质的量,故:

$$1\times c(H_3O^+)V = 1\times c(B^-)V + 1\times c(OH^-)V$$

式中,V 为溶液体积。由此得 HB 水溶液 PBE:

$$c(H_3O^+) = c(B^-) + c(OH^-)$$

根据例 3.2 结果,利用化学平衡关系式:

$$c(B^-)/c^{\ominus}=\frac{K_a(HB)\{c(HB)/c^{\ominus}\}}{c(H^+)/c^{\ominus}}$$

$$c(OH^-)/c^{\ominus}=\frac{K_w}{c(H^+)/c^{\ominus}}$$

将质子条件式中各物种平衡浓度均换为 $c(H^+)$ 和零水准物质 HB 平衡浓度的函数:

$$c(H^+)/c^{\ominus}=\frac{K_a(HB)\{c(HB)/c^{\ominus}\}}{c(H^+)/c^{\ominus}}+\frac{K_w}{c(H^+)/c^{\ominus}}$$

得
$$c(H^+)/c^{\ominus}=\sqrt{K_a(HB)\{c(HB)/c^{\ominus}\}+K_w} \tag{3-1}$$

再利用 HB 的摩尔分数将 HB 平衡浓度换算为其分析浓度:

$$c(HB)=c_0(HB)\cdot x(HB)=\frac{c_0(HB)\cdot\{c(H^+)/c^{\ominus}\}}{\{c(H^+)/c^{\ominus}\}+K_a(HB)}$$

即可得

$$\{c(H^+)/c^{\ominus}\}^3+K_a(HB)\{c(H^+)/c^{\ominus}\}^2-\{K_w+[c_0(HB)/c^{\ominus}]\cdot K_a(HB)\}\{c(H^+)/c^{\ominus}\}-K_a(HB)\cdot K_w=0 \tag{3-2}$$

式(3-1)和式(3-2)均为计算弱一元酸水溶液酸度的精确式。

精确式不但考虑了 HB 的离解,也考虑了水的离解对溶液酸度的影响,还考虑了 HB 平衡浓度与分析浓度的不同,故理论上很严格,但求解过程复杂。因酸的离解常数 K_a 一般只有两三位有效数字,在实际工作中求算 $c(H^+)$ 时误差一般不超过 $\pm 2\%$ 即可,所以可根据情况对精确式做近似处理:

(1)若 $\{c_0(HB)/c^{\ominus}\}\cdot K_a \geqslant 20\ K_w$,即 HB 酸性较强且浓度较大时,水离解生成的 H^+ 可忽略,式(3-1)中 K_w 一项可略去,且 $c(HB)=c_0(HB)-c(B^-)\approx c_0(HB)-c(H^+)$,得计算弱一元酸水溶液酸度的近似式:

$$c(H^+)/c^{\ominus}=\sqrt{K_a\{c_0(HB)/c^{\ominus}-c(H^+)/c^{\ominus}\}}$$

或
$$\{c(H^+)/c^{\ominus}\}^2+K_a\{c(H^+)/c^{\ominus}\}-\{c_0(HB)/c^{\ominus}\}K_a=0 \tag{3-3}$$

求解得:

$$c(H^+)/c^{\ominus}=\frac{-K_a+\sqrt{(K_a)^2+4K_a\{c_0(HB)/c^{\ominus}\}}}{2}$$

(2)若$\{c_0(HB)/c^{\ominus}\} \cdot K_a \geqslant 20\ K_w$,且$\{c_0(HB)/c^{\ominus}\}/K_a \geqslant 380$,不但水的离解可忽略,且此时 HB 离解度很小,$c(HB) \approx c_0(HB)$,式(3-1)可被简化为所谓最简式:

$$c(H^+)/c^{\ominus} = \sqrt{K_a\{c_0(HB)/c^{\ominus}\}} \tag{3-4}$$

(3)若$\{c_0(HB)/c^{\ominus}\} \cdot K_a \leqslant 20\ K_w$,但$\{c_0(HB)/c^{\ominus}\}/K_a \geqslant 380$,则水的离解不容忽略,但 $c(HB) \approx c_0(HB)$,可得忽略弱酸解离时之近似式:

$$c(H^+) = \sqrt{K_a\{c_0(HB)/c^{\ominus}\} + K_w} \tag{3-5}$$

对弱一元碱水溶液中 $c(OH^-)$的计算,只需将以上各式中 $c(H^+)$、K_a、$c_0(HB)$相应换为 $c(OH^-)$、K_b、$c_0(B)$即可。本书提供的软件,可自动选用公式计算弱一元酸(碱)水溶液酸度。

【例 3.3】 写出弱二元酸 H_2B 水溶液的 PBE。

解:

选 H_2B 和 H_2O 为零水准,则

$H_2B+H_2O=$	H_3O^+	+	HB^-
$H_2B+2H_2O=$	$2H_3O^+$	+	B^{2-}
$H_2O+H_2O=$	H_3O^+	+	OH^-
	(得质子产物)		(失质子产物)

因 B^{2-} 是 H_2B 失去两个质子的产物,所得 B^{2-} 物质的量的 2 倍才是 H_2B 转化为 B^{2-} 时所失质子物质的量,故得 PBE:

$$c(H_3O^+) = c(HB^-) + 2c(B^{2-}) + c(OH^-)$$

将化学平衡关系式及 $x(HB^-)$、$x(B^{2-})$代入上式,得计算弱二元酸水溶液酸度的精确式:

$$\{c(H^+)/c^{\ominus}\}^4 + K_{a_1}\{c(H^+)/c^{\ominus}\}^3 + \{K_{a_1}K_{a_2} - K_{a_1}[c_0(H_2B)/c^{\ominus}] - K_w\}$$
$$\{c(H^+)/c^{\ominus}\}^2 - \{2K_{a_1}K_{a_2}[c_0(H_2B)/c^{\ominus}] + K_{a_1}K_w\}\{c(H^+)/c^{\ominus}\} - K_{a_1}K_{a_2}K_w = 0$$

若 $K_{a_1}/K_{a_2} \geqslant 10$,且$\{c_0(H_2B)/c^{\ominus}\}/K_{a_2} \geqslant 10^{2.44}$,则可忽略 H_2B 的第二级离解,误差小于 2%,此时可得:

$$c(H^+)/c^{\ominus} = \sqrt{K_{a_1}\{c(H_2B/c^{\ominus})\} + K_w} \tag{3-6}$$

此式与弱一元酸水溶液酸度计算的精确式相同,可参照前述条件做进一步简

化。对弱多元酸，均可按式(3-6)简化处理。对弱多元碱，只需将 $c(H^+)$，K_{a_1} 相应换为 $c(OH^-)$和 K_{b_1} 即可。

【例 3.4】 写出两性物质水溶液的 PBE。

解：

酸碱质子理论中的两性物质，或指 HCO_3^-、$H_2PO_4^-$、HPO_4^{2-} 等，或指 NH_4Ac 等弱酸弱碱盐及氨基酸等类物质。

对 HB^- 等，以 HB^- 和 H_2O 为零水准，其 PBE 为：

$$c(H^+)=c(OH^-)+c(B^{2-})-c(H_2B)$$

对 NH_4Ac 等，以 NH_4^+、Ac^- 和 H_2O 为零水准，其 PBE 为：

$$c(H^+)=c(OH^-)+c(NH_3)-c(HAc)$$

以上两式虽形式不同，但物理意义一致：两性物质水溶液中 $c(H^+)$等于两性物质酸式离解及水的离解所生成的 H^+ 离子浓度$\{c(B^{2-})+c(OH^-)$或$c(NH_3)+c(OH^-)\}$之和，与两性物质碱式离解所消耗 H^+ 浓度$\{c(H_2B)$或 $c(HAc)\}$之差。因此，无论是哪种两性物质水溶液的酸度计算公式，形式必然是相同的。根据 PBE，经化简可得两性物质水溶液酸度近似计算公式如下：

$$c(H^+)/c^{\ominus}=\sqrt{K_{a_1}\cdot K_{a_2}} \tag{3-7}$$

式中，K_{a_1} 为两性物质作为碱时，其共轭酸的离解常数；K_{a_2} 为两性物质作为酸时的离解常数。如 $NaHCO_3$ 水溶液酸度可依下式计算：

$$c(H^+)/c^{\ominus}=\sqrt{K_{a_1}(H_2CO_3)\cdot K_{a_2}(H_2CO_3)}=\sqrt{4.2\times10^{-7}\times5.6\times10^{-11}}$$
$$=4.8\times10^{-9}$$

NH_4Ac 水溶液酸度可依下式计算：

$$c(H^+)/c^{\ominus}=\sqrt{K_a(HAc)\cdot K_a(NH_4^+)}=\sqrt{1.8\times10^{-5}\times\frac{1.0\times10^{-14}}{1.8\times10^{-5}}}$$
$$=1.0\times10^{-7}$$

3.2 酸碱指示剂(Acid-Base Indicators)

酸碱滴定过程中，在化学计量点附近，被滴定的溶液通常不发生任何外观变化，故常借助酸碱指示剂来检测滴定终点。能够利用本身颜色的改变来指示溶液

pH 变化的指示剂，称为酸碱指示剂。

3.2.1　酸碱指示剂的作用原理

常用的酸碱指示剂是弱的有机酸或有机碱，其共轭酸碱对具有不同的结构，且颜色不同。当溶液 pH 改变时，共轭酸碱相互发生转变，从而引起溶液的颜色发生变化。

例如，甲基橙在水溶液中有如下离解平衡和颜色变化：

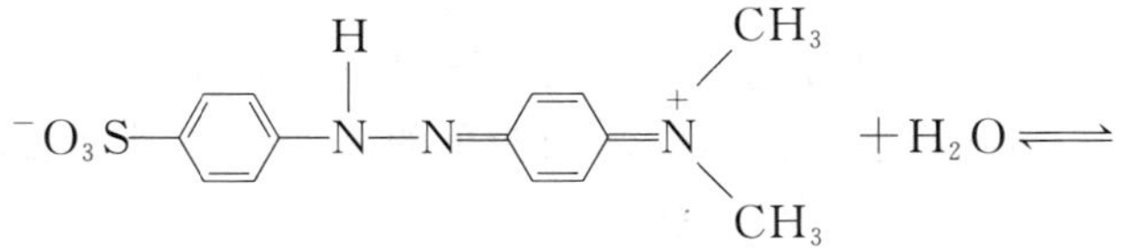

红色（酸式型）

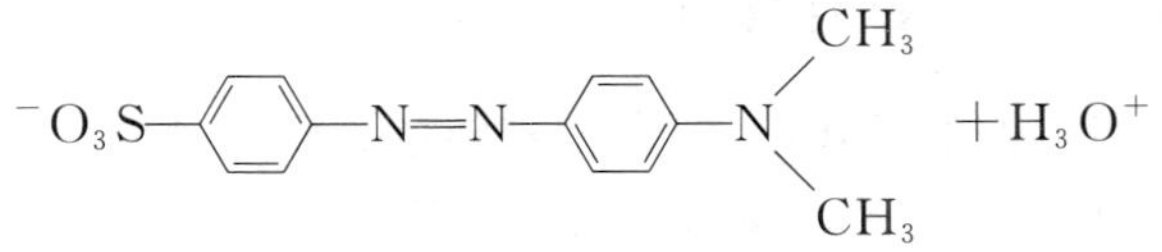

黄色（碱式型）

由上述平衡关系可以看出，增大溶液的酸度，则平衡向左移动，甲基橙主要以酸式型体存在，溶液呈红色；降低溶液的酸度，甲基橙主要以碱式型体存在，溶液呈黄色。像甲基橙这类酸式型体和碱式型体均有颜色的指示剂称为双色指示剂。

又如，酚酞是一种很弱的有机二元酸，在溶液中有如下离解平衡：

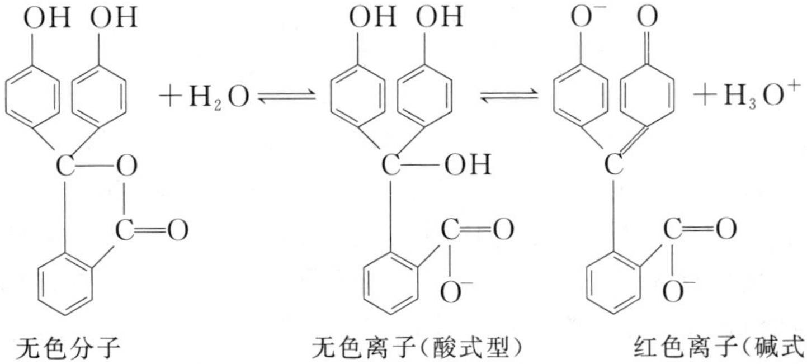

无色分子　　　　无色离子（酸式型）　　　　红色离子（碱式型）

在酸性溶液中，酚酞主要以无色分子或无色离子型体存在，在碱性溶液中，转化为醌式结构后溶液呈红色。但在浓碱溶液中，酚酞转变为无色的羧酸盐，溶液又变为无色。像酚酞这种只有酸式型体或碱式型体具有颜色的指示剂称为单色指示剂。

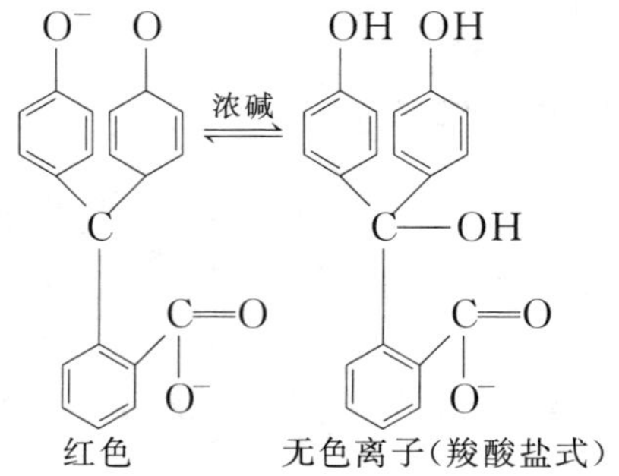

综上所述，酸碱指示剂颜色的改变，起因于溶液 pH 的变化。但并不是溶液的 pH 只要有变化，肉眼都能观察出指示剂颜色的改变。能用肉眼观察出的指示剂的变色是在一定的 pH 范围内发生的。

3.2.2 酸碱指示剂的变色范围

以 HIn 表示指示剂的酸式型体，并称其颜色为酸色，以 In^- 表示指示剂的碱式型体，其颜色称为碱色。指示剂在水溶液中的离解平衡为：

$$HIn = H^+ + In^-$$

$$K(HIn) = \frac{\{c(H^+)/c^\ominus\}\{c(In^-)/c^\ominus\}}{c(HIn)/c^\ominus}$$

式中，$K(HIn)$为指示剂的离解常数，在一定温度下是常数。

以上平衡式可改写为如下形式：

$$pH = pK(HIn) - \lg\frac{c(HIn)/c^\ominus}{c(In^-)/c^\ominus}$$

由上式可知，溶液 pH 发生改变时，$c(HIn)$和 $c(In^-)$的比值也随之发生变化。在 $c(HIn)/c(In^-)=1$ 时，$pH=pK(HIn)$，此 pH 称为指示剂的理论变色点。各种指示剂的 $pK(HIn)$值不同，它们变色点的 pH 也各异。指示剂在变色点时所显示的颜色，是酸式型体和碱式型体等浓度的混合色。如果溶液的 pH 由指示剂的变色点逐渐降低，指示剂的颜色就逐步向以酸式型体颜色为主的方向过渡；反之，则向以碱式型体为主的方向变化。于是溶液的 pH 在指示剂变色点附近改变时，指示剂的颜色便随之发生变化。

因为人们肉眼对颜色变化的分辨能力有限，故当某种颜色占有一定优势之后，就再观察不出色调的变化了，这时只能看到占优势的那种颜色。一般来说，如果 $c(HIn)/c(In^-)>10$，则只能看到 HIn 的颜色(酸式色)；$c(HIn)/c(In^-)<1/10$，

则只能看到碱式型 In^- 的颜色(碱式色)。其相应的 pH 分别为：

当 $c(HIn)/c(In^-)>10$，$pH<pK(HIn)-1$　　（只能看到酸式色）

$c(HIn)/c(In^-)<1/10$，$pH>pK(HIn)+1$　　（只能看到碱式色）

可见，当 pH 低于 $pK(HIn)-1$ 或超过 $pK(HIn)+1$ 时，都看不出指示剂颜色随 pH 改变而变化，只有在 $pH=pK(HIn)\pm1$ 范围内，人们才能觉察到随 pH 改变所引起的指示剂颜色的变化。这个可以看到指示剂颜色变化的 pH 区间，叫作指示剂的理论变色范围。

从以上的一般推算看，指示剂的理论变色范围应是 2 个 pH 单位，但实际上大多数指示剂的变色范围为 1.6～1.8 个 pH 单位。这是因为人眼对各种颜色敏感程度不同以及指示的两种颜色互相掩盖所致。例如，甲基橙的 $pK(HIn)=3.4$，理论变色范围为 pH 2.4～4.4，而实测的变色范围是 pH 3.1～4.4，这是由于人眼对红色较之黄色更为敏感而造成的。常见的酸碱指示剂列于表 3-1 中。

表 3-1　几种常用的酸碱指示剂及其变色范围

指示剂	变色范围 pH	颜色		pK (HIn)	浓度	用量
		酸色	碱色			滴/10 mL 试液
百里酚蓝(第 1 步离解)	1.2～2.8(第 1 次变色)	红	黄	1.7	0.1%乙醇(20%)溶液	1～3
甲基黄	2.9～4.0	红	黄	3.3	0.1%乙醇(90%)溶液	1
甲基橙	3.1～4.4	红	黄	3.4	0.1%水溶液	1
溴酚蓝	3.0～4.6	黄	紫	4.1	0.1%乙醇(20%)溶液或其钠盐 0.1%水溶液	1
溴甲酚绿	3.8～5.4	黄	蓝	4.9	0.1%乙醇(20%)溶液或其钠盐 0.1%水溶液	1
甲基红	4.4～6.2	红	黄	5.0	0.1%或 0.2%乙醇(60%)溶液	1
溴百里酚蓝	6.0～7.6	黄	蓝	7.3	0.1%或 0.05%乙醇(20%)溶液或其钠盐 0.1%或 0.05%水溶液	1
中性红	6.8～8.0	红	黄橙	7.4	0.1%乙醇(60%)溶液	1
酚红	6.4～8.2	黄	红	8.9	0.1%乙醇(20%)溶液或其钠盐 0.1%水溶液	1
百里酚蓝(第 2 步离解)	8.0～9.6(第 2 次变色)	黄	蓝	8.9	0.1%乙醇(20%)溶液	1
酚酞	8.2～10.0	无	红	9.1	0.1%乙醇(60%)溶液	1
百里酚酞	9.4～10.6	无	蓝	10.0	0.1%乙醇(90%)溶液	1～2

即使在指示剂的变色范围内，若溶液 pH 变化过小，肉眼依然观察不出溶液颜色的变化。实验表明，在变色范围内溶液 pH 起码改变 0.3，即氢离子浓度增大 1 倍以上或减小至原浓度的 1/2 以下，肉眼方才可观察出溶液颜色的变化。

3.2.3 混合酸碱指示剂

滴定分析中，若指示剂变色范围窄，则滴定至计量点附近时，pH 稍有改变，指示剂就会发生明显的颜色变化，变色敏锐，有利于提高测定准确度。但通常酸碱指示剂变色范围都较宽。为此，人们常配制变色敏锐的混合指示剂使用。

配制混合指示剂的一种方法是：将一种不随 pH 变化而改变颜色的惰性染料与一种酸碱指示剂按一定浓度比混合。例如，甲基橙与靛蓝（惰性染料）组成的混合指示剂，靛蓝（青蓝色）不随 pH 变化而变色，只作为甲基橙变色的背景。pH≥4.4 时，甲基橙呈显的黄色与靛蓝呈显的青蓝色混合，使溶液呈绿色；pH≤3.1 时，甲基橙呈显的红色与青蓝色混合，使溶液呈紫色；在 pH＝4.1 时，甲基橙呈显的橙色与青蓝色互补，使溶液变为近乎无色（浅灰色）。由于中间色近乎无色，使之变色十分敏锐，易于辨认。此类混合指示剂变色范围并未改变，只是因指示剂中间色与染料颜色互补，使变色敏锐，易于观察。

另一种配制的方法是将两种指示剂按一定浓度比例混合。由于两种指示剂颜色的混合，使变色范围变窄，变色敏锐。如甲酚红（pH 7.2～8.8，黄至紫）与百里酚蓝（pH 8.0～9.6，黄至蓝）按 1∶3 混合，所得混合指示剂变色范围变窄，为 pH＝8.2（粉红）～8.4（紫）。详见表 3-2。

表 3-2 常用酸碱混合指示剂

指示剂溶液的组成	变色点 pH	颜色		备注
		酸色	碱色	
1 份 0.1%甲基黄乙醇溶液 1 份 0.1%亚甲基蓝乙醇溶液	3.25	蓝紫	绿	pH＝3.2 蓝紫色 pH＝3.4 绿色
1 份 0.1%甲基橙水溶液 1 份 0.25%靛蓝二磺酸钠水溶液	4.1	紫	黄绿	pH＝4.1 灰色
3 份 0.1%溴甲酚绿乙醇溶液 1 份 0.2%甲基红乙醇溶液	5.1	酒红	绿	颜色变化极显著
1 份 0.1%溴甲酚绿钠盐水溶液 1 份 0.1%氯酚红钠盐水溶液	6.1	黄绿	蓝紫	pH＝5.4 蓝绿色 pH＝5.8 蓝色 pH＝6.0 蓝微带紫色 pH＝6.2 蓝紫色

续表 3-2

指示剂溶液的组成	变色点 pH	颜色		备　注
		酸色	碱色	
1 份 0.1%中性红乙醇溶液 1 份 0.1%亚甲基蓝乙醇溶液	7.0	蓝紫	绿	pH=7.0　蓝紫色
1 份 0.1%甲酚红钠盐水溶液 3 份 0.1%百里酚蓝钠盐水溶液	8.3	黄	紫	pH=8.2　粉色 pH=8.4　紫色
1 份 0.1%酚酞乙醇溶液 2 份 0.1%甲基绿乙醇溶液	8.9	绿	紫	pH=8.8　浅蓝色 pH=9.0　紫色

在实际工作中，需要注意指示剂使用的温度条件和用量。

(1)温度对指示剂，尤其是对酸型体为离子的指示剂的酸常数有影响，从而会影响指示剂的变色范围。例如甲基橙的变色范围，25℃时为 pH 3.1～4.4，而 100℃ 时为 pH 2.5～3.7。在实际工作中应该注意指示剂使用的温度条件，以免因温度不同而引起误差。

(2)指示剂浓度(或用量)的影响主要有两方面：一方面是由于指示剂本身就是弱酸或弱碱，用量过多，会明显消耗标准溶液，产生误差；另一方面，指示剂浓度过大，对双色指示剂来说，会因为颜色过深使终点颜色不易判断，对单色指示剂来说，会改变它们的变色范围。例如，单色指示剂酚酞，分子无色，离子呈粉红色，人们能察觉到酚酞的粉红色时，In^- 的最低浓度是一定的。因为

$$c(In^-)=\frac{K(HIn)}{c(H^+)/c^\ominus}\cdot\{c(HIn)/c^\ominus\}$$

故当 HIn 浓度增加时，由于 $K(HIn)$一定，如果要使 $c(In^-)$保持最低可察觉浓度，就必须增加溶液的氢离子浓度，即使其变色范围发生变化。例如，在 50～100 mL 溶液中加 2～3 滴 $w=0.1\%$的酚酞，在 pH=9.0 时变色，但若加入 10～15 滴 $w=0.1\%$酚酞，则变色点 pH 在 8.0 左右。因此，必须控制指示剂用量，只要能看清颜色变化即可。

3.3　酸碱滴定法的原理(Principles of Acid-Base Titration)

酸碱滴定的终点，通常利用指示剂的颜色变化来确定。为选择合适的指示剂指示终点，控制终点误差在合理范围之内，如±0.1%或±0.2%等，就必须了解在滴定过程中，尤其在滴定至化学计量点附近引起±0.1%或±0.2%的误差这段范

围，溶液 pH 的变化情况。为此，可以滴定过程中滴定剂的用量或中和百分数为横坐标，溶液 pH 为纵坐标，画出一条描述随滴定剂的加入而引起的溶液 pH 变化情况的曲线，这种曲线称为酸碱滴定曲线（Acid-Base Titration Curve）。

3.3.1 强酸强碱的滴定

所谓强酸的滴定，是指用强碱标准液滴定被测强酸；强碱的滴定，指用强酸标准溶液滴定被测强碱。此类滴定反应方程式为：

$$H^+ + OH^- = H_2O$$

反应平衡常数 $K_t = 1/K_w = 10^{14}$，是所有水溶液中进行的酸碱反应中最高的，因此强酸（碱）的滴定易做到很高准确度。

现以 $c(NaOH) = 0.100\,0\ mol \cdot L^{-1}$ 的氢氧化钠标准溶液滴定 $V(HCl) = 20.00\ mL$，$c(HCl) = 0.100\,0\ mol \cdot L^{-1}$ 的盐酸为例，讨论滴定过程中 pH 的变化规律。为书写方便，以 c_0、V_0、c、V 分别代表 $c(HCl)$、$V(HCl)$、$c(NaOH)$ 和 $V(NaOH)$。

（1）滴定前，溶液为 $c(HCl) = 0.100\,0\ mol \cdot L^{-1}$ 的盐酸。由于强酸全部离解，溶液中 $c(H^+)$ 等于 c_0，即：

$$c(H^+) = c_0 = 0.100\,0\ mol \cdot L^{-1}, \qquad pH = 1.00$$

（2）滴定开始到化学计量点前，溶液的酸度决定于剩余的 HCl 的浓度，即：

$$c(H^+) = \frac{c_0 V_0 - cV}{V_0 + V}$$

例如，当加入 NaOH 18.00 mL 时，

$$c(H^+) = \frac{0.100\,0\ mol \cdot L^{-1} \times 20.00\ mL - 0.100\,0\ mol \cdot L^{-1} \times 18.00\ mL}{20.00\ mL + 18.00\ mL}$$
$$= 5.26 \times 10^{-3}\ mol \cdot L^{-1}, pH = 2.28$$

当加入 NaOH 19.98 mL，即离化学计量点仅差半滴标准溶液，若此时停止滴定，将造成 −0.1% 误差时：

$$c(H^+) = 5.00 \times 10^{-5}\ mol \cdot L^{-1}, \qquad pH = 4.30$$

（3）化学计量点时，NaOH 和 HCl 恰好按化学计量关系反应，溶液中的 $c(H^+)$ 由水的离解决定：

$$c(H^+)=1.00\times10^{-7}\ mol\cdot L^{-1},\qquad pH=7.00$$

此时溶液呈中性。任何强酸强碱滴定，化学计量点 pH 均为 7.00。

(4)化学计量点后，溶液的 pH 取决于过量的 NaOH：

$$c(OH^-)=\frac{cV-c_0V_0}{V_0+V}$$

例如，当加入 NaOH 20.02 mL，即将造成+0.1%误差时：

$$c(OH^-)=5.00\times10^{-5}\ mol\cdot L^{-1},\qquad pOH=4.30,pH=9.70$$

如此逐一计算，结果列于表 3-3。以 NaOH 加入量(或酸被滴定的百分数)为横坐标，溶液 pH 为纵坐标，绘制滴定曲线，如图 3-4 所示。

表 3-3 $c(NaOH)=0.1000\ mol\cdot L^{-1}$ 的氢氧化钠滴定 20.00 mL $c(HCl)=0.1000\ mol\cdot L^{-1}$ 盐酸过程中溶液 pH 的变化

$V(NaOH)/mL$	HCl 被滴定百分数	$c(H^+)/(mol\cdot L^{-1})$	pH
0.00	0.00	1.00×10^{-1}	1.00
18.00	90.00	5.26×10^{-3}	2.28
19.80	99.00	5.02×10^{-4}	3.30
19.98	99.90	5.00×10^{-5}	4.30
20.00	100.00	1.00×10^{-7}	7.00
20.02	100.10	2.00×10^{-10}	9.70
20.20	101.00	2.01×10^{-11}	10.70
22.00	110.00	2.10×10^{-12}	11.68
40.00	200.00	3.00×10^{-13}	12.52

由滴定曲线可见，从滴定开始至有 99.9%的 HCl 被中和，曲线坡度很小，溶液 pH 缓缓升高，只增大 3.30 个 pH 单位。这显然是由于每加入一滴滴定剂，氢离子浓度变化的倍数均很小，即强酸的缓冲能力造成的。但在化学计量点附近，由剩余 0.1%HCl 未被中和到 NaOH 过量 0.1%，即终点误差在−0.1%～+0.1%范围时，虽然只滴加了 0.04 mL(约 1 滴)滴定剂，但溶液 pH 却从 4.30 突变为 9.70，改变了 5.40 个 pH 单位，滴定曲线呈几乎平行于纵轴的直线段。酸碱滴定中化学计量点附近 pH 的突变称为酸碱滴定的 pH 突跃。滴定突跃的产生，是由于化学计量点附近，溶液中 H^+ 和 OH^- 浓度都很低，因此加入少量滴定剂后，H^+ 或 OH^- 浓

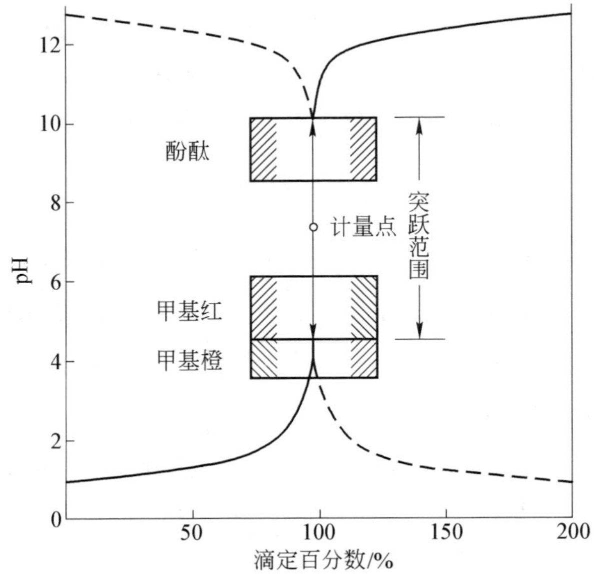

图 3-4 $c(NaOH)=0.1000\ mol\cdot L^{-1}$ 的氢氧化钠滴定 $c(HCl)=0.1000\ mol\cdot L^{-1}$ 的盐酸的滴定曲线

度变化倍数极大，即变化率极大所致。突跃后，再继续滴加 NaOH，进入强碱的缓冲区，溶液 pH 变化又变得缓慢了。

滴定突跃是选择指示剂的依据。只要在突跃范围以内（或基本在突跃范围内）变色的指示剂都可用来指示终点。此例中，在化学计量点附近±0.1%误差范围的 pH 突跃为 4.30～9.70，甲基红、酚酞的变色范围几乎全部包含在其中，因此都是合适的指示剂，都可保证终点误差在±0.1%以内。若用甲基红，终点前加入半滴 NaOH 后溶液由红色突变为橙色或黄色，指示终点到达；若用酚酞，终点时溶液由无色变为粉红。甲基橙的变色范围（3.1～4.4）几乎全在突跃范围之外，若滴定至橙色，终点误差将超过−0.1%；若由橙色滴定到恰突变为黄色，则终点误差也小于−0.1%。

若用 $c(HCl)=0.1000\ mol\cdot L^{-1}$ 的盐酸标准溶液滴定 20.00 mL $c(NaOH)=0.1000\ mol\cdot L^{-1}$ 的氢氧化钠溶液，滴定曲线如图 3-4 中虚线所示，在化学计量点附近±0.1%误差范围，pH 突跃范围为 9.70～4.30，可用甲基红为指示剂，终点时溶液由黄变橙或由橙变红。若用甲基橙，由黄色滴至橙色（pH≈4.00）时，误差已达+0.2%，所以不宜使用。若用酚酞，终点时溶液由粉红变为无色。由于肉眼对由深色到浅色的变化观察不敏感，因此用酸滴定碱时，一般尽量不用酚酞指示剂。

强酸（碱）滴定突跃的大小与溶液浓度有关：若以 $c(HCl)=1.000\ mol\cdot L^{-1}$

的盐酸滴定 $c(NaOH)=1.000\ mol \cdot L^{-1}$ 的氢氧化钠，在±0.1%误差范围，pH 突跃范围为 10.70～3.30，若以甲基橙为指示剂滴定至溶液变为橙色（pH 4.00），终点仍在突跃范围内，终点误差小于+0.1%。若用 $c(NaOH)=0.010\ 00\ mol \cdot L^{-1}$ 的氢氧化钠滴定 $c(HCl)=0.010\ 00\ mol \cdot L^{-1}$ 盐酸，pH 突跃范围为 5.30～8.70，使指示剂的选择受到限制。若用甲基红，终点误差依然小于-0.1%，但若用甲基橙，误差将达约-1%。强酸、强碱浓度每增加 9 倍，强酸强碱滴定突跃范围约增大 2 个 pH 单位（图 3-5）。实验表明，人眼观测酸碱指示剂颜色改变时，一般要求溶液至少要有 0.3 个 pH 单位的变化。所以，酸碱滴定中 pH 突跃范围不得小于计量点前后各 0.3 个 pH 单位。因此，在酸碱滴定中，标准溶液和被测溶液的浓度均不宜过低，通常控制在 $0.1\ mol \cdot L^{-1}$ 左右。

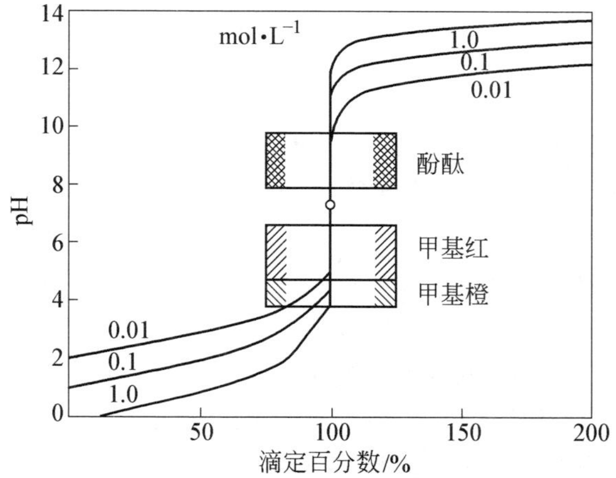

图 3-5　浓度对强酸强碱滴定突跃范围的影响

滴定突跃范围的大小反映了滴定反应的完全程度。HCl 和 NaOH 的浓度越大，滴定反应进行越完全，滴定突跃范围也越大；浓度越小，滴定反应的完全程度就越差，滴定突跃范围也越小。因此，在滴定分析中，终点误差的大小不但与终点和计量点相差的大小（即与指示剂选择）有关，还与反应完全程度有关。

3.3.2　一元弱酸（碱）的滴定

一元弱酸的滴定，指用强碱标准溶液滴定一元弱酸；一元弱碱的滴定，指用强酸标准溶液滴定一元弱碱。反应及其平衡常数分别为：

$$HB+OH^{-}=H_2O+B^{-},K_t=K_a/K_w$$

$$B^- + H_3O^+ = HB + H_2O, K_t = K_b / K_w$$

这类滴定反应的平衡常数均较强碱、强酸滴定反应的平衡常数小，表明反应完全程度较差。如果弱酸的 K_a 或弱碱的 K_b 值较大，则 K_t 值也较大，滴定反应的完全程度就好些；如果 K_a 或 K_b 值太小，则 K_t 值也很小，反应不能进行完全，这种弱酸(碱)就不能被准确滴定。

现用 $c(NaOH)=0.100\,0\ mol \cdot L^{-1}$ 的氢氧化钠标准溶液滴定 $V(HAc)=20.00\ mL$，$c(HAc)=0.100\,0\ mol \cdot L^{-1}$ 的醋酸为例，讨论弱一元酸滴定过程中溶液 pH 变化的规律。为书写方便，以 c_0、V_0、c、V 分别代表 $c(HAc)$、$V(HAc)$、$c(NaOH)$、$V(NaOH)$。

(1)滴定前，体系为 $c(HAc)=0.100\,0\ mol \cdot L^{-1}$ 的醋酸溶液。利用最简式可算得：

$$c(H^+)/c^{\ominus}=\sqrt{K_a(HAc)\times\{c_0/c^{\ominus}\}}=1.34\times10^{-3}, \qquad pH=2.88$$

(2)滴定开始至化学计量点前，因 NaOH 的滴入，溶液中同时含有 HAc 及其共轭碱 Ac^-，即为 $HAc\text{-}Ac^-$ 缓冲体系，溶液酸度可依下式算得：

$$c(H^+)=K_a(HAc)\frac{c(HAc)}{c(Ac^-)}=K_a(HAc)\frac{c_0V_0-cV}{cV}$$

例如，滴入 19.98 mL NaOH 标准溶液时：pH=7.76

(3)化学计量点时，体系为 $c(Ac^-)=0.050\,00\ mol \cdot L^{-1}$ 的 Ac^- 水溶液，溶液酸度由 Ac^- 离解决定，可依最简式算得：

$$c(OH^-)/c^{\ominus}=\sqrt{K_b(Ac^-)\times\{c(Ac^-)/c^{\ominus}\}}=\sqrt{\frac{1}{2}K_b\{c_0/c^{\ominus}\}}, \qquad pH=8.73$$

(4)化学计量点后，溶液中含有过量的强碱 NaOH 和弱碱 Ac^-，酸度主要由过量的 NaOH 决定：

$$c(OH^-)=\frac{cV-c_0V_0}{V_0+V}$$

例如：滴入 20.02 mL NaOH 溶液(NaOH 过量 0.02 mL)时

$$c(OH^-)=5.00\times10^{-5}\ mol \cdot L^{-1}, \qquad pH=9.70$$

根据以上计算可以得到整个滴定过程中各点溶液的 pH，列于表 3-4 中，并可绘制滴定曲线，如图 3-6 所示。

表 3-4 $c(NaOH)=0.1000\ mol\cdot L^{-1}$ 的氢氧化钠滴定 20.00 mL $c(HAc)=0.1000\ mol\cdot L^{-1}$ 的醋酸时 pH 的改变情况

$V(NaOH)/mL$	HAc 被滴定的百分数/%	溶液组成	pH
0.00	0.0	HAc	2.88
10.00	50.0		4.75
18.00	90.0	$HAc+Ac^-$	5.70
19.80	99.0		6.74
19.98	99.9		7.76
20.00	100.0	Ac^-	8.73
20.02	100.1		9.70
20.20	101.0		10.70
22.00	110.0	OH^-+Ac^-	11.68
40.00	200.0		12.50

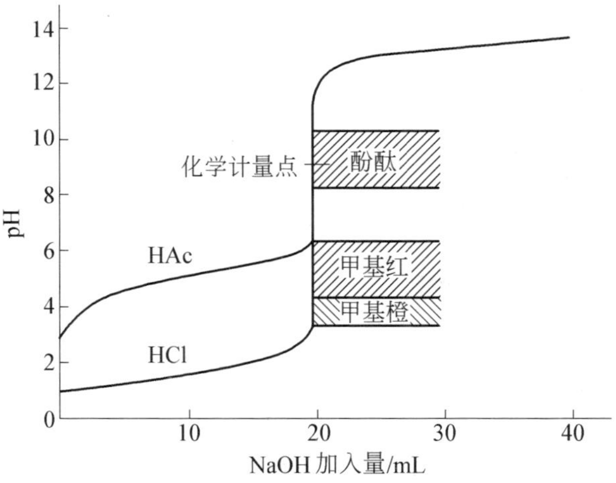

图 3-6 $c(NaOH)=0.1000\ mol\cdot L^{-1}$ 的氢氧化钠滴定 20.00 mL $c(HAc)=0.1000\ mol\cdot L^{-1}$ 醋酸的滴定曲线

图 3-6 中同时画出了 $c(HCl)=0.1000\ mol\cdot L^{-1}$ 的强酸的滴定曲线。两者相比，可见弱一元酸滴定的特点：

(1)化学计量点时，体系为弱碱溶液，pH>7.00。

(2)滴定前，由于弱酸溶液 pH 大于同浓度的强酸，故滴定曲线起点 pH 较高；

滴定开始后，由于生成 Ac^- 的同离子效应，溶液 pH 上升较快，滴定曲线较陡；当近 50%被中和时，$\frac{c(HAc)}{c(Ac^-)}\approx 1$，溶液缓冲能力较强，曲线才变得较平缓；近计量点时 $\frac{c(HAc)}{c(Ac^-)}$ 变小，溶液失去缓冲能力，曲线变得陡直，出现 pH 突跃；突跃后，曲线与 NaOH 滴定 HCl 曲线基本重合。因此，弱一元酸的滴定，由于完成程度较小，pH 突跃比同浓度强酸滴定的 pH 突跃小。如此例中，在±0.1%误差范围内，pH 突跃范围为 7.76～9.70，不到 2 个 pH 单位。为保证终点误差在±0.1%内，可用酚酞指示终点，而不能用甲基橙或甲基红。

用强碱滴定弱一元酸，反应的完成程度不但与浓度有关，更与被测弱酸的强度有关，因此突跃范围的大小明显与被测弱酸的 K_a 大小有关。图 3-7 表示浓度均为 $0.1\ mol\cdot L^{-1}$ 的不同强度的弱一元酸被 $c(NaOH)=0.1\ mol\cdot L^{-1}$ 的氢氧化钠滴定时的滴定曲线。

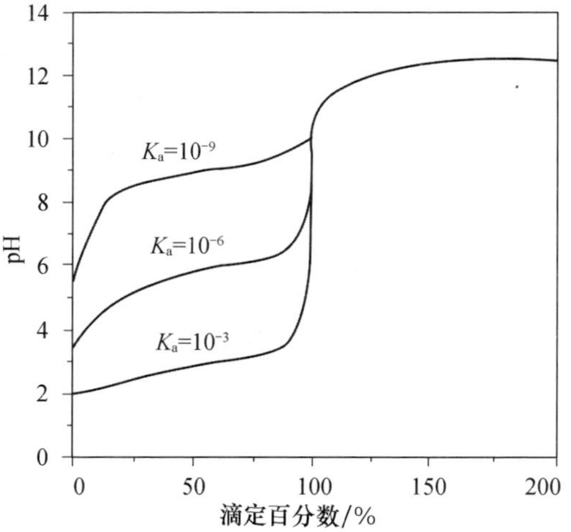

图 3-7　$c(NaOH)=0.1\ mol\cdot L^{-1}$ 的氢氧化钠滴定 $c(HB)=0.1\ mol\cdot L^{-1}$ 不同 K_a 的弱一元酸的滴定曲线

由图 3-7 可见，弱酸的 K_a 越小，即反应越不完全，突跃范围越小。可以证明，在用强碱滴定等浓度的弱一元酸时，只有当弱酸相对浓度与其离解常数的乘积 $\{c/c^{\ominus}\}\cdot K_a\geqslant 10^{-8}$ 时，滴定才有较明显的突跃，即从计量点前终点误差为 −0.2% 处到计量点、从计量点到计量点后终点误差为+0.2%处，pH 的变化均不小于 0.3，可使指示剂发生明显颜色变化，保证终点误差不大于±0.2%。因此，用指示剂指示终点时，通常把$\{c/c^{\ominus}\}\cdot K_a \geqslant 10^{-8}$作为弱一元酸可被强碱准确滴定的条件。一般情况下，被测液和滴定剂浓度均约为 0.1 mol・L^{-1}，所以也常用$K_a \geqslant 10^{-7}$作为弱一元酸可被准确滴定的条件。例如，HCN($K_a = 4.9\times10^{-10}$)、NH_4^+($K_a = 5.6\times10^{-10}$)均不能被强碱准确滴定，而邻苯二甲酸氢钾 $KHC_8H_4O_4$($K_{a_2} = 3.9\times10^{-6}$)、HAc($K_a = 1.8\times10^{-5}$)等则可被准确滴定。滴定时，应选变色点与化学计量点相近的指示剂。

【例 3.5】 用$c(NaOH)\approx 0.1$ mol・L^{-1}的氢氧化钠标准溶液能否准确滴定$c(KHC_8H_4O_4)\approx 0.1$ mol・L^{-1}的邻苯二甲酸氢钾？应选择何种指示剂？

解：

因为$\{c/c^{\ominus}\}\cdot K_a = \{c/c^{\ominus}\}\cdot K_a(KHC_8H_4O_4) = 0.1\times3.9\times10^{-6}$
$= 3.9\times10^{-7} > 10^{-8}$

所以可被滴定，滴定反应为：

$$HC_8H_4O_4^- + OH^- = C_8H_4O_4^{2-} + H_2O$$

化学计量点时，得$c(C_8H_4O_4^{2-}) = 0.05$ mol・L^{-1}的邻苯二甲酸酸根（弱二元碱）溶液，可用最简式计算其溶液酸度：

$$c(OH^-)/c^{\ominus} = \sqrt{K_{b_1}(C_8H_4O_4^{2-})\{c(C_8H_4O_4^{2-})/c^{\ominus}\}}$$
$$= \sqrt{\frac{1.0\times10^{-14}\times0.05}{3.9\times10^{-6}}} = 1.1\times10^{-5}$$

即
$$pH \approx 9.0$$

酚酞变色点为 pH＝9.1，可用来指示终点。

强酸滴定一元弱碱时，计量点 pH＜7.0。与弱一元酸滴定相似，突跃范围的大小与浓度及弱碱的K_b有关：只有$\{c/c^{\ominus}\}\cdot K_b \geqslant 10^{-8}$时，才有较大突跃，可使指示剂发生明显颜色变化，保证终点误差不大于±0.2%。一般情况下，被测液和滴定剂浓度均约为 0.1 mol・L^{-1}，所以也可用$K_b \geqslant 10^{-7}$作为弱一元碱可被准确滴定的判据。由于水溶液中共轭酸碱$K_a\cdot K_b = 10^{-14}$，故若弱酸可被准确滴定，其共轭碱就不能被准确滴定；若弱碱可被准确滴定，其共轭酸就不能被准确滴定。如，HAc($K_a = 1.8\times10^{-5}$)可被强碱滴定，则Ac^-($K_b = 5.6\times10^{-10}$)就不能被强酸准确滴定；NH_3($K_b = 1.8\times10^{-5}$)可被强酸滴定，则NH_4^+($K_a = 5.6\times10^{-10}$)就不能被强碱滴定。

【例 3.6】 用$c(HCl) = 0.1$ mol・L^{-1}的盐酸滴定$c(NH_3) = 0.1$ mol・L^{-1}

的氨水，应选何指示剂？

解：

$$HCl + NH_3 = NH_4Cl$$

化学计量点时，得 $c(NH_4^+) = 0.05\ mol \cdot L^{-1}$ 的铵离子（弱一元酸）溶液。按最简式计算溶液的酸度：

$$c(H^+)/c^{\ominus} = \sqrt{K_a(NH_4^+)\{c(NH_4^+)/c^{\ominus}\}} = \sqrt{5.6 \times 10^{-10} \times 0.05}$$
$$= 5.3 \times 10^{-6}$$

即：pH＝5.30

滴定曲线见图 3-8，在终点误差为±0.1%范围，突跃范围为 6.3～4.3，可选甲基红为指示剂，终点时颜色由黄变橙。

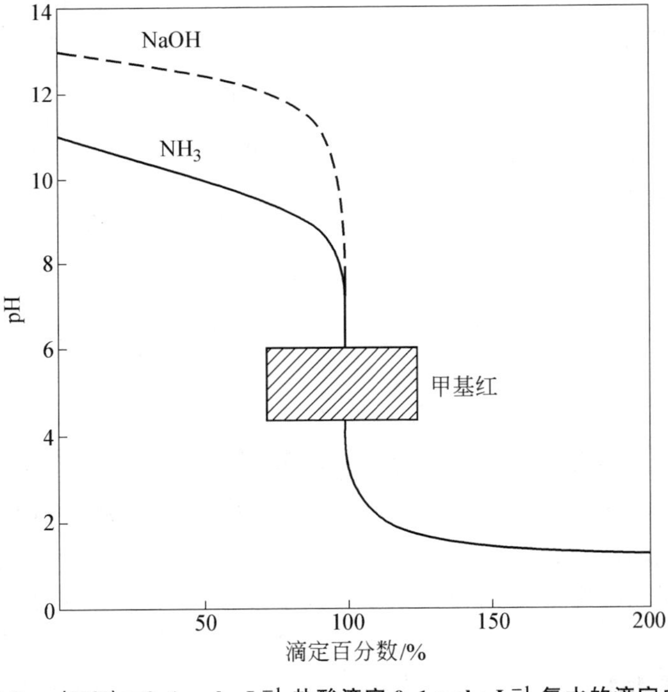

图 3-8　$c(HCl) = 0.1\ mol \cdot L^{-1}$ 盐酸滴定 $0.1\ mol \cdot L^{-1}$ 氨水的滴定曲线

3.3.3　酸碱滴定中的返滴定法和强酸弱酸(强碱弱碱)混合溶液滴定简介

1. 酸碱滴定中的返滴定法　酸碱滴定常需利用返滴定方式进行。如直接法测定氨水浓度时，由于 NH_3 在操作过程中不断挥发，会造成较大负误差，故需首先把一定量氨水样品加入一定量过量的 HCl 标准溶液中，然后用 NaOH 标准溶液回滴过量的 HCl。由于返滴定时是强酸碱之间的作用，常使初学者对以下的问题迷惑不解：

(1)化学计量点 pH 是否为 7.0？应为多少？突跃范围如何？

(2)能否利用返滴定法测定 K_a 或 K_b 小于 10^{-7} 的弱酸碱？

参见图 3-8 氨水的滴定曲线。当用 HCl 滴定 NH_3 至化学计量点时，NH_3 已近乎全部转化为 NH_4^+，再继续滴加 HCl，溶液变为 NH_4^+ 和 HCl 的混合溶液，且随 HCl 增多，pH 逐渐下降。若此时向溶液中滴加 NaOH(为简化起见，忽略体积变化)，随过量 HCl 被中和，溶液 pH 必沿滴定曲线逐渐上升，至 HCl 完全被中和，体系又变为 NH_4^+ 溶液时，pH=5.3，且计量点附近产生一个 pH 突跃(4.3～6.3)。简言之，用 NaOH 滴定 NH_4^+ 和 HCl 混合液时，可近似认为滴定曲线与用 HCl 滴定 NH_3 时的滴定曲线形状相同，化学计量点 pH 及突跃范围也相同，只是走向相反，可选用甲基红指示剂，终点时颜色由红变橙。因此，弱酸(弱碱)无论用直接方式还是返滴定方式进行滴定，化学计量点 pH 及突跃范围都是一样的。这样，开始提出的两个问题就有了答案：弱酸(碱)利用返滴定法滴定时，化学计量点 pH≠7.0，而与直接滴定时相同，突跃范围也相同，只是突跃方向相反，故可选用与直接方式滴定时相同的指示剂；且若弱酸 $K_a<10^{-7}$ 或弱碱 $K_b<10^{-7}$ 时，无论利用直接滴定方式亦或利用返滴定方式滴定，突跃均不明显，即凡不能用直接法滴定的弱酸碱，也不能用返滴定法滴定。

2. 强酸与弱酸(强碱与弱碱)混合溶液的滴定　此类情况有两个问题需解决：

(1)能否测出强酸(或强碱)的分量，此即所谓能否分步滴定的问题。

(2)能否测出强酸(碱)及弱酸(碱)的总量？

为此，可参见图 3-7“0.1 mol·L^{-1} 不同 K_a 弱酸的滴定曲线”。依上所述，这些曲线若按相反走向画出，则为用强酸滴定这些弱酸 HB 的共轭碱 B 与强碱 NaOH 混合物的滴定曲线。无论正向还是反向进行，化学计量点 pH 及突跃范围是相同的。

实验证明，若用 HCl 滴定 $K_a>10^{-5}$ 弱酸之共轭碱 B(即 $K_b<10^{-9}$ 的弱碱)与强碱的混合溶液(两者浓度均为 0.1 mol·L^{-1} 左右)，至强碱被完全中和(达第一化学计量点)，必出现明显的 pH 突跃，可用与滴定弱酸时相同的指示剂指示终点，进而计算试液中强碱的分量，误差不大于±0.2%。第一化学计量点后，体系为 $K_b<10^{-7}$ 的弱碱溶液，其不能被 HCl 滴定，即无法滴定总碱量。

若用 HCl 滴定 $K_a<10^{-9}$ 弱酸之共轭碱 B(即 $K_b>10^{-5}$ 的弱碱)与强碱的混合溶液，至强碱被完全中和，必无明显的 pH 突跃，因此不能准确测定强碱分量。

但由于弱碱 B 的 $K_b>10^{-7}$，所以第一化学计量点后，B 可被 HCl 滴定，故可测知总碱量。

与此相似，可用 $K_a<10^{-9}$、$K_a>10^{-5}$ 判断浓度约为 0.1 mol·L^{-1} 的弱酸与强酸混合溶液能否分步滴定及能否测定总酸量。

3.3.4 多元弱酸(碱)的滴定

1. 多元弱酸的滴定 多元弱酸在水中分步离解，如 H_2B 分两步离解，但 H_2B 在被强碱滴定时，能否分两步被中和，即 H_2B 首先被近 100%地滴定为 HB^-，然后再被滴定为 B^{2-}，则与 K_{a_1}、K_{a_2} 数值大小及其相差大小有关。根据图 3-2，$H_2C_2O_4$ 的 x-pH 曲线可知，因其 K_{a_1}、K_{a_2} 相差较小，在 $H_2C_2O_4$ 未完全被中和为 $HC_2O_4^-$ 时，已有相当多的 $HC_2O_4^-$ 被中和至 $C_2O_4^{2-}$，即在主反应 $H_2C_2O_4+OH^-=HC_2O_4^-+H_2O$ 发生时，副反应 $HC_2O_4^-+OH^-=C_2O_4^{2-}+H_2O$ 同时严重发生，OH^- 不仅参加主反应，同时还参加副反应，如此，必使主反应的完成程度大大下降，造成第一计量点附近无明显的 pH 突跃，无法用指示剂指示第一终点。可证明，在浓度不很小时，如 $c(H_2B)=0.1$ mol·L^{-1} 左右，H_2B 能否被准确分步滴定至 HB^- 以及能否被滴定至 B^{2-}，可按下列原则进行大致判断：

(1)若 $K_{a_1}\geqslant10^{-7}$，且 $K_{a_1}/K_{a_2}\geqslant10^5$，则可被分步滴定至第一终点，终点误差不大于±0.5%。若$\{c/c^{\ominus}\}K_{a_2}\geqslant10^{-8}$，还可继续被滴定至第二终点，误差不大于±0.2%。

(2)若 $K_{a_1}\geqslant10^{-7}$，$\{c/c^{\ominus}\}K_{a_2}\geqslant10^{-8}$，但 $K_{a_1}/K_{a_2}\leqslant10^5$，则只能被滴定至第二终点，误差不大于±0.2%。

(3)若 $K_{a_1}\geqslant10^{-7}$，$K_{a_1}/K_{a_2}\geqslant10^5$，但$\{c/c^{\ominus}\}K_{a_2}<10^{-8}$，则只能被滴定至第一终点，误差不大于±0.5%。对弱三元酸、四元酸等被滴定的情况，也可依以上原则推广进行判断。

弱多元酸相邻两级 K_a 的比值很少能大于 10^5，且加大浓度对减小分步滴定终点误差作用很小，故对弱多元酸分步滴定的准确度，不能做过高企盼。

【例 3.7】 讨论 $H_2C_2O_4$($K_{a_1}=5.6\times10^{-2}$，$K_{a_2}=5.1\times10^{-5}$)被强碱滴定的情况。

解：

因为 $K_{a_1}>10^{-7}$，$K_{a_2}>10^{-7}$，但 $K_{a_1}/K_{a_2}=1.1\times10^3<10^5$

所以 $H_2C_2O_4$ 不能被分步滴定，只能直接滴定至第二终点：

$$H_2C_2O_4+2OH^-=C_2O_4^{2-}+2H_2O$$

终点时若 $c(C_2O_4^{2-})=0.05\ mol \cdot L^{-1}$，按最简式计算终点时酸度：

$$c(OH^-)/c^{\ominus}=\sqrt{K_{b_1}(C_2O_4^{2-})\{c(C_2O_4^{2-})/c^{\ominus}\}}=\sqrt{\frac{1.0\times10^{-14}\times0.05}{5.1\times10^{-5}}}$$

$$=3.1\times10^{-6}, pH\approx8.5$$

可选酚酞指示终点。

【例 3.8】 讨论用 $c(NaOH)=0.1\ mol \cdot L^{-1}$ 的氢氧化钠标准溶液滴定 $c(H_3PO_4)=0.1\ mol \cdot L^{-1}$ 的磷酸的情况。(H_3PO_4：$K_{a_1}=6.9\times10^{-3}$，$K_{a_2}=6.2\times10^{-8}$，$K_{a_3}=4.8\times10^{-13}$)

解：

因为 $K_{a_1}>10^{-7}$，且 $K_{a_1}/K_{a_2}>10^5$

所以 H_3PO_4 可被滴至第一终点，此时溶液中 $c(H_2PO_4^-)=0.05\ mol \cdot L^{-1}$，pH 约为 4.7，可选溴甲酚绿或甲基红指示第一终点。

因为 $K_{a_2}\approx10^{-7}$，且 $K_{a_2}/K_{a_3}\approx10^5$

所以 H_3PO_4 可被滴至第二终点，此时溶液中 $c(HPO_4^{2-})=0.033\ mol \cdot L^{-1}$，pH 约为 9.7，可选百里酚酞或酚酞指示第二终点。

因为 $K_{a_3}<10^{-7}$

所以 H_3PO_4 不能被直接滴定至第三终点。滴定曲线见图 3-9。

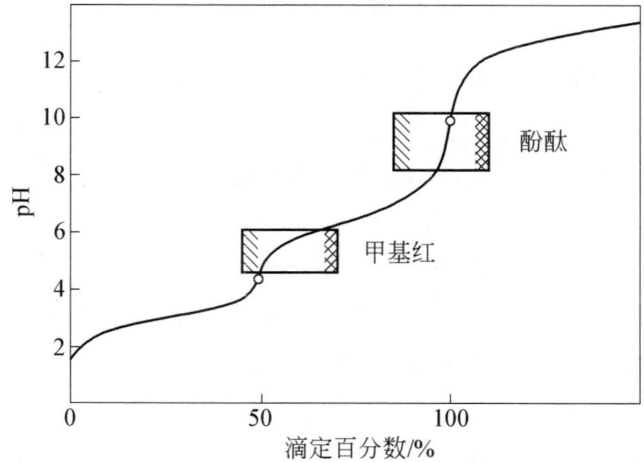

图 3-9　$c(NaOH)=0.1000\ mol \cdot L^{-1}$ 氢氧化钠滴定 $c(H_3PO_4)=0.1000\ mol \cdot L^{-1}$ 磷酸的滴定曲线

2.多元弱碱的滴定 多元弱碱被滴定时的情况,与多元弱酸的滴定完全相似,不再赘述。

【例 3.9】 讨论用 $c(HCl)=0.1\ mol\cdot L^{-1}$ 的盐酸滴定 $c(Na_2CO_3)=0.1\ mol\cdot L^{-1}$ 的碳酸钠的情况。

解:

$$CO_3^{2-}+H^+=HCO_3^-$$

$$HCO_3^-+H^+=H_2CO_3$$

因为 $K_{b_1}>10^{-7}$,$K_{b_1}/K_{b_2}\approx 10^4$

所以在第一化学计量点附近有一不太大的 pH 突跃,计量点时溶液的酸度为:

$$c(H^+)/c^{\ominus}\approx\sqrt{K_{a_1}(H_2CO_3)K_{a_2}(H_2CO_3)}=\sqrt{4.2\times 10^{-7}\times 5.6\times 10^{-11}}$$
$$=4.8\times 10^{-9}$$

$$pH=8.31$$

因为 $K_{b_2}\approx 10^{-7}$

所以在第二化学计量点附近也有一 pH 突跃,酸度可按 $0.033\ mol\cdot L^{-1}$ 近似计算:

$$c(H^+)/c^{\ominus}=\sqrt{K_{a_1}(H_2CO_3)\{c(H_2CO_3)/c^{\ominus}\}}$$
$$=\sqrt{4.2\times 10^{-7}\times 0.04}=1.3\times 10^{-4}$$
$$pH=3.9$$

第一终点可选用酚酞作指示剂,但由于突跃不大,再加上酚酞由红色变为无色,终点不易观察,终点误差就会增大。若采用同浓度的 $NaHCO_3$ 溶液作参比,或采用混合指示剂(如甲酚红和百里酚蓝),效果较好。第二终点时,突跃也不明显,可选用甲基橙或甲基橙-靛蓝混合指示剂。

滴定到第二化学计量点前时,易形成 CO_2 的过饱和溶液,使溶液的酸度稍有增大,造成终点提前。因此,滴定到终点附近时应剧烈摇动溶液,或将溶液加热煮沸,逐出溶液中的 CO_2,放冷后再继续滴定。此时变色敏锐,准确度高。滴定过程中 pH 变化见图 3-10。

3.酸碱滴定中 CO_2 的影响 酸碱滴定中,CO_2 的影响经常导致较大的误差,对此必须十分注意。酸碱滴定中 CO_2 的影响,主要来自如下几个方面:

(1)NaOH 试剂中含 Na_2CO_3,不经处理就配成标准溶液。用邻苯二甲酸氢钾或草酸标定含 Na_2CO_3 的 NaOH 溶液时,终点均为碱性,常以酚酞为指示剂。此

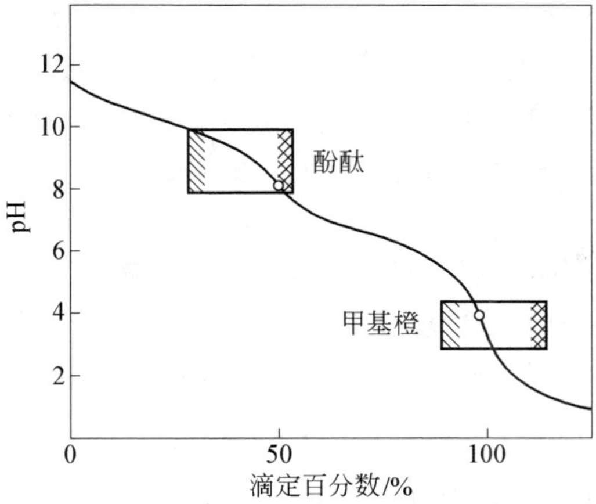

图 3-10　$c(HCl)=0.1000\ mol\cdot L^{-1}$ 的盐酸滴定 $c(Na_2CO_3)=0.1000\ mol\cdot L^{-1}$ 碳酸钠的滴定曲线

时一部分 Na_2CO_3 仅被中和为 HCO_3^-。用此标准溶液直接法滴定样品时，若终点为碱性，以酚酞为指示剂，对测定结果应无大影响；若终点为酸性，以甲基红或甲基橙为指示剂，此时 CO_3^{2-} 全部被中和为 CO_2，必造成负误差。

(2)除去 CO_2 并已标定好的 NaOH 标准溶液，因保存不当，吸收了空气中的 CO_2。用之以直接法滴定样品时，若终点为碱性，以酚酞为指示剂，则所吸收的 CO_2 一部分最终以 HCO_3^- 形式存在，必造成正误差；若终点为酸性，则所吸收的 CO_2 最终又以 CO_2 形式放出，对测定结果应无大影响。

(3)用含 Na_2CO_3 的 NaOH 作为标准溶液滴定至碱性终点，以酚酞为指示剂时，终点颜色不稳定。原因是溶液中 CO_2 可与 H_2O 结合为 H_2CO_3：$CO_2+H_2O=H_2CO_3$，H_2CO_3 与碱反应速度较慢，因此滴至酚酞变红后，又有 CO_2 转化为 H_2CO_3，它继续与碱作用，稍微放置后红色又退去。实际工作中，常见此现象。

为消除 CO_2 的影响，应做到如下几点：

①酸碱滴定中所用蒸馏水，应先加热煮沸以除去 CO_2。

②应配制不含 Na_2CO_3 的 NaOH 标准溶液。可先配成饱和[$w\approx50\%$，$c(NaOH)\approx19\ mol\cdot L^{-1}$]NaOH 溶液，此时 Na_2CO_3 溶解度很小，静止后沉于底部。吸取上层清液稀释至所需浓度，即可得不含 Na_2CO_3 的 NaOH 溶液。

③正确保存 NaOH 标准溶液。应保存在装有虹吸管和碱石灰管的瓶中以防止其吸收空气中的 CO_2。标准溶液久置后应重新标定。

④标定和测定应尽可能用同一指示剂在相同条件下进行，以抵消 CO_2 的影响。

【例 3.10】 一 $c(NaOH)=0.1042\ mol\cdot L^{-1}$ 的氢氧化钠标准溶液，因暴露于空气中吸收了 CO_2。为了测定 CO_2 的吸收量，取该碱液 25.00 mL，用 $c(HCl)=0.1085\ mol\cdot L^{-1}$ 的盐酸 23.50 mL 滴定至酚酞终点。计算每升该碱液吸收了多少克 CO_2？若用之滴定醋酸，将会产生正误差抑或负误差？

解：

设 25.00 mL 混合液中含 NaOH 和 Na_2CO_3 的物质的量分别为 $n(NaOH)$ 和 $n(Na_2CO_3)$。因 $K_{b_1}(CO_3^{2-})=1.8\times10^{-4}>10^{-5}$，所以 NaOH 不能被单独分步滴定，在滴定至酚酞终点时，CO_3^{2-} 与氢氧化钠一起被中和，生成 HCO_3^-：

$$CO_3^{2-}+H^+=HCO_3^-$$

故：$n(Na_2CO_3)+n(NaOH)=c(HCl)V(HCl)$

又，氢氧化钠吸收二氧化碳反应为：

$$CO_2+2NaOH=Na_2CO_3$$

故：$2n(Na_2CO_3)+n(NaOH)=c(NaOH)V(NaOH)$

结合以上两个方程，得：

$n(Na_2CO_3)=c(NaOH)V(NaOH)-c(HCl)V(HCl)$

$=0.1042\ mol\cdot L^{-1}\times25.00\times10^{-3}\ L-0.1085\ mol\cdot L^{-1}\times23.50\times10^{-3}\ L$

$=5.525\times10^{-5}\ mol$

所以 $m(CO_2)=n(CO_2)M(CO_2)=n(Na_2CO_3)M(CO_2)$

$=5.525\times10^{-5}\ mol\times44.01\ g\cdot mol^{-1}=2.432\times10^{-3}\ g$

1 L 溶液中吸收的 CO_2 质量为 $2.432\times10^{-3}\ g\times\dfrac{1\,000\ mL}{25.00\ mL}=0.09728\ g$

用之滴定醋酸，终点为碱性，必造成正误差。

3.4 酸碱滴定法的应用(Applications of Acid-Base Titration)

3.4.1 酸碱标准溶液的配制和标定

酸碱滴定中，可用 HCl、H_2SO_4、NaOH、KOH 等配制成标准溶液，其中 $c(HCl)=0.1\ mol\cdot L^{-1}$ 的盐酸和 $c(NaOH)=0.1\ mol\cdot L^{-1}$ 的氢氧化钠溶液最为常用。

由于市售盐酸的浓度不确定，所以常用间接法配制盐酸标准溶液。固体氢氧化钠易吸收 CO_2 和水蒸气，纯度不够，故 NaOH 标准溶液也用间接法配制。

1. 酸的标定　酸标准溶液常用硼砂($Na_2B_4O_7 \cdot 10H_2O$)或无水碳酸钠为基准物质进行标定。硼砂溶于水后,四硼酸根离子解聚为 H_3BO_3 和 $H_2BO_3^-$:

$$B_4O_7^{2-} + 5H_2O = 2H_3BO_3 + 2H_2BO_3^-$$

H_3BO_3 是很弱的一元酸($K_a = 5.8\times10^{-10}$),故其共轭碱 $H_2BO_3^-$ 碱性较强($K_b = K_w/K_a = 1.7\times10^{-5}$),可被 HCl 准确滴定,总反应为:

$$Na_2B_4O_7 \cdot 10H_2O + 2HCl = 4H_3BO_3 + 5H_2O + 2NaCl$$

由于硼砂摩尔质量大($381.4\ g\cdot mol^{-1}$),称量误差小,所以可直接称取数份做标定用。用 $c(Na_2B_4O_7 \cdot 10H_2O) = 0.050\ mol\cdot L^{-1}$ 的硼砂去标定 $c(HCl) = 0.1\ mol\cdot L^{-1}$ 的盐酸,终点时 $c(H_3BO_3) = 0.1\ mol\cdot L^{-1}$,故

$$c(H^+)/c^{\ominus} = \sqrt{K_a(H_3BO_3)\{c(H_3BO_3)/c^{\ominus}\}} = \sqrt{5.8\times10^{-10}\times0.10} = 7.6\times10^{-6}$$

$$pH = 5.12$$

可用甲基红为指示剂,标定结果可按下式计算:

$$c(HCl) = \frac{2m(Na_2B_4O_7 \cdot 10H_2O)}{M(Na_2B_4O_7 \cdot 10H_2O)V(HCl)}$$

用无水碳酸钠标定 HCl,反应式为:

$$Na_2CO_3 + 2HCl = 2NaCl + H_2O + CO_2\uparrow$$

计量点 pH=3.9(见前例),用甲基橙或甲基橙-靛蓝混合指示剂。标定结果可按下式计算:

$$c(HCl) = \frac{2m(Na_2CO_3)}{M(Na_2CO_3)V(HCl)}$$

因碳酸钠摩尔质量较小,又按 1∶2 化学计量数比与盐酸反应,为减少称量误差,可多称几倍量的碳酸钠,配成一定体积溶液后,每次移取部分溶液使用。

2. 碱的标定　NaOH 标准溶液可用邻苯二甲酸氢钾或草酸($H_2C_2O_4 \cdot 2H_2O$)标定。邻苯二甲酸氢钾易制得纯品,不易吸水,易保存;与 NaOH 反应时化学计量数比为 1∶1,且摩尔质量大($204.2\ g\cdot mol^{-1}$),故可直接称取数份做标定用,是标定碱的较理想的基准物质。计量点时 pH 约为 9.0(见前例),可用酚酞指示剂,结果按下式计算:

$$c(NaOH) = \frac{m(KHC_8H_4O_4)}{M(KHC_8H_4O_4)V(NaOH)}$$

用草酸标定 NaOH(参见前例)：

$$H_2C_2O_4+2NaOH=Na_2C_2O_4+2H_2O$$

计量点时 pH 约为 8.5,可用酚酞指示剂,结果按下式计算：

$$c(\mathrm{NaOH})=\frac{2m(\mathrm{H_2C_2O_4\cdot 2H_2O})}{M(\mathrm{H_2C_2O_4\cdot 2H_2O})V(\mathrm{NaOH})}$$

因草酸摩尔质量较小,又按 1∶2 化学计量数比与 NaOH 反应,为减少称量误差,可多称几倍量的草酸,配成一定体积溶液后,每次移取部分溶液使用。

3.4.2 酸碱滴定法应用实例

酸碱滴定法广泛应用于实际工作中。工业产品如烧碱、纯碱、碳酸氢铵等主成分的测定,农业生产中如作物、牛奶、肥料、土壤中含氮量的测定,水果中果酸的测定等,都可采用酸碱滴定法进行。

1.食醋中总酸量的测定 食醋中主要含醋酸($K_a=1.8\times10^{-5}$),还含有一些其他弱酸,如乳酸等,只要它们强度较大,都可被 NaOH 同时滴定。测定时以酚酞为指示剂,总酸量通常以醋酸的质量浓度 ρ(HAc)形式表示,单位常用 $g\cdot L^{-1}$。食醋中 HAc 的质量分数为 3%～5%,测定前要稀释至 c(HAc)为 $0.1\ mol\cdot L^{-1}$ 左右;若样品颜色过深,妨碍指示剂颜色的观察,可事先用活性炭脱色。结果按下式计算：

$$\rho(\mathrm{HAc})=\frac{c(\mathrm{NaOH})\times V(\mathrm{NaOH})\times M(\mathrm{HAc})\times n}{V(\mathrm{HAc})}$$

式中 n 为样品稀释倍数。

2.铵盐中氮的测定 测定铵盐中氮的方法有蒸馏法和甲醛法两种：

(1)蒸馏法:将铵盐溶液放入蒸馏瓶中与 NaOH 共同煮沸,使 NH_4^+ 转化为 NH_3,经蒸馏装置蒸馏出来,用已知过量的 HCl 标准溶液吸收,再用 NaOH 标准溶液回滴过量盐酸。计量点时,由于溶液中存在 NH_4Cl,溶液 pH 约为 5,故选用甲基红做指示剂(见前例)。

蒸馏出来的 NH_3 也可用 H_3BO_3 吸收,反应为：

$$NH_3+H_3BO_3=NH_4H_2BO_3$$

$NH_4H_2BO_3$ 是两性物质,NH_4^+ 的酸性极弱($K_a=5.6\times10^{-10}$),而 H_3BO_3 的共轭碱 $H_2BO_3^-$ 碱性较强,其 $K_b=1.7\times10^{-5}$,可以用 HCl 标准溶液滴定：

$$H_2BO_3^- + H^+ = H_3BO_3$$

滴定到计量点时，溶液是 NH_4Cl 和 H_3BO_3 的混合溶液，pH 约为 5.1，可用甲基红指示终点。用硼酸吸收的优点是只需要一种标准溶液(HCl)，过量的 H_3BO_3 不干扰滴定，且其浓度和体积都不需准确已知，只要用量足够即可。但用硼酸吸收时，温度不得超过 40℃，否则氨易逸失。

(2)甲醛法：该方法适用于 NH_4Cl、$(NH_4)_2SO_4$、NH_4NO_3 等铵的强酸盐的测定。NH_4^+ 和甲醛反应，定量地生成质子化的六亚甲基四胺和 H^+：

$$4NH_4^+ + 6HCHO = (CH_2)_6N_4H^+ + 3H^+ + 6H_2O$$

再用 NaOH 标准溶液滴定。因$(CH_2)_6N_4H^+$的 $pK_a = 5.13$，与反应中生成的强酸 H^+ 同时被滴定，计量点时生成$(CH_2)_6N_4$，它是一弱碱($K_b = 1.4 \times 10^{-9}$)，溶液的 pH 约为 8.7，可用酚酞作指示剂。甲醛法操作简单，准确度可满足一般分析工作的要求。

(3)有机物中全氮量的测定：有机物如谷物、乳品、血液、有机肥料、氨基酸、蛋白质、生物碱等中的氮常用克氏(Kjeldahl)法测定。将试样与浓 H_2SO_4 共煮，使其消化分解，有机化合物被氧化为 CO_2 和 H_2O，其中的氮转变为 NH_4^+。然后用蒸馏法测定氮含量。消化时常加入 $CuSO_4$ 或汞盐催化剂。

3. 混合碱的测定

(1)烧碱中 NaOH 和 Na_2CO_3 的测定(双指示剂法)：准确称取一定质量试样，溶解后先以酚酞作指示剂，用 HCl 标准溶液滴定至粉红色消失，记录所用 HCl 的体积 V_1，这时 NaOH 全部被中和，而 Na_2CO_3 只被滴定为 $NaHCO_3$，见例 3-10。然后加入甲基橙，继续用 HCl 滴定至溶液由黄色变为橙色，记录又用去的 HCl 体积 V_2。滴定过程可用图 3-11 表示。

由图 3-11 可看出，V_2 是滴定 $NaHCO_3$ 时所消耗的 HCl 标准溶液体积，而 Na_2CO_3 被中和到 $NaHCO_3$ 与 $NaHCO_3$ 被中和到 H_2CO_3 所消耗 HCl 体积相等。故：

$$w(NaOH) = \frac{c(HCl)[V_1(HCl) - V_2(HCl)]M(NaOH)}{m}$$

$$w(Na_2CO_3) = \frac{c(HCl)V_2(HCl)M(Na_2CO_3)}{m}$$

(2)纯碱中 Na_2CO_3 和 $NaHCO_3$ 的测定(双指示剂法)：准确称取一定质量试样，溶解后加入酚酞指示剂，用体积 V_1 的 HCl 标准溶液滴定至第一终点。酚酞退

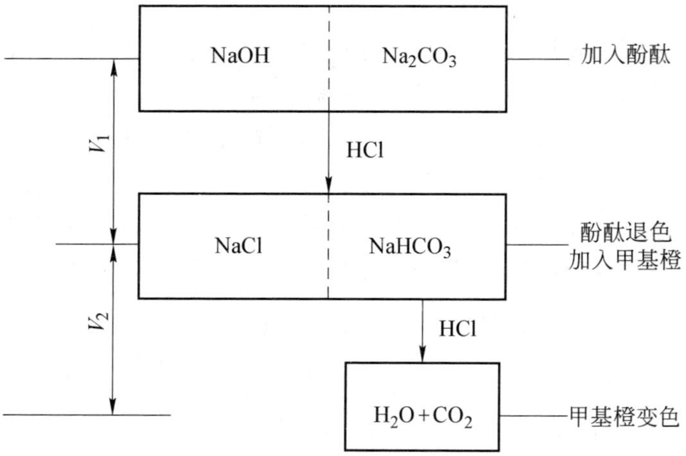

图 3-11　NaOH 和 Na_2CO_3 的滴定

色时，Na_2CO_3 被中和为 $NaHCO_3$。再加入甲基橙指示剂，用体积 V_2 的 HCl 继续滴定至第二终点，甲基橙变橙色，此时 HCO_3^- 都被中和为 CO_2。测定过程如图 3-12 所示。故：

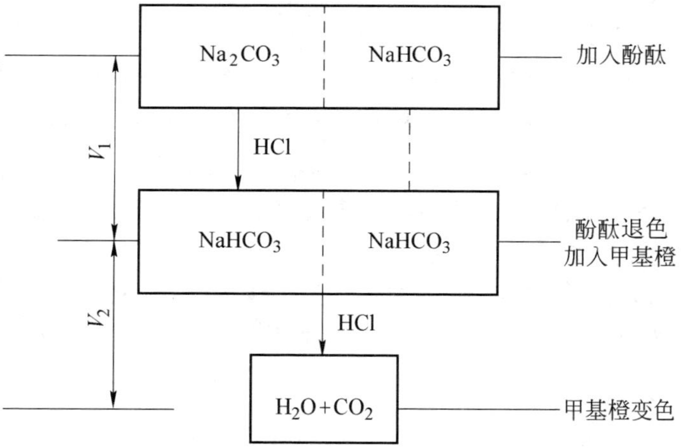

图 3-12　Na_2CO_3 和 $NaHCO_3$ 的滴定

$$w(NaHCO_3)=\frac{c(HCl)[V_2(HCl)-V_1(HCl)]M(NaHCO_3)}{m}$$

$$w(Na_2CO_3)=\frac{c(HCl)V_1(HCl)M(Na_2CO_3)}{m}$$

双指示剂法不仅可用于混合碱的定量分析，还可用于未知碱试样的定性分析。样品组成可参照表 3-5 进行判断。

表 3-5 混合碱的组成

V_1 和 V_2 的关系	试样的组成
$V_1\neq0\quad V_2=0$	OH^-
$V_1=0\quad V_2\neq0$	HCO_3^-
$V_1=V_2\neq0$	CO_3^{2-}
$V_1>V_2>0$	$OH^-+CO_3^{2-}$
$V_2>V_1>0$	$HCO_3^-+CO_3^{2-}$

4. **一些极弱的酸(碱)的滴定** 某些不能利用酸碱滴定法直接测定的弱酸碱，经过处理后，也可以利用酸碱滴定法进行测定。如使 NH_4Cl 溶液通过强酸型阳离子交换树脂处理，NH_4^+ 与 H^+ 发生离子交换：

$$RSO_3H+NH_4Cl=RSO_3NH_4+HCl$$

置换出的 HCl 可用碱标准溶液滴定。又如中性盐 KCl，可令其溶液通过强碱型阴离子树脂处理，Cl^- 与 OH^- 发生离子交换：

$$ROH+KCl=RCl+KOH$$

置换出的 KOH 可用酸标准溶液滴定。

也可利用化学反应，使极弱的酸碱转化为较强的酸碱，从而可利用酸碱滴定法准确滴定。如硼酸可与多元醇(甘油、甘露醇等)反应，生成较强的络合酸，可被碱标准溶液滴定。又如氨基酸可与甲醛反应，生成的较强的酸可被强碱滴定：

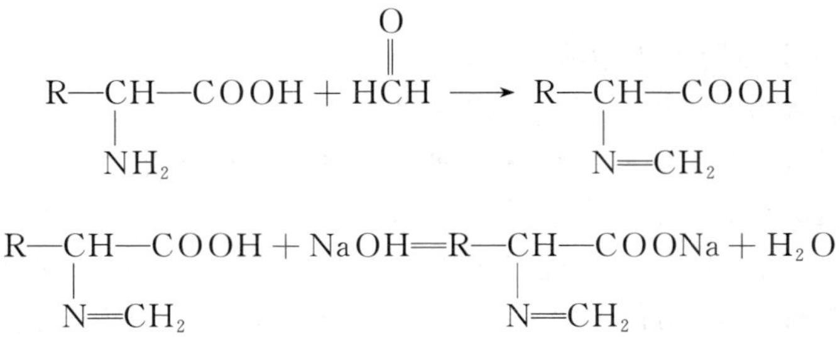

本章小结

酸碱滴定法应用广泛，其原理建立在酸碱平衡理论基础上。按酸碱质子理论，酸碱反应的实质是酸和碱之间质子的转移。酸失去质子的物质的量与碱得到质子的物质的量相等，此即所谓质子条件。酸碱水溶液，由于水参加质子转移反应，所以均为较复杂的多重平衡系统。将平衡关系式与质子条件式结合，是严格处理酸碱平衡系统的简单明了的方法。应熟练掌握如何列出质子条件式，了解水溶液酸度计算公式的导出，并能熟练运用近似公式。

酸碱滴定中，终点误差是重要的误差来源，其大小与滴定反应的完全程度以及终点与计量点的符合程度两因素有关。本章重点讨论了影响各类酸碱滴定反应完全程度的因素，如强酸(碱)的滴定，反应完全程度仅与浓度 c 有关，弱一元酸(碱)的滴定，反应完全程度不仅与浓度 c，更与 $K_a(K_b)$ 大小有关，弱多元酸(碱)的分步滴定以及混合酸、混合碱的分步滴定，还要考虑副反应对主反应完全程度的影响。在此基础上，得出了各类酸碱物质能否被准确滴定的判断方法。本章还重点讨论了如何根据酸碱滴定的 pH 突跃范围及计量点 pH、指示剂的变色范围及变色点，正确选用指示剂的方法。所有这些以及酸碱滴定法的一些重要实际应用，都是分析工作者必须掌握的基本知识。

思 考 题

3-1 推导 H_3PO_4 各对共轭酸碱的 K_a 与 K_b 的关系式，并比较各共轭酸碱的强弱。

3-2 关于酸碱指示剂在变色范围内变色，下列说法不正确的为：

①是由于溶液中 $c(H^+)$ 发生较大变化引起；

②是由于溶液中 $c(H^+)$ 变化倍数较大引起；

③是由于溶液 pH 变化较大引起。

3-3 什么是酸碱滴定的 pH 突跃范围？影响强酸(碱)和一元弱酸(碱)滴定突跃范围的因素有哪些？

3-4 以强酸滴定为例，说明为何以 pH 为纵坐标，而不用 $c(H^+)$ 为纵坐标绘制滴定曲线？若忽略滴定过程中溶液体积变化，以 $c(H^+)$ 为纵坐标，加入的强碱标准溶液体积为横坐标绘制的曲线形状如何？在化学计量点附近是否产生 $c(H^+)$ 突跃？结合酸碱指示剂的变色原理，体会滴定分析中为何可用指示剂确定终点。

3-5 若被测组分浓度过低，如滴定 $c(HAc)=0.001\ mol\cdot L^{-1}$ 的醋酸，能否利用高浓度的滴定剂 $c(NaOH)=10\ mol\cdot L^{-1}$ 的氢氧化钠进行滴定，提高反应完成程度，以降低误差？由此体会为何滴定分析中，总控制被测液和滴定剂浓度基本相同？

3-6　设计一测定硫酸、磷酸混合溶液中二者浓度的分析方案，并写出分析结果计算式。

练　习　题

3-1　EDTA 在水溶液中是六元弱酸（H_6Y^{2+}），其 $pK_{a_1} \sim pK_{a_6}$ 分别为 0.9、1.6、2.07、2.75、6.24、10.34。Y^{4-} 的 pK_{b_3} 为：

A. 11.25　　B. 7.75　　C. 11.93　　D. 12.40

3-2　利用摩尔分数，计算在 pH＝7.00，$c(NaAc)=0.10\ mol\cdot L^{-1}$ 的醋酸钠水溶液中 Ac^- 和 HAc 的平衡浓度。

3-3　写出下列化合物水溶液的 PBE：

(1) H_3PO_4；(2) Na_2HPO_4；(3) Na_2S；(4) $NH_4H_2PO_4$；(5) $Na_2C_2O_4$；(6) NH_4Ac；(7) HCl＋HAc；(8) NaOH＋NH_3

3-4　(1)试推导一元弱酸 HA 与 HB 混合溶液中计算 $c(H^+)$ 的精确式。

(2)若忽略 $c(OH^-)$，写出近似式。

(3)再若 $\{c(HA)/c^{\ominus}\}/K_a(HA)$、$\{c(HB)/c^{\ominus}\}/K_a(HB)$ 均较大，可以 HA、HB 的分析浓度代替平衡浓度，写出此时的近似式。

3-5　计算下列水溶液的 pH：

(1) $c(H_3PO_4)=0.20\ mol\cdot L^{-1}$；　(2) $c(NaHCO_3)=0.10\ mol\cdot L^{-1}$；

(3) $c(Na_3PO_4)=0.10\ mol\cdot L^{-1}$；　(4) $c(NH_4CN)=0.050\ mol\cdot L^{-1}$。

3-6　酸碱滴定中，用强酸（碱）而不用弱酸（碱）配制标准溶液，为什么？标准酸（碱）溶液浓度大约为多少？为何不能太稀？

3-7　下列说法哪些正确？

(1)用同一 NaOH 滴定相同浓度和体积的不同的弱一元酸，则 K_a 较大的弱一元酸：

①消耗 NaOH 多；　②突跃范围大；

③计量点 pH 较低；　④指示剂变色不敏锐。

(2)酸碱滴定中选择指示剂时可以不考虑的因素是：

①pH 突跃范围；　②指示剂变色范围；

③指示剂颜色变化；　④滴定方向；

⑤要求的误差范围；　⑥指示剂的结构。

(3)用同一 NaOH 滴定相同浓度的 HA 和 H_2A(至第一计量点),若 $K_a(HA)=K_{a_1}(H_2A)$,则在相同的终点误差范围内:

①突跃范围相同;②HA 突跃较大;③HA 突跃较小。

(4)$c(NaOH)=0.1\ mol\cdot L^{-1}$ 的氢氧化钠滴定同浓度的某弱一元酸,在 ±0.1%误差范围内,pH 突跃范围为 8.0~9.7。将标准溶液和被测液均冲稀至 $0.01\ mol\cdot L^{-1}$ 后,突跃范围为:

①9.0~8.7; ②9.0~9.7; ③8.0~8.7; ④8.5~9.2。

3-8 下列滴定,能否用直接方式进行?若可,计算化学计量点 pH 并选择指示剂。若不可,能否用回滴方式进行?

(1)$c(HCl)=0.1\ mol\cdot L^{-1}$ 的盐酸滴定 $c(NaCN)=0.1\ mol\cdot L^{-1}$ 的氰化钠溶液;

(2)$c(HCl)=0.1\ mol\cdot L^{-1}$ 的盐酸滴定 $c(NaAc)=0.1\ mol\cdot L^{-1}$ 的醋酸钠溶液;

(3)$c(NaOH)=0.1\ mol\cdot L^{-1}$ 的氢氧化钠滴定 $c(HCOOH)=0.1\ mol\cdot L^{-1}$ 的甲酸溶液。

3-9 能否用酸碱滴定法测下列混合溶液中强酸(碱)含量或酸(碱)总量?计算计量点 pH。

(1)$c(HCl)=0.1\ mol\cdot L^{-1}$,$c(NH_4Cl)=0.1\ mol\cdot L^{-1}$;

(2)$c(HCl)=0.1\ mol\cdot L^{-1}$,$c(HAc)=0.1\ mol\cdot L^{-1}$;

(3)$c(NaOH)=0.1\ mol\cdot L^{-1}$,$c(KCN)=0.1\ mol\cdot L^{-1}$。

3-10 下列多元酸(碱)($c=0.1\ mol\cdot L^{-1}$)能否用 $c(NaOH)=0.1\ mol\cdot L^{-1}$ 的氢氧化钠或 $c(HCl)=0.1\ mol\cdot L^{-1}$ 的盐酸滴定?如可,有几个终点?各应选何指示剂?

(1)酒石酸($K_{a_1}=9.1\times10^{-4}$,$K_{a_2}=4.3\times10^{-5}$);

(2)柠檬酸($K_{a_1}=7.4\times10^{-4}$,$K_{a_2}=1.7\times10^{-5}$,$K_{a_3}=4.0\times10^{-7}$);

(3)Na_3PO_4;

(4)焦磷酸($pK_{a_1}=1.52$,$pK_{a_2}=2.37$,$pK_{a_3}=6.60$,$pK_{a_4}=9.25$)。

3-11 试分析下列情况出现时对测定结果的影响:

(1)用将 $NaHCO_3$ 加热至 270~330℃的方法制备 Na_2CO_3 基准物质时,若温度超过 300℃,部分 Na_2CO_3 分解为 Na_2O。称取所得碳酸钠标定 HCl 时,标定结果将偏高还是偏低?

(2)用 $Na_2C_2O_4$ 作基准物质标定 HCl 时,是将准确称取的 $Na_2C_2O_4$ 灼烧为 Na_2CO_3 后,再用 HCl 滴定至甲基橙终点。若灼烧时部分 Na_2CO_3 分解为 Na_2O,

对标定结果有无影响？

(3)以 $H_2C_2O_4 \cdot 2H_2O$ 为基准物质标定 NaOH 时，若所用基准物已部分风化，标定结果将偏高还是偏低？

(4)$c(NaOH)=0.1\ mol \cdot L^{-1}$ 的氢氧化钠标准溶液，因保存不当，吸收了 CO_2。当用它测定 HCl 浓度，滴至甲基橙变色时，对结果有何影响？用它测定 HAc 浓度时，又如何？

3-12　称取基准物质 $Na_2C_2O_4$ 0.304 2 g，灼烧成 Na_2CO_3 后，溶于水，用 HCl 滴定至甲基橙终点，用去 HCl 22.38 mL，计算 $c(HCl)$。

3-13　100 mL $c(NaOH)=0.300\ 0\ mol \cdot L^{-1}$ 的氢氧化钠溶液，因保存不当，吸收了 2.00 mmol CO_2。若以酚酞为指示剂，用 HCl 标准溶液滴定之，测得 $c(NaOH)$ 为多少？

3-14　写出用甲醛法测定硫酸铵样品时，求算 $w(N)$、$w(NH_3)$、$w\{(NH_4)_2SO_4\}$ 的计算式。

3-15　用凯氏法测定牛奶中含氮量，称奶样 0.475 0 g，消化后，加碱蒸馏出的 NH_3 用 50.00 mL 盐酸吸收，再用 $c(NaOH)=0.078\ 91\ mol \cdot L^{-1}$ 的氢氧化钠标准溶液 13.12 mL 回滴至终点。已知 25.00 mL HCl 需 15.83 mL NaOH 中和。计算奶样中氮的质量分数 $w(N)$。

3-16　H_3PO_4 样品 2.000 g，稀释至 250.0 mL 后，取 25.00 mL，以甲基红为指示剂，用 $c(NaOH)=0.094\ 60\ mol \cdot L^{-1}$ 的氢氧化钠标准溶液 21.30 mL 滴定至终点。计算样品中 H_3PO_4 和 P_2O_5 的质量分数。

3-17　某人配制了 3 种溶液各 25.00 mL，内中可能含 NaOH、Na_2CO_3、$NaHCO_3$。用 $c(HCl)=0.250\ 0\ mol \cdot L^{-1}$ 的盐酸标准溶液分别滴定此 3 溶液，计算溶液中各组分的质量浓度 $\rho/(g \cdot L^{-1})$。

1 号样：用酚酞作指示剂时耗用 HCl 24.32 mL，若改用甲基橙，则耗用 HCl 48.64 mL；

2 号样：使酚酞变色时用 HCl 15.20 mL，再加入甲基橙后，又耗 HCl 33.19 mL 到达终点；

3 号样：使酚酞变色时用 HCl 35.21 mL，再加入甲基橙后，又耗 HCl 18.85 mL 到达终点。

3-18　混合碱的分析，也可用 $BaCl_2$ 法测定：称取含 NaOH、Na_2CO_3 的样品 2.546 0 g，溶解后定容至 250.0 mL。移取 25.00 mL 试液两份，一份以甲基橙为指示剂，用 HCl 24.86 mL 滴至终点；另一份加入过量 $BaCl_2$，发生如下反应：$Ba^{2+}+CO_3^{2-}=BaCO_3\downarrow$，再以酚酞为指示剂，用 HCl 23.74 mL 滴至终点。已知

此 HCl 24.37 mL 需 0.485 2 g 硼砂完全中和，计算样品中 NaOH 和 Na_2CO_3 的质量分数。

3-19　1.00 g 过磷酸钙试样溶解后，在 250 mL 容量瓶中定容。取试样 250.0 mL，将磷沉淀为磷钼喹啉，沉淀用 50.00 mL $c(NaOH)=0.1400\ mol\cdot L^{-1}$ 的氢氧化钠溶解，反应为：

$$(C_9H_7N)_3H_3PO_4\cdot 12MoO_3+27NaOH \rightarrow 3C_9H_7N+Na_3PO_4+15H_2O+12Na_2MoO_4$$

剩余的 NaOH 用 $c(HCl)=0.1000\ mol\cdot L^{-1}$ 的盐酸 20.00 mL 回滴至生成 Na_2HPO_4 终点，计算试样中有效磷含量，以 $w(P_2O_5)$表示。

3-20　一试样可能是 Na_3PO_4、NaH_2PO_4 和 Na_2HPO_4，也可能是 H_3PO_4、NaH_2PO_4 及 Na_2HPO_4 的混合物。称取 1.000 g，用甲基红为指示剂，以 $c(NaOH)=0.2000\ mol\cdot L^{-1}$ 的 NaOH 滴定至终点，用去 7.50 mL；另取相同质量的试样，以酚酞为指示剂，用 NaOH 滴定至终点需 25.40 mL。计算样品中各组分的质量分数。

3-21　Solutions are to be investigated which contain HCl, H_3PO_4, or NaH_2PO_4 either single or in any allowable paired combination. 30.00 mL aliquots of each solution were titrated with $0.2000\ mol\cdot L^{-1}$ NaOH using methyl red for one of the aliquots and thymolphthalein for the other. The following volumes were recorded:

solution	$V(NaOH)/mL$, methyl red	$V(NaOH)/mL$, thymolphthalein
1	22.50	45.00
2	0.00	27.80
3	23.70	32.20
4	14.80	14.80
5	10.10	28.40

What are the components of each solution and their amount of substance concentrations?

第 4 章　沉淀滴定法
Precipitation Titration

利用沉淀反应进行的滴定分析方法称为沉淀滴定法。虽然沉淀反应很多，但能够应用于沉淀滴定的沉淀反应却很少，原因或很多沉淀没有固定的组成，或对构晶离子有严重的吸附作用，或沉淀溶解度较大，或有较严重的副反应，或沉淀速率较慢等。比较有实际意义的是生成难溶银盐的沉淀反应，以这类反应为基础的沉淀滴定法称为银量法：

$$Ag^+ + X^- = AgX \downarrow$$

式中，X^- 代表 Cl^-、Br^-、I^-、CN^-、SCN^- 等。

4.1　银量法的滴定曲线（Titration Curve of Argentometric Method）

银量法中，随着滴定的进行，溶液中 Ag^+ 或 X^- 的浓度不断发生变化，即 pAg 或 pX 不断发生变化，在化学计量点前后，由于 X^- 或 Ag^+ 浓度变化的倍数最大，故 pAg 或 pX 会出现突跃。如果以滴定百分数或滴定剂体积为横坐标，以 pAg 或 pX 为纵坐标作图，所得曲线即为沉淀滴定的滴定曲线。现以 $c(AgNO_3) = 0.100\,0\ mol \cdot L^{-1}$ 的硝酸银溶液滴定 20.00 mL $c(NaCl) = 0.100\,0\ mol \cdot L^{-1}$ 的氯化钠溶液为例，以计算法作出滴定曲线。

化学计量点前，可根据溶液中剩余的 Cl^- 浓度和 AgCl 沉淀的溶度积 $K_{sp}(AgCl)$ 计算 pAg 或 pCl。例如，滴定百分数为 99.9% 时，溶液中剩余的 $c(Cl^-)$ 为：

$$c(Cl^-) = 0.100\,0\ mol \cdot L^{-1} \times \frac{0.020\,00\ L}{0.020\,00\ L + 0.019\,98\ L} = 5.0 \times 10^{-5}\ mol \cdot L^{-1}$$

$$c(Ag^+)/c^{\ominus} = \frac{K_{sp}}{c(Cl^-)/c^{\ominus}} = \frac{1.77 \times 10^{-10}}{5.0 \times 10^{-5}} = 3.5 \times 10^{-6}$$

故

$$pCl = 4.30, pAg = 5.45$$

化学计量点时，

$$c(Ag^{+})/c^{\ominus}=\sqrt{K_{sp}(AgCl)}=\sqrt{1.77\times10^{-10}}=1.3\times10^{-5}$$

故 $$pCl=pAg=4.88$$

化学计量点后，可根据溶液中过量的 Ag^{+} 浓度和 AgCl 沉淀的溶度积 $K_{sp}^{\ominus}(AgCl)$计算 pAg 或 pCl。例如，滴定百分数为 100.1%时，溶液中剩余的 $c(Ag^{+})$为：

$$c(Ag^{+})=0.1000\ mol\cdot L^{-1}\times\frac{0.02000\ L}{0.02000\ L+0.02002\ L}=5.0\times10^{-5}\ mol\cdot L^{-1}$$

$$c(Cl^{-})/c^{\ominus}=\frac{K_{sp}}{c(Ag^{+})/c^{\ominus}}=\frac{1.77\times10^{-10}}{5.0\times10^{-5}}=3.5\times10^{-6}$$

故 $$pCl=5.45,pAg=4.30$$

按上述计算方法，可计算出滴定过程中任一时刻的 pCl 或 pAg。通过计算可知，该滴定体系在±0.1%误差范围内的突跃范围为 pAg 5.45～4.30，化学计量点 pAg=4.88。按同样的计算方法，也可计算得到以 $c(AgNO_3)=0.1000\ mol\cdot L^{-1}$ 的硝酸银溶液分别滴定等浓度的 NaBr 和 NaI 溶液时滴定突跃范围及化学计量点 pAg：滴定 NaBr 时突跃范围为 pAg 7.97～4.30，化学计量点 pAg=6.14；滴定 NaI 时突跃范围为 pAg 11.77～4.30，化学计量点 pAg=8.04。将计算结果列于表 4-1，滴定曲线如图 4-1 所示。

表 4-1　$c(AgNO_3)=0.1000\ mol\cdot L^{-1}$ 的硝酸银溶液滴定 20.00 mL $c(NaCl)=0.1000\ mol\cdot L^{-1}$ 的氯化钠溶液时 pCl 和 pAg 的变化

滴定百分数/%	pAg	pCl	滴定百分数/%	pAg	pCl
0		1.00	100.1	4.30	5.45
90.0	7.47	2.28	101.0	3.30	6.45
99.0	6.45	3.30	110.0	2.28	7.47
99.9	5.45	4.30	200.0	1.47	8.28
100.0	4.88	4.88			

由图 4-1 可见，沉淀滴定的滴定曲线与酸碱滴定的滴定曲线非常相似。影响沉淀滴定突跃范围大小的因素是滴定剂的浓度和沉淀的溶度积。沉淀的溶度积越

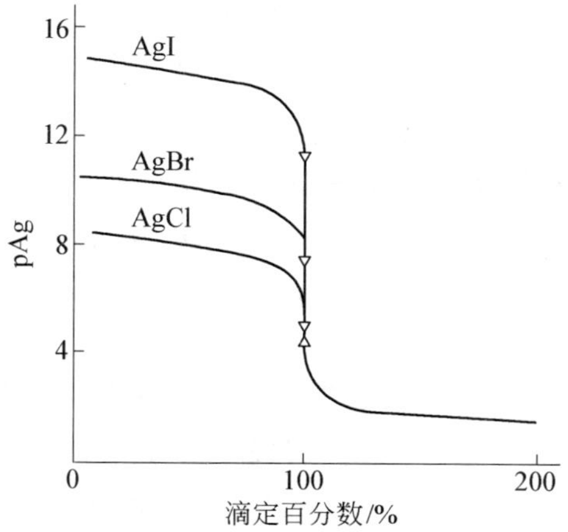

图 4-1　$c(AgNO_3)=0.1000\ mol \cdot L^{-1}$ 的硝酸银溶液滴定 $c(Cl^-)$、$c(Br^-)$、$c(I^-)=0.1000\ mol \cdot L^{-1}$ 的 NaCl、NaBr、NaI 溶液时的滴定曲线

小，滴定反应的平衡常数 $K_t=1/K_{sp}$ 越大，反应的完全程度就越高，则滴定的突跃范围越大；滴定剂的浓度越大，滴定的突跃范围也越大。

银量法根据所用指示剂的不同，按创立者的名字命名，可分为莫尔(Mohr)法、佛尔哈德(Volhard)法和法扬司(Fajans)法。

4.2　莫尔法(The Mohr Method)

在中性或弱碱性溶液中，以 K_2CrO_4 为指示剂，用 $AgNO_3$ 标准溶液直接滴定 Cl^- 或 Br^- 的沉淀滴定法称为莫尔法。根据分步沉淀原理，在滴定过程中，溶液首先析出 AgCl 沉淀，当 AgCl 定量沉淀后，过量的 Ag^+ 与 CrO_4^{2-} 生成砖红色 Ag_2CrO_4 沉淀，即为滴定终点。

$$Ag^+ + Cl^- = AgCl\downarrow\ (白色) \qquad K=1/K_{sp}=1/(1.8\times10^{-10})$$

$$2Ag^+ + CrO_4^{2-} = Ag_2CrO_4\downarrow\ (砖红色) \qquad K=1/K_{sp}=1/(1.12\times10^{-12})$$

应用莫尔法进行沉淀滴定时应注意以下几点：

(1)为了准确确定滴定终点，必须注意控制指示剂的浓度：若溶液中 K_2CrO_4 浓度过高，则终点出现过早，且因溶液颜色过深而影响终点的观察而引入误差；若 K_2CrO_4 浓度过低，则终点出现过迟，也将影响滴定的准确度。实验证明，滴定终点时应控制溶液中 K_2CrO_4 浓度为 $5.0\times10^{-3}\ mol \cdot L^{-1}$ 左右。

(2)应控制溶液酸度为中性或弱碱性：因为在酸性介质中，CrO_4^{2-} 会转化为 $Cr_2O_7^{2-}$，使得溶液中 CrO_4^{2-} 的浓度减少，指示终点的 Ag_2CrO_4 沉淀出现过迟，甚至难以出现，导致终点推迟；在碱性介质中，Ag^+ 会生成 Ag_2O 沉淀。通常莫尔法要求溶液的最适 pH 范围为 6.5～10.5。若试液酸性太强，可在滴定前用 $NaHCO_3$ 或 $Na_2B_4O_7 \cdot 10H_2O$ 中和；若试液碱性太强，可用稀 HNO_3 中和。当试液中有铵盐存在时，为防止因 $Ag(NH_3)_2^+$ 生成而影响测定，应控制溶液的 pH 范围为 6.5～7.2。

(3)凡能与 Ag^+ 生成沉淀和配合物的阴离子如 CO_3^{2-}、PO_4^{3-}、AsO_4^{3-}、$C_2O_4^{2-}$、SO_3^{2-}、S^{2-} 等都干扰测定。Ba^{2+}、Pb^{2+}、Hg^{2+} 能与 CrO_4^{2-} 生成沉淀，也会干扰滴定。大量 Cu^{2+}、Co^{2+}、Ni^{2+} 等有色离子的存在会影响终点的观察。在中性或弱碱性条件下易发生水解的金属离子如 Fe^{3+}、Al^{3+}、Bi^{3+}、Sn^{4+} 等也不宜存在。

(4)莫尔法能直接滴定 Cl^- 和 Br^-，但不能测定 I^- 和 SCN^-，因为 AgI 和 AgSCN 沉淀强烈吸附 I^- 和 SCN^-，从而使终点提早出现，并使终点变色不敏锐。莫尔法测定 Ag^+，不能以 Cl^- 滴定 Ag^+，因为滴定前生成的 Ag_2CrO_4 沉淀转化为 AgCl 速度很慢，影响测定的准确度。测定 Ag^+，可利用返滴方式进行，即先在被测液中加入过量的 NaCl 标准溶液，加入指示剂后，用 $AgNO_3$ 标准溶液返滴。

(5)生成的 AgCl 或 AgBr 沉淀吸附 Cl^- 或 Br^-，使终点提前到达。所以滴定时必须剧烈摇动溶液，使被吸附的 Cl^- 或 Br^- 释放出来。

莫尔法简便、准确，但干扰较多，选择性较差，因此其应用受到一定限制。但对干扰少的试样，如天然水中含氯量等的分析测定，莫尔法可以获得准确的结果。

4.3 佛尔哈德法(The Volhard Method)

在酸性溶液中，以铁铵矾[$NH_4Fe(SO_4)_2 \cdot 12H_2O$]作指示剂的银量法称为佛尔哈德法。此法可分为直接滴定法和返滴定法。

4.3.1 直接滴定法测定 Ag^+

在 HNO_3 溶液中，以铁铵矾[$NH_4Fe(SO_4)_2 \cdot 12H_2O$]作指示剂，用 NH_4SCN 标准溶液滴定 Ag^+，溶液中首先析出 AgSCN 沉淀，当 Ag^+ 被定量沉淀后，过量的 SCN^- 即与溶液中的 Fe^{3+} 反应生成红色配合物，从而指示滴定终点。

$Ag^+ + SCN^- = AgSCN$(白色)↓ $K = 1/(K_{sp}) = 1.0\times10^{12}$

$Fe^{3+} + SCN^- = FeSCN^{2+}$(红色) $K_f = 138$

滴定时,为了防止 Fe^{3+} 水解,溶液需用浓度为 0.1～1 mol·L^{-1} 的 HNO_3 溶液控制为强酸性。滴定终点时,Fe^{3+} 的浓度应约为 0.015 mol·L^{-1}。由于反应生成的 AgSCN 沉淀对 Ag^+ 具有较强的吸附作用,往往使终点提早出现,结果偏低。因此,滴定时必须剧烈摇动溶液,使被吸附的 Ag^+ 释放出来。

4.3.2 返滴定法测定卤素离子

在含有卤素离子的 HNO_3 溶液中,加入一定量的 $AgNO_3$ 标准溶液,然后以铁铵矾作指示剂,用 NH_4SCN 标准溶液返滴定剩余的 Ag^+。

测定 Cl^- 时,由于 AgCl 的溶解度比 AgSCN 的溶解度大,故在接近化学计量点时,SCN^- 除了与 Fe^{3+} 反应生成红色 $FeSCN^{2+}$ 以指示终点外,还可与 AgCl 沉淀发生如下沉淀转化反应:

$$AgCl + SCN^- = AgSCN + Cl^-$$

因此,到达终点后,摇动溶液会促使沉淀转化,并破坏 $FeSCN^{2+}$,使红色消失而得不到终点。如果要得到持久的红色,需继续加入 SCN^-,但这样将引入较大的误差。为了避免上述由于沉淀转化引起的误差,可采用下列措施:

(1)试液中加入过量的 $AgNO_3$ 标准溶液后,将溶液煮沸,使 AgCl 凝聚,以减少 AgCl 沉淀对 Ag^+ 的吸附。然后滤去沉淀,并用稀 HNO_3 充分洗涤沉淀,洗涤液并入滤液中,再用 NH_4SCN 标准溶液返滴定过量的 Ag^+。

(2)试液中加入过量的 $AgNO_3$ 标准溶液后,再加入有机溶剂如硝基苯或 1,2-二氯乙烷 1～2 mL,剧烈摇动,使 AgCl 沉淀表面覆盖一层有机溶剂,将沉淀包裹起来,从而阻止 SCN^- 与 AgCl 的沉淀转化反应。此法简单易行,但硝基苯毒性较大,使用时应注意。

用返滴定法测定溴化物和碘化物时,由于 AgBr 和 AgI 的溶解度比 AgSCN 小,故不存在沉淀转化问题,因此不必采取上述措施。但在测定碘化物时,指示剂必须在加入过量的 $AgNO_3$ 标准溶液后才能加入,否则 Fe^{3+} 会将 I^- 氧化为 I_2,影响分析结果。

佛尔哈德法的最大优点是可以在酸性介质中进行,许多阴离子如 PO_4^{3-}、AsO_4^{3-}、CO_3^{2-}、S^{2-}、$C_2O_4^{2-}$、CrO_4^{2-} 等都不干扰测定,选择性较高。但强氧化剂、氮的低价氧化物及铜盐、汞盐等能与 SCN^- 反应,干扰滴定,因此必须预先除去。

4.4 法扬司法(The Fajans Method)

以吸附指示剂指示滴定终点的银量法称为法扬司法。吸附指示剂是有机染料,可分为两类,一类是酸性染料,如荧光黄及其衍生物,它们是有机弱酸,离解出指示剂阴离子;另一类是碱性染料,如甲基紫等,离解出指示剂阳离子。当指示剂的阴离子或阳离子在溶液中被吸附于胶状沉淀表面后,结构发生变化,引起其颜色发生变化。沉淀滴定中,可利用这一性质来确定滴定终点。

如有机弱酸荧光黄 HFl,在水溶液中 HFl 离解为黄绿色的荧光黄阴离子 Fl^-。用荧光黄作为 $AgNO_3$ 滴定 Cl^- 的指示剂时,在化学计量点前,溶液中 Cl^- 过量,根据吸附规则,AgCl 胶体表面因吸附构晶离子 Cl^- 形成 $AgCl\text{-}Cl^-$ 而带负电荷,故荧光黄阴离子 Fl^- 不被吸附,此时溶液呈现黄绿色;达化学计量点后,溶液中稍微过量的 Ag^+ 即被 AgCl 吸附,形成 $AgCl\text{-}Ag^+$ 而使 AgCl 胶体带正电荷,因而沉淀表面会强烈吸附 Fl^-,被吸附后的 Fl^- 结构发生变化,导致颜色发生变化,使沉淀表面呈现粉红色,从而指示滴定终点的到达。该变色过程可用下面的简式表示:

$$AgCl\text{-}Ag^+ + Fl^- = AgCl\text{-}Ag \cdot Fl$$

(黄绿色,有荧光)(粉红色)

如果用 NaCl 标准溶液滴定 $AgNO_3$,则颜色的变化正好相反。

使用吸附指示剂时应注意以下几点:

(1)由于颜色变化发生在沉淀的表面,所以应尽量使沉淀呈胶体状态,从而具有较大的比表面。因此,滴定时常加入糊精或淀粉等胶体保护剂,防止卤化银的凝聚。另外,溶液的浓度不能太稀,否则生成沉淀太少,吸附作用不明显,变色不敏锐。

(2)常用的吸附指示剂是有机弱酸,被沉淀吸附发生颜色变化的是指示剂的阴离子。因此,必须控制适当的酸度,才能使指示剂呈阴离子状态,终点的颜色变化才会明显。例如,荧光黄的 $K_a = 10^{-7}$,故使用荧光黄时溶液的 pH 应为 7.0～10.0;二氯荧光黄的 $K_a = 10^{-4}$,溶液的 pH 为 4.0～10.0;而曙红的 $K_a \approx 10^{-2}$,酸性强,所以曙红在 pH=2.0 时仍可以指示终点。

(3)滴定时应避免强光直射,因卤化银沉淀受光直射后,会分解析出金属银使沉淀变为灰黑色,影响终点观察。

(4)卤化银胶体微粒对指示剂的吸附能力应略小于其对卤素离子的吸附能力,

否则指示剂将提前变色。如用 $AgNO_3$ 滴定 Cl^- 时，可以使用荧光黄作指示剂，但不能用曙红，原因是 AgCl 对曙红的吸附能力比对 Cl^- 的吸附能力强，因而在计量点前曙红就可能取代 Cl^- 而进入吸附层，导致指示剂提前变色。但是卤化银胶体微粒对指示剂的吸附能力也不能太差。例如，滴定 Br^- 时不选荧光黄而选曙红作指示剂，原因是沉淀对荧光黄的吸附能力远小于对 Br^- 的吸附能力，导致终点拖后，而沉淀对曙红的吸附能力仅略小于其对 Br^- 的吸附能力，因此选用曙红更理想。卤化银胶体微粒对几种吸附指示剂和卤素离子的吸附能力的强弱次序如下：

$$I^- > SCN^- > Br^- > \text{曙红} > Cl^- > \text{荧光黄}$$

表 4-2 列出了一些常用的吸附指示剂。

表 4-2　几种常用的吸附指示剂

名　　称	待测离子	滴定剂	颜色变化	适用的 pH
荧光黄(荧光素)	Cl^-	Ag^+	黄绿色(有荧光)→粉红色	7.0～10.0
二氯荧光黄	Cl^-	Ag^+	黄绿色(有荧光)→红色	4.0～10.0
曙红(四溴荧光黄)	Br^-、I^-、SCN^-	Ag^+	橙黄色(有荧光)→红紫色	2.0～10.0

4.5　银量法的应用(Applications of Argentometric Methods)

4.5.1　标准溶液的配制与标定

(1) $AgNO_3$ 标准溶液：$AgNO_3$ 可制得很纯，可用直接法配制标准溶液。但在实际工作中，为了减少系统误差，仍采用与测定相同的方法，以 NaCl 作基准物质标定 $AgNO_3$ 的浓度。$AgNO_3$ 溶液应保存在棕色瓶中，以防见光分解。

(2) NaCl 标准溶液：将 NaCl 基准试剂放于洁净、干燥的坩埚中加热至 500～600℃，直至不再有爆裂声为止，以除去 NaCl 吸收的水分。在干燥器中冷却后，直接称量配制标准溶液。

(3) NH_4SCN 标准溶液：市售 NH_4SCN 试剂纯度不够，因此需用间接法配制。可用已标定好的 $AgNO_3$ 标准溶液，采用佛尔哈德法的直接滴定方式标定。

4.5.2 银量法测定示例

(1)天然水中氯含量的测定:天然水中几乎都含有 Cl^-,一般多用莫尔法测定。如果水中含有较多的 SO_3^{2-}、PO_4^{3-} 和 S^{2-} 等,则改用佛尔哈德法返滴定方式进行测定。

(2)有机物中卤素的测定:含有较活泼卤素原子的有机化合物与 NaOH 或 KOH 的乙醇溶液一起加热回流煮沸,则卤素原子会以无机离子的形式转入溶液,如:

$$C_6H_6Cl_6 + 3OH^- = C_6H_3Cl_3 + 3Cl^- + 3H_2O$$

溶液冷却后,以 HNO_3 酸化,采用佛尔哈德法测定释放出来的 Cl^-。

(3)银合金中银含量的测定:试样以 HNO_3 溶解,加热除去氮氧化物以防止对 SCN^- 的氧化,然后用佛尔哈德法直接滴定。

本章小结

本章介绍了沉淀滴定的滴定曲线及 3 种银量法。

(1)沉淀滴定突跃范围的大小取决于滴定反应的完全程度。滴定剂的浓度越大,沉淀的溶度积 K_{sp} 越小,则滴定反应的完全程度越大,滴定的突跃范围就越大。

(2)莫尔法以 $AgNO_3$ 为滴定剂,K_2CrO_4 作指示剂,直接法滴定 Cl^- 和 Br^-。不能用于测定 I^- 和 SCN^-。测定 Ag^+ 时,应用返滴定方式进行。莫尔法最重要的反应条件是控制指示剂浓度和介质酸度:溶液 pH 一般控制在 6.5~10.5 范围内,终点时 $c(CrO_4^{2-}) \approx 5.0 \times 10^{-3}\ mol \cdot L^{-1}$。

(3)佛尔哈德法以 NH_4SCN 作标准溶液,在强酸性介质中用铁铵矾作指示剂,直接滴定方式测定 Ag^+。利用返滴定法可测定 Cl^-、Br^-、I^-、SCN^- 等离子。滴定条件:$c(HNO_3) = 0.1 \sim 1\ mol \cdot L^{-1}$ 的硝酸介质。测定 Cl^- 时,在返滴定前应将 AgCl 沉淀过滤除去,或加硝基苯等有机溶剂,以阻止 AgCl 与 SCN^- 之间的沉淀转化反应发生。测定 I^- 时,指示剂应该在加入过量 $AgNO_3$ 溶液后才能加入。

(4)法扬司法采用吸附指示剂指示终点,以 $AgNO_3$ 标准溶液滴定卤素离子。滴定条件为:溶液 pH 范围约为 pK_a(吸附指示剂)~10.0。滴定时,应加胶体保护剂和避免强光直射,且需要根据卤化银胶体对指示剂的吸附能力选择合适的吸附指示剂。

思　考　题

4-1　沉淀滴定法对反应有哪些要求？

4-2　影响沉淀滴定突跃范围的因素有哪些？

4-3　采用佛尔哈德法返滴定测定 Cl^- 时，为什么要加硝基苯？否则对测定结果有何影响？

4-4　进行法扬司法沉淀滴定时，为什么常常加入糊精或淀粉等物质？

4-5　是否可采用莫尔法返滴定方式测定 Ag^+，或采用莫尔法以 NaCl 标准溶液直接滴定 $AgNO_3$，来测定 Ag^+？

练　习　题

4-1　指出下列实验操作对分析结果产生的影响

(1)在酸性较强的情况下(pH＝4.0)，用莫尔法测 Cl^-，测定结果________。

(2)用法扬司法测定 Cl^- 时，若选用曙红为指示剂，测定结果________。

(3)用佛尔哈德法测定 Cl^- 时，未加硝基苯，测定结果________ 。

4-2　简答

(1)如何用莫尔法测定 NaCl、Na_2CO_3 混合物中的 Cl^-？

(2)如何利用沉淀滴定法测定 KI 中的 I^-？佛尔哈德返滴定法测定 I^- 时，为什么指示剂铁铵矾要等到过量 $AgNO_3$ 标准溶液加入后才能加入？

(3)如何测定 NaCl、Na_2HPO_4 混合物中的 Cl^-？

4-3　称取基准物质 NaCl 0.153 7 g，溶解后加入 30.00 mL $AgNO_3$ 溶液，过量的 Ag^+ 需用 6.50 mL NH_4SCN 溶液回滴。已知 25.00 mL $AgNO_3$ 溶液与 25.50 mL NH_4SCN 溶液完全作用，计算 $c(AgNO_3)$和 $c(NH_4SCN)$。

4-4　称取某 KCl 和 KBr 的混合物 0.302 8 g，溶于水后用 $AgNO_3$ 标准溶液滴定，用去 $c(AgNO_3)=0.101\ 4\ mol\cdot L^{-1}$ 的硝酸银溶液 30.20 mL。计算混合物中 KCl 和 KBr 的质量分数。

4-5　称取可溶性氯化物样品 0.226 6 g，加入 30.00 mL $c(AgNO_3)=0.112\ 1\ mol\cdot L^{-1}$ 的硝酸银溶液，过量的 $AgNO_3$ 用 $c(NH_4SCN)=0.118\ 5\ mol\cdot L^{-1}$ 的硫氰酸铵标准溶液滴定，用去 6.50 mL。计算样品中氯的质量分数。

4-6　纯净的 KIO_x 样品 0.500 0 g，还原为碘化物后用 $c(AgNO_3)=0.100\ 0\ mol\cdot L^{-1}$ 的硝酸银溶液滴定，用去 23.36 mL。确定化合物的化学式。

4-7　What minimum volume of 0.096 21 $mol\cdot L^{-1}$ $AgNO_3$ will be needed to assure an excess of silver ion in the titration of

(a)a pure NaCl sample that weighs 0. 251 3 g?

(b)a 0. 346 2 g sample, the mass fraction $w(ZnCl_2)=74.52\%$?

(c)25. 00 mL of $c(AlCl_3)=0.01907$ mol · L^{-1} $AlCl_3$ solution?

4-8 A Fajans titration of a 0. 790 8 g sample required 45. 32 mL of 0. 104 6 mol · L^{-1} $AgNO_3$. Express the results of this analysis in terms of the mass fraction of

(a)Cl^-;

(b)$BaCl_2 \cdot 2H_2O$;

(c)$ZnCl_2 \cdot 2NH_4Cl$。

第 5 章　配位滴定法
Complexometric Titration

配位滴定法是一种极重要的滴定分析方法，测定对象极广，在农业样品分析中被广泛应用。配位滴定反应所涉及的平衡关系复杂，为了定量处理各种因素对配位平衡的影响，人们引入了副反应系数和条件稳定常数的概念。这种简便的处理方法也广泛应用于涉及复杂平衡的其他体系。

5.1　概述(Introduction)

配位滴定法是以配位反应为基础的滴定分析方法。能够用于配位滴定的配位反应，必须符合滴定分析法对滴定反应的要求，即反应的速度要快，反应产物要稳定，并具有确定的化学式，同时要有适当的方法确定滴定反应的终点。

在配位反应中提供配位原子的物质叫配位剂，配位剂有无机和有机两大类。

无机配位剂大多是单基配位体，它可与金属形成多级配合物。这类配合物多数不稳定，且配合物的逐级稳定常数比较接近，所以各级配位反应都进行得不够完全，各种不同配位数的配合物同时存在，难以得到某一固定组成的产物，所以，除个别反应(如 Ag^{+} 与 CN^{-}、Hg^{2+} 与 Cl^{-} 等反应)外，大多数不能用于配位滴定法。

有机配位剂分子中常含有两个以上的配位原子，是多基配位体，它与金属离子形成具有环状结构的螯合物，不仅稳定性高，且一般只形成一种型体的配合物。这类配位剂克服了无机配位剂的缺点，在分析化学中得到广泛的应用，目前使用最多的是氨羧配位剂。

氨羧配位剂是一类含有氨基二乙酸，即

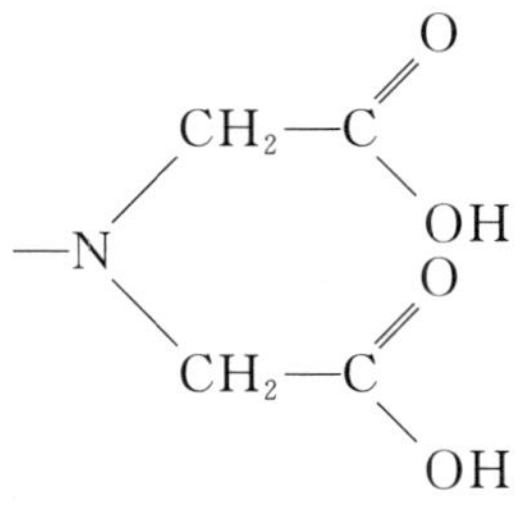

基团的有机配位剂(或称螯合剂),这类配位剂分子中含有氨氮和羧氧两种配位能力很强的配位原子,可以和许多金属离子形成稳定的环状结构的配合物(或称螯合物)。这类常用的配位剂列于表 5-1。其中,乙二胺四乙酸(Ethylenediaminetetraacetic Acid,EDTA)是目前应用最广泛的一种。用 EDTA 标准溶液可滴定几十种金属离子,称为 EDTA 法。通常所谓的配位滴定法,主要是指 EDTA 滴定法。

表 5-1　常用的氨羧配位剂

名　称	结　构　式	表示符号	一般名称
氨基三乙酸	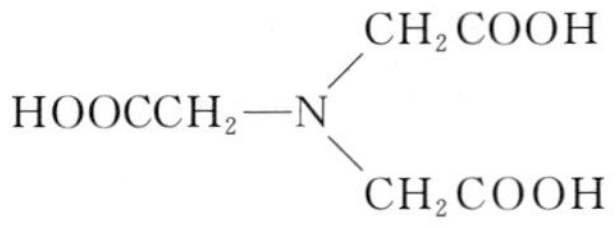	H_3X	氨羧络合剂 Ⅰ (特里隆 A) (ATA 或 NTA)
乙二胺四乙酸	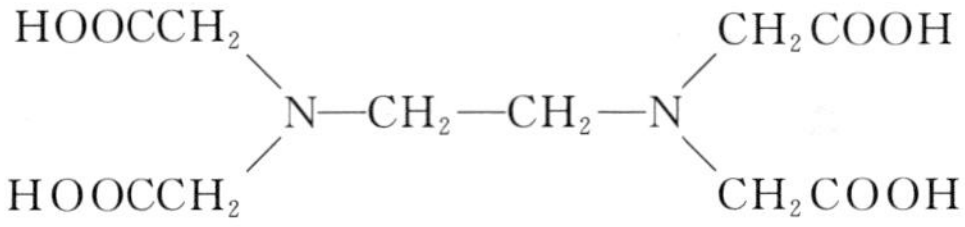	H_4Y	氨羧络合剂 Ⅱ (EDTA)
乙二胺四乙酸二钠盐	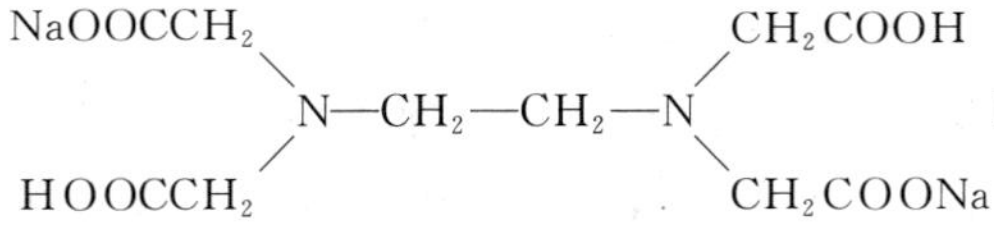	Na_2H_2Y	氨羧络合剂 Ⅲ (特里隆 B) (EDTA)
1,2-二胺基环己烷四乙酸	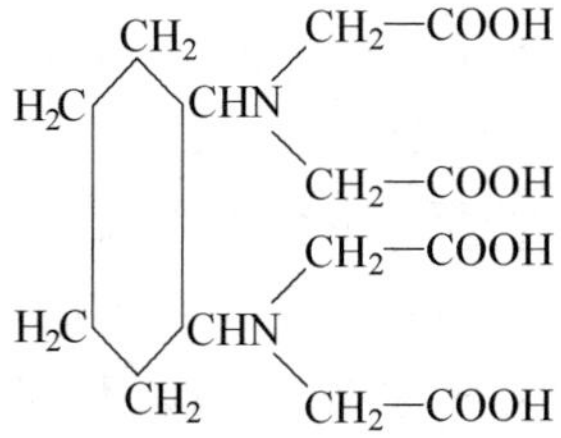		氨羧络合剂 Ⅳ (DCTA)
乙二醇二乙醚二胺四乙酸	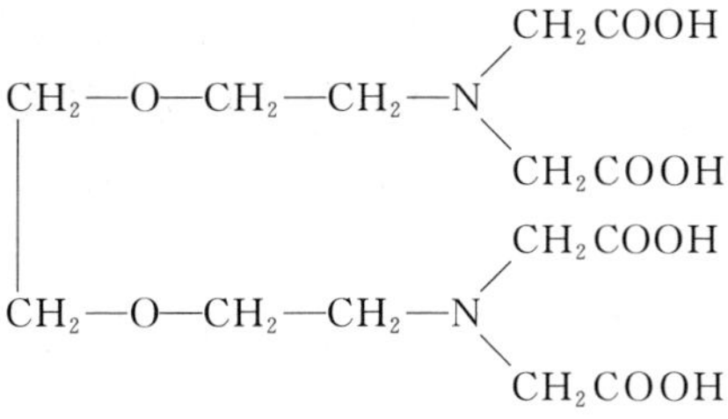		EGTA
乙二胺四丙酸	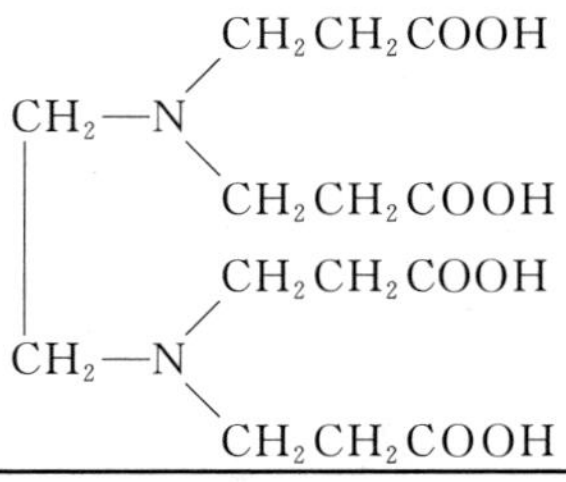		EDTP

5.2　EDTA 的分析特性(Analytical Properties of EDTA)

5.2.1　EDTA 的一般物理化学性质

EDTA 是乙二胺四乙酸的缩写，其结构式是：

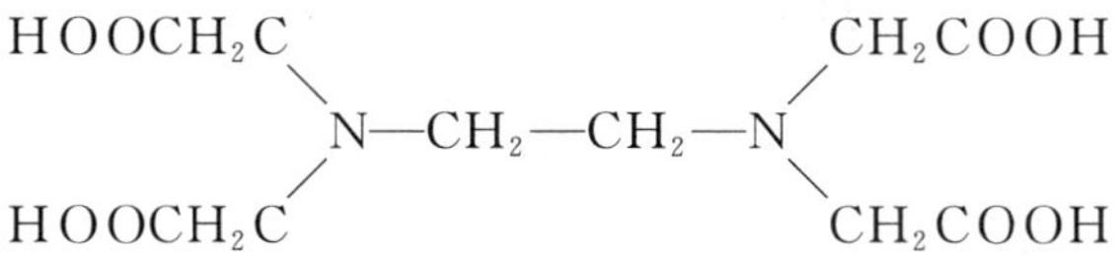

它是一个四元酸，简记作 H_4Y。H_4Y 为白色晶状粉末，微溶于水，22℃时每 100 mL 水中仅溶解 0.02 g，也难溶于酸和一般有机溶剂(如无水乙醇、丙酮和苯)，但易溶于氨水和氢氧化钠溶液中，生成相应的盐。

在水溶液中，EDTA 分子中两个羧基上的 H^+ 会转移到氮原子上，形成双极离子。因此，当 H_4Y 溶于酸性介质中，两个失去质子的羧基可以再接受两个质子而形成 H_6Y^{2+}。这样 EDTA 就相当于一个六元酸，其各级离解常数为：

$$pK_{a_1}(\text{—COOH 的离解})=0.90$$
$$pK_{a_2}(\text{—COOH 的离解})=1.60$$
$$pK_{a_3}(\text{—COOH 的离解})=2.07$$
$$pK_{a_4}(\text{—COOH 的离解})=2.75$$
$$pK_{a_5}(\gt\text{N—H}^+\text{的离解})=6.24$$
$$pK_{a_6}(\gt\text{N—H}^+\text{的离解})=10.34$$

在溶液中 EDTA 可以 H_6Y^{2+}、H_5Y^+、H_4Y、H_3Y^-、H_2Y^{2-}、HY^{3-}、Y^{4-} 7 种型体存在。在不同 pH 的水溶液中 7 种型体的分布如图 5-1 所示。在不同 pH 时，EDTA 的主要存在型体如表 5-2 所示。

表 5-2　不同 pH 下 EDTA 的存在型体

pH	主要存在型体	pH	主要存在型体
<0.90	H_6Y^{2+}	2.75～6.24	H_2Y^{2-}
0.90～1.60	H_5Y^+	6.24～10.34	HY^{3-}
1.60～2.07	H_4Y	>10.34	Y^{4-}
2.07～2.75	H_3Y^-		

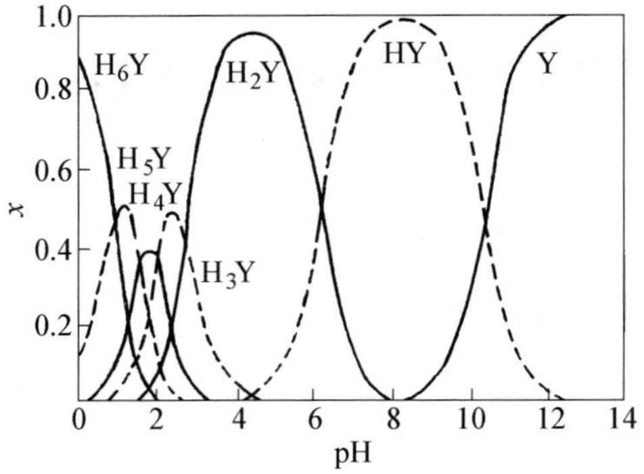

图 5-1 EDTA 各种型体的分布图

在 EDTA 各型体与金属离子形成的配合物中，Y^{4-} 与金属离子形成的配合物最为稳定，所以 EDTA 在碱性溶液中配位能力强。因此，溶液的酸度便成为影响"M-EDTA"配合物稳定性的一个重要因素。

由于 EDTA 在水中的溶解度小，分析上常用其二钠盐（$Na_2H_2Y \cdot 2H_2O$），也简称为 EDTA。EDTA 二钠盐是一种白色结晶粉末，无臭、无毒、无味、稳定，吸潮性小，易于精制，且易溶于水，22℃时，每 100 mL 水中可溶解 11.1 g，浓度约为 0.3 $mol \cdot L^{-1}$，pH 约为 4.50。

5.2.2 EDTA 与金属离子形成配合物的特点

1. 具有广泛的配位性能 EDTA 分子中有 6 个可配位原子（2 个氨基氮、4 个羧基氧），既可作为 4 基配位体，也可作为 6 基配位体，可以不同方式与金属离子形成含有多个五元环的螯合物，立体结构如图 5-2 所示。

EDTA 具有广泛的配位性能，几乎能与所有金属离子形成稳定的螯合物。这为配位滴定的广泛应用提供了可能，但同时也造成它与金属离子发生配位作用的选择性较差。因此，设法提高选择性就成为配位滴定中一个很重要的问题。

2. 形成的配合物稳定性高 EDTA 配合物由于含有多个稳定的五元环结构，一般都具有较高的稳定性，因此滴定反应进行的完全程度高。常见金属离子 EDTA 螯合物稳定常数见附表。在配位滴定中根据 MY 的稳定常数的大小，将 EDTA 配合物分为 4 组（表 5-3）。

了解这一分组情况，对选择配位滴定的酸度以及判断混合离子滴定时有无干扰等是有帮助的。

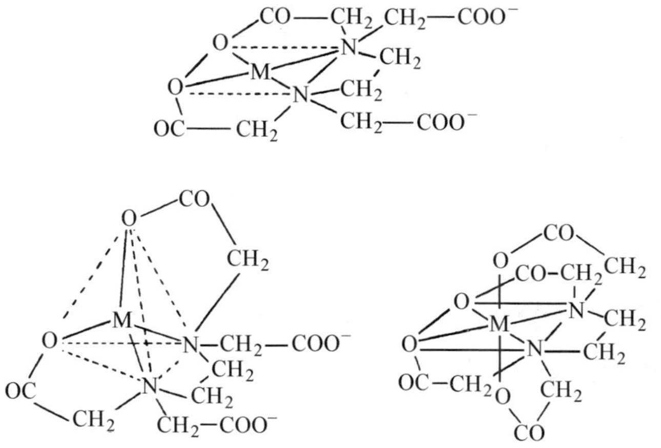

图 5-2　金属-EDTA 配合物的 3 个不同立体结构

表 5-3　MY 稳定性分组

分组	$\lg K_f(MY)$	金属离子
Ⅰ	>20	除 Al^{3+}、稀土离子外，所有的 3 价、4 价离子及 Hg^{2+}、Sn^{2+}
Ⅱ	12～19	除碱土金属离子、Hg^{2+}、Sn^{2+} 外，所有的 2 价离子及 Al^{3+} 和稀土离子
Ⅲ	7～11	碱土金属离子和 Ag^{+}
Ⅳ	2.8(Li^{+}) 1.7(Na^{+})	碱金属离子

3.配位比简单(1∶1)　无逐级配位现象，便于终点确定和定量计算。在水溶液中，EDTA 与不同价态的金属离子一般均按 1∶1 配位，形成 MY 型螯合物：

$$M^{2+} + H_2Y^{2-} \rightleftharpoons MY^{2-} + 2H^{+}$$

$$M^{3+} + H_2Y^{2-} \rightleftharpoons MY^{-} + 2H^{+}$$

$$M^{4+} + H_2Y^{2-} \rightleftharpoons MY + 2H^{+}$$

4.可溶性　多数 MY 螯合物带有电荷，水溶性好，有利于滴定。

5.颜色变化　EDTA 与无色金属离子形成无色螯合物，有利于用指示剂确定终点。它与有色金属离子常形成颜色更深些的螯合物，例如：

CuY^{2-}	NiY^{2-}	CoY^{2-}	FeY^{-}	MnY^{2-}	CrY^{-}
深蓝	蓝绿	紫红	黄	紫红	深紫

当滴定这些金属离子时，应控制其浓度不宜过大，以免应用指示剂确定终点发生困难。

6. **反应速率快** 大多数金属离子与EDTA配位反应速率快，但也有个别离子反应较慢。例如，在酸性溶液中，Cr^{3+} 与EDTA配位，加热至煮沸时才生成紫色螯合物。室温下，Fe^{3+} 和 Al^{3+} 与EDTA配位较慢，前者需加热，后者需煮沸才能进行。

5.3 副反应对EDTA配合物稳定性的影响(Influence of Side Reaction on Stability of MY)

5.3.1 EDTA配合物的稳定性

EDTA与金属离子所形成配合物的稳定性，可从配合物的稳定常数反映出来。EDTA与金属离子的配位反应可简写成(略去了离子电荷)：

$$M+Y \rightleftharpoons MY$$

其平衡常数式为：

$$K_f(MY)=\frac{[c(MY)/c^{\ominus}]}{[c(M)/c^{\ominus}]\cdot[c(Y)/c^{\ominus}]} \tag{5-1}$$

平衡常数式中的 $c(MY)$、$c(M)$、$c(Y)$ 是指达到平衡时，MY型体、M型体、Y型体的浓度。$K_f(MY)$ 称为EDTA配合物的绝对稳定常数。绝对稳定常数的大小，主要取决于金属离子本身的性质，如离子电荷、离子半径和电子层结构等。$K_f(MY)$ 越大，表示配合物越稳定。

外界条件对EDTA配合物的稳定性会产生较大影响。例如，溶液的酸度和其他配位剂的存在等外界条件的变化会引起副反应，明显影响配合物的稳定性。

5.3.2 配位反应的副反应及副反应系数

1. **副反应(Side Reaction)** 在化学反应中，通常把所应用或考察的主体反应称为主反应，而把其他相伴发生的、能影响主反应中反应物或生成物平衡浓度的各种反应统称为副反应。在配位滴定中，主反应是被测离子(M)与滴定剂EDTA(Y)的配位反应，而系统中共存的干扰离子、为提高配位滴定的准确度和选择性加入的缓冲溶液、掩蔽剂等物质，还可能引起下列各种重要副反应：

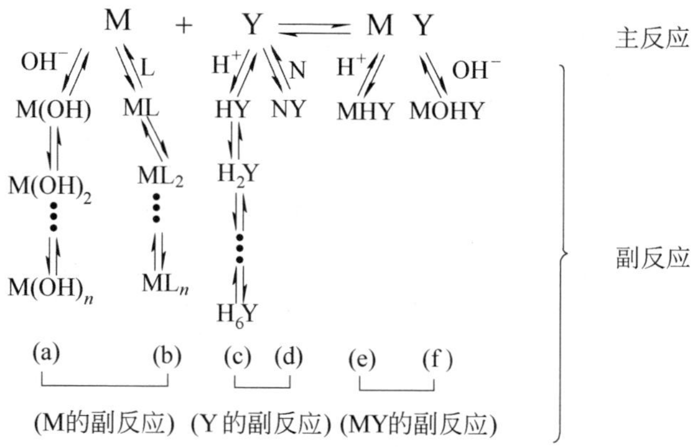

在这些副反应中，(a)称为 M 的水解效应；(b)称为 M 的配位效应；(c)称为 EDTA 的酸效应；(d)称为 EDTA 的共存离子效应；(e)或(f)是产物 MY 的副反应(一般只有在强酸性或强碱性介质中，产物 MY 才发生副反应，故通常可不予考虑)。当 M 发生副反应时，溶液中未参与主反应的金属离子(即未与 Y 配位形成 MY 的金属离子 M)不仅以 M 型体，还以 ML，ML_2，…，M(OH)，$M(OH)_2$，…型体存在，所有这些未与 Y 配位的型体的总和用 $c'(M)$表示；Y 发生副反应时，溶液中未参与主反应的 EDTA(即未与 M 配位形成 MY 的 EDTA)不仅以 Y 型体，还以 NY，HY，…，H_6Y 等多种型体存在，这些型体的总和用 $c'(Y)$表示；同理，若 MY 发生副反应，所形成的配合物的浓度可用总浓度 $c'(MY)$表示。显然，反应物发生副反应，降低了 M 型体或 Y 型体的浓度，使主反应的完全程度降低；生成物发生副反应，会使主反应的完全程度提高。因此，在有副反应发生时，$K_f(MY)$的大小已不能准确反映主反应的完成程度，而且由于此时反应系统内存在多个相关的复杂的平衡，根据各种反应物的初始浓度，很难确定 M 型体和 Y 型体以及 MY 型体的平衡浓度，使得利用 $K_f(MY)$对平衡的定量处理十分困难。为此，林邦提出了利用副反应系数对绝对稳定常数进行校正的处理方法，是解决这类复杂平衡问题的有力工具。该方法的关键是首先利用副反应系数确定溶液中 M、Y、MY 各型体的平衡浓度与各自的总浓度之间的定量关系。

2. 副反应系数(Side Reaction Coefficients)　若滴定剂 EDTA 发生酸效应以及共存离子效应等副反应，则反应达平衡时未参加主反应的各种型体的 EDTA 的浓度总和：

$$c'(Y)=c(Y)+c(NY)+c(HY)+\cdots+c(H_6Y)$$

$c'(Y)$与游离的 Y 的平衡浓度 $c(Y)$之比，称作 EDTA 的副反应系数 α_Y：

$$\alpha_Y=\frac{c'(Y)}{c(Y)}=\frac{c(Y)+c(NY)+c(HY)+\cdots+c(H_6Y)}{c(Y)} \tag{5-2}$$

α_Y 表示 EDTA 副反应进行程度的大小，显然，其值越大，表示副反应越严重。若 $\alpha_Y=1$，则 $c'(Y)=c(Y)$，表示 EDTA 未发生副反应。EDTA 与 H^+ 以及与溶液中共存金属离子 N 发生副反应的程度，分别用酸效应系数 $\alpha_{Y(H)}$ 和共存离子效应系数 $\alpha_{Y(N)}$ 表示：

$$\alpha_{Y(H)}=\frac{c(Y)+c(HY)+\cdots+c(H_6Y)}{c(Y)} \tag{5-3a}$$

$$\alpha_{Y(N)}=\frac{c(Y)+c(NY)}{c(Y)}=1+\{c(N)/c^{\ominus}\}\cdot K_f(NY)$$

α_Y 与 $\alpha_{Y(N)}$、$\alpha_{Y(H)}$ 的关系为：

$$\begin{aligned}\alpha_Y&=\frac{c'(Y)}{c(Y)}=\frac{c(Y)+c(NY)+c(HY)+\cdots+c(H_6Y)}{c(Y)}\\&=\frac{c(Y)+c(NY)}{c(Y)}+\frac{c(Y)+c(HY)+\cdots+c(H_6Y)}{c(Y)}-\frac{c(Y)}{c(Y)}\\&=\alpha_{Y(N)}+\alpha_{Y(H)}-1\end{aligned}$$

若金属离子发生副反应，可用金属离子的副反应系数 α_M 表示其发生的程度：

$$\alpha_M=\frac{c'(M)}{c(M)}$$

式中：$c(M)$为金属离子 M 的平衡浓度，$c'(M)$为未与 Y 配位的游离的金属离子各种存在型体浓度之和。若配合物 MY 发生副反应，可用 MY 的副反应系数 α_{MY} 表示其发生的程度：

$$\alpha_{MY}=\frac{c'(MY)}{c(MY)}$$

Y^{4-} 是质子碱，易于接受质子形成其共轭酸，因此以上各种副反应中，酸度对 EDTA 的影响，即 EDTA 的酸效应对主反应完全程度影响总是存在的，且往往是最为严重的副反应，不容忽略。

3. EDTA 的酸效应系数(Acidic Effective Coefficient) 若无共存离子 N 的干扰，$\alpha_{Y(H)}$ 即表示未与 M 配位的 EDTA 的各种存在型体的总浓度与 Y 型体平衡浓度之比：

$$\alpha_{Y(H)}=\frac{c'(Y)}{c(Y)} \tag{5-3b}$$

当介质为强酸性(pH<1.0)时,溶液中游离的 EDTA 主要以 H_6Y 型体存在,即 Y^{4-} 型体浓度极低,EDTA 受酸效应的强烈影响,与金属离子 M 的配位能力大大降低。此时 $\alpha_{Y(H)}$ 数值很大,表示引起的副反应严重,使反应 M+Y=MY 的完全程度大大降低;随介质 pH 升高,$\alpha_{Y(H)}$ 数值变小,反应 M+Y=MY 的完全程度逐渐升高,在强碱性溶液中,$\alpha_{Y(H)} \approx 1.0$,此时酸效应对反应 M+Y=MY 的影响可忽略。

很明显,酸效应系数 $\alpha_{Y(H)}$ 与 Y 的摩尔分数互为倒数:

$$\alpha_{Y(H)} = \frac{1}{x_Y}$$

表 5-4 提供了不同 pH 下的 $\lg\alpha_{Y(H)}$ 值,以便使用。

表 5-4　EDTA 的 $\lg\alpha_{Y(H)}$ 值

pH	$\lg\alpha_{Y(H)}$	pH	$\lg\alpha_{Y(H)}$	pH	$\lg\alpha_{Y(H)}$
0.0	23.95	2.2	13.08	4.4	7.80
0.1	23.37	2.3	12.75	4.5	7.60
0.2	22.78	2.4	12.43	4.6	7.40
0.3	22.20	2.5	12.13	4.7	7.20
0.4	22.63	2.6	11.84	4.8	7.00
0.5	21.06	2.7	11.56	4.9	6.80
0.6	20.49	2.8	11.30	5.0	6.61
0.7	19.93	2.9	11.04	5.1	6.41
0.8	19.38	3.0	10.79	5.2	6.22
0.9	18.85	3.1	10.55	5.3	6.03
1.0	18.32	3.2	10.32	5.4	5.84
1.1	17.80	3.3	10.09	5.5	5.65
1.2	17.29	3.4	9.87	5.6	5.47
1.3	16.80	3.5	9.65	5.7	5.29
1.4	16.32	3.6	9.44	5.8	5.11
1.5	15.86	3.7	9.23	5.9	4.94
1.6	15.41	3.8	9.02	6.0	4.78
1.7	14.98	3.9	8.81	6.1	4.62
1.8	14.56	4.0	8.61	6.2	4.46
1.9	14.17	4.1	8.40	6.3	4.31
2.0	13.79	4.2	8.20	6.4	4.17
2.1	13.42	4.3	8.00	6.5	4.03

续表 5-4

pH	$\lg\alpha_{Y(H)}$	pH	$\lg\alpha_{Y(H)}$	pH	$\lg\alpha_{Y(H)}$
6.6	3.90	8.6	1.75	10.6	0.19
6.7	3.77	8.7	1.65	10.7	0.16
6.8	3.65	8.8	1.55	10.8	0.13
6.9	3.53	8.9	1.46	10.9	0.11
7.0	3.41	9.0	1.36	11.0	0.09
7.1	3.30	9.1	1.26	11.1	0.07
7.2	3.19	9.2	1.17	11.2	0.06
7.3	3.08	9.3	1.08	11.3	0.05
7.4	2.97	9.4	0.99	11.4	0.04
7.5	2.86	9.5	0.90	11.5	0.03
7.6	2.76	9.6	0.81	11.6	0.02
7.7	2.66	9.7	0.73	11.7	0.02
7.8	2.55	9.8	0.65	11.8	0.02
7.9	2.45	9.9	0.57	11.9	0.01
8.0	2.35	10.0	0.50	12.0	0.01
8.1	2.25	10.1	0.44	12.5	0.00
8.2	2.15	10.2	0.38	13.0	0.00
8.3	2.05	10.3	0.32	13.5	0.00
8.4	1.95	10.4	0.27	14.0	0.00
8.5	1.85	10.5	0.23		

5.3.3 条件稳定常数(Conditional Stability Constant)

若利用M、Y、MY在一定反应条件下的副反应系数分别将M、Y、MY型体的平衡浓度$c(M)$、$c(Y)$、$c(MY)$校正为$c'(M)$、$c'(Y)$和$c'(MY)$：

$$c(M)=c'(M)/\alpha_M$$

$$c(Y)=c'(Y)/\alpha_Y$$

$$c(MY)=c'(MY)/\alpha_{MY}$$

则

$$K_f(MY)=\frac{[c(MY)/c^{\ominus}]}{[c(M)/c^{\ominus}]\cdot[c(Y)/c^{\ominus}]}=\frac{\alpha_M\cdot\alpha_Y}{\alpha_{MY}}\cdot\frac{[c'(MY)/c^{\ominus}]}{[c'(M)/c^{\ominus}]\cdot[c'(Y)/c^{\ominus}]}$$

或

$$K_f(MY) \cdot \frac{\alpha_{MY}}{\alpha_M \cdot \alpha_Y} = \frac{[c'(MY)/c^{\ominus}]}{[c'(M)/c^{\ominus}] \cdot [c'(Y)/c^{\ominus}]}$$

一定条件下，$K_f(MY)$及副反应系数均为常数，二者乘积即为条件稳定常数$K_f'(MY)$：

$$K_f'(MY) = K_f(MY) \cdot \frac{\alpha_{MY}}{\alpha_M \cdot \alpha_Y} \tag{5-4}$$

或

$$\lg K_f'(MY) = \lg K_f(MY) + \lg\alpha_{MY} - \lg\alpha_M - \lg\alpha_Y$$

式中，$K_f'(MY)$表示配位反应达到平衡时，$c'(M)$、$c'(Y)$和$c'(MY)$间的关系，其数值大小不但与$K_f(MY)$有关，还受副反应系数的影响。若反应物 M、Y 副反应严重，α_M、α_Y 较大，则$K_f'(MY)$远小于$K_f(MY)$，表示平衡时$c'(M) \cdot c'(Y)$较大，反应的完全程度差。所以$K_f'(MY)$能比$K_f(MY)$更切合实际地表示一定条件下配位反应的完全程度。

【例 5.1】 只考虑酸效应的影响，若 Zn^{2+} 与 EDTA 发生配位反应，当溶液的 pH 分别为 5.00 和 2.00 时，求算 $\lg K_f'(ZnY)$并判断配合物的稳定性。

解：

$\lg K_f(ZnY) = 16.50$

pH＝5.00 时，$\lg\alpha_{Y(H)} = 6.61$

$\lg K_f'(ZnY) = \lg K_f(ZnY) - \lg\alpha_{Y(H)} = 16.50 - 6.61 = 9.89$

pH＝2.00 时，$\lg\alpha_{Y(H)} = 13.79$

$\lg K_f'(ZnY) = \lg K_f(ZnY) - \lg\alpha_{Y(H)} = 16.50 - 13.79 = 2.71$

所以 ZnY 在 pH＝5.00 时很稳定，而在 pH＝2.00 时稳定性极差。

林邦将复杂平衡系统中的反应，分为主反应和副反应，求出一个个简单的副反应的副反应系数后，利用$c'(M)$、$c'(Y)$、$c'(MY)$代替$c(M)$、$c(Y)$、$c(MY)$，进而得出主反应的条件稳定常数，使得复杂平衡的定量处理变得十分简单。

5.4 配位滴定法的基本原理（Principles of Complexometric Titration）

5.4.1 配位滴定曲线

配位滴定中，随着配位滴定剂的加入，溶液中金属离子浓度不断减小，在化学计量点附近，溶液的 $pM\left(-\lg \frac{c(M)}{c^{\ominus}}\right)$ 发生突跃，利用适当方法，可以指示终点，完成滴定。由此可见，讨论滴定过程中 pM 的变化规律，尤其是化学计量点附近一定误差范围内 pM 能否产生突跃及影响 pM 突跃大小的因素是极其重要的。现以一简单实例：只考虑 EDTA 酸效应，在 pH=5.50 时，用 $c(H_2Y^{2-})=0.02000\ mol\cdot L^{-1}$ 的 EDTA 滴定 20.00 mL 等浓度的 Zn^{2+}（$\lg\alpha_{Y(H)}=5.65$，$\lg K_f(ZnY)=16.50$），说明滴定过程中 pM 的计算及滴定曲线的绘制方法。

因只考虑酸效应，则 $\lg K_f'(ZnY)=16.50-5.65=10.85$，即 $K_f'(ZnY)=10^{10.85}$。

为计算 pZn，可将滴定过程分为 4 个阶段处理：

1.滴定前

$$c(Zn^{2+})=0.02000\ mol\cdot L^{-1},\qquad pZn=1.70$$

2.滴定开始至化学计量点之前　溶液中有剩余的金属离子和滴定产物 MY。若 $\lg K_f'(MY)$ 较大，剩余的 M 对 MY 的离解又有一定的抑制作用，MY 的离解可以忽略，此时可按剩余的金属离子的浓度计算 pM。

例如，加入 19.98 mL EDTA 溶液时

$$c(Zn^{2+})=0.02000\ mol\cdot L^{-1}\times\frac{20.00\ mL-19.98\ mL}{20.00\ mL+19.98\ mL}=1.00\times10^{-5}\ mol\cdot L^{-1}$$

即 pZn=5.00

3.化学计量点　到达化学计量点时，可根据条件稳定常数计算 pM：

$$K_f'(MY)=\frac{[c(MY)/c^{\ominus}]}{[c(M)/c^{\ominus}]\cdot[c'(Y)/c^{\ominus}]}$$

此时，$c(M)=c'(Y)$。若 MY 稳定，则 $c(MY)=c_{sp}(M)-c(M)\approx c_{sp}(M)$，式中 $c_{sp}(M)$ 表示计量点时金属离子的分析浓度。若滴定剂与被测物浓度相等，则 $c_{sp}(M)$ 为金属离子 M 初始浓度之半，代入平衡常数表达式后可得：

$$c(M)/c^{\ominus}=\sqrt{\frac{c_{sp}(M)/c^{\ominus}}{K_f'(MY)}}$$

$$pM=\frac{1}{2}\{\lg K_f'(MY)+p[c_{sp}(M)/c^{\ominus}]\}$$

此例中 $pZn=\frac{1}{2}(10.85+2.00)=6.42$

4.化学计量点后　一般情况下，可根据过量的 EDTA，按公式 $c(M)/c^{\ominus}=$

$\frac{c(MY)}{c'(Y)} \times \frac{1}{K_f'(MY)}$计算 $c(M)$。若 MY 较稳定，可忽略其离解。例如，加入 20.02 mL EDTA 溶液时：

$$c(ZnY) \approx 0.02000\ mol \cdot l^{-1} \times \frac{20.00\ mL}{20.00\ mL + 20.02\ mL} \approx 1.000 \times 10^{-2}\ mol \cdot L^{-1}$$

$$c'(Y) \approx 0.02000\ mol \cdot L^{-1} \times \frac{20.02\ mL - 20.00\ mL}{20.00\ mL + 20.02\ mL} = 1.000 \times 10^{-5}\ mol \cdot L^{-1}$$

$$c(Zn)/c^{\ominus} = \frac{1.000 \times 10^{-2}\ mol \cdot L^{-1}}{1.000 \times 10^{-5}\ mol \cdot L^{-1} \times 10^{10.85}} = 10^{7.85}$$

则

$$pZn = 7.85$$

依上方法，可算得滴定过程中各点 pZn，列于表 5-5。

表 5-5　pH＝5.50，$c(H_2Y^{2-})$＝0.02000 mol・L^{-1}EDTA 滴定 $c(Zn^{2+})$＝0.02000 mol・L^{-1} Zn^{2+} 时，溶液中 pZn

V(EDTA)/mL	pZn	V(EDTA)/mL	pZn		V(EDTA)/mL	pZn
0.00	1.70	19.98	5.00	突跃范围	20.20	9.00
15.00	2.54	20.00	6.42		22.00	9.99
18.00	2.98	20.02	7.85		40.00	10.82

利用表中所列数据，以 pZn 为纵坐标，V(EDTA)或滴定百分数为横坐标作图便得滴定曲线，见图 5-3。

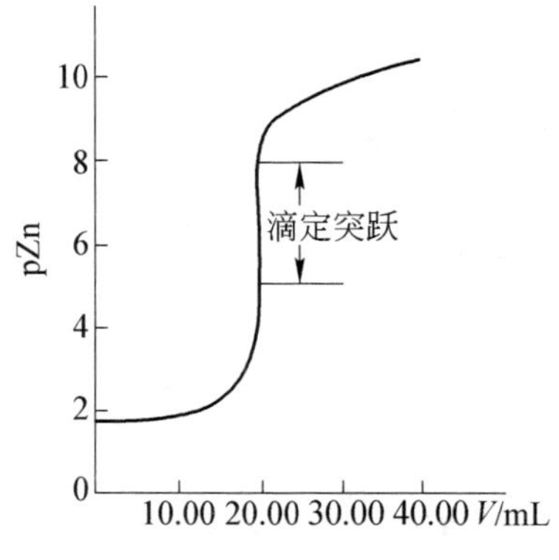

图 5-3　$c(H_2Y^{2-})$＝0.02000 mol・L^{-1} EDTA 滴定 $c(Zn^{2+})$＝0.02000 mol・L^{-1} Zn^{2+} 的滴定曲线(pH＝5.50)

由图 5-3 可见，配位滴定中，在化学计量点前后，pM 变化剧烈，产生所谓 pM

突跃。在我们所讨论的例子中,在计量点前后$-0.1\%\sim+0.1\%$误差范围内,pZn由5.00突跃至7.85,即$\Delta pM=2.85$。

5.4.2 影响配位滴定突跃范围大小的因素

与酸碱滴定中的情况相似,滴定反应进行得越完全,配位滴定的突跃越大,准确度越高。被滴定金属离子的浓度和条件稳定常数的大小决定了配位滴定突跃范围的大小。

1. K'_f(MY)的影响　当c(M)一定时,K'_f(MY)越大,滴定突跃范围越大(图5-4)。

决定配合物条件常数大小的因素是配合物的绝对稳定常数K_f(MY)及M、Y、MY的副反应系数。K_f(MY)只取决于金属离子本性。因此实际滴定中,影响K'_f(MY)值大小的只是被滴定金属离子和滴定剂的副反应系数。反应物M和Y的副反应系数越大,K'_f(MY)越小,滴定的突跃越小。在各种副反应中,酸效应对K'_f(MY)的影响显著(图5-5),所以选择滴定的介质酸度十分重要。

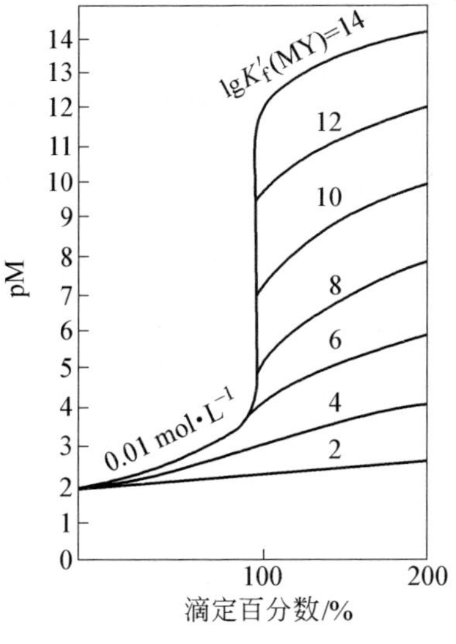

图5-4　用EDTA滴定不同K'_f金属离子

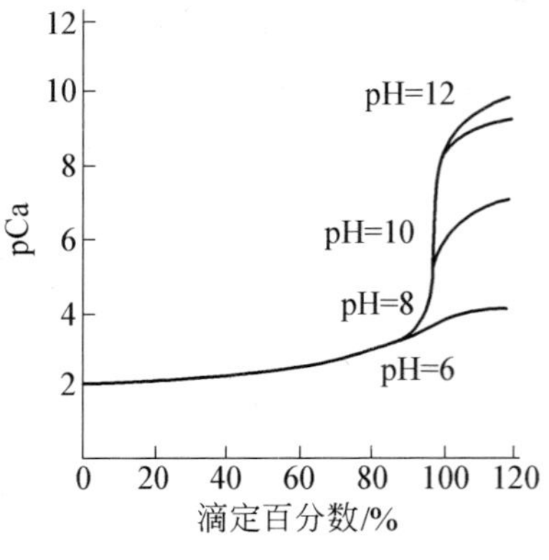

图5-5　不同pH条件下,$c(H_2Y^{2-})=0.01\ mol\cdot L^{-1}$ EDTA滴定$c(Ca^{2+})=0.01\ mol\cdot L^{-1}\ Ca^{2+}$

2. 浓度的影响　当K'_f(MY)一定时,金属离子的原始浓度c(M)越大,突跃范围越大(图5-6)。

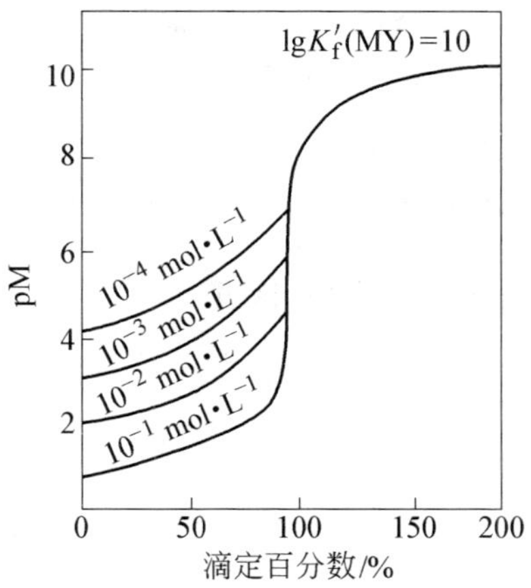

图 5-6　不同浓度溶液的滴定曲线

5.4.3　配位滴定的条件

准确进行配位滴定时所需的条件，取决于所允许的误差范围和检测终点的准确度大小。实验证明，在用指示剂指示终点时，目测终点至少有±0.2 pM 单位的出入，若终点误差允许为±0.1%，此条件下，要求 $\lg\left[\frac{c_{sp}(M)}{c^{\ominus}}\cdot K_f'(MY)\right]$ 不得小于 6.0。式中 $c_{sp}(M)$ 为计量点时金属离子的分析浓度，一般 EDTA 标准溶液浓度与被测物浓度相同，此时 $c_{sp}(M)$ 等于被测金属离子初始浓度的一半。由于 $K_f'(MY)$ 一般较大，配位滴定中 EDTA 标准溶液及被测物浓度可配得较稀，一般为 0.02 $mol\cdot L^{-1}$ 左右，因此也常用 $\lg K_f'(MY)\geqslant 8.0$ 作为配位滴定可行性的判据。

【例 5.2】　只考虑 EDTA 的酸效应，在 pH＝8.00 的缓冲溶液中，用 $c(H_2Y^{2-})=0.02000\ mol\cdot L^{-1}$ 的 EDTA 能否滴定等浓度的 Ca^{2+}？能否滴定等浓度的 Mg^{2+}？若介质 pH＝10.00，又分别如何？

解：

$\lg K_f(CaY)=10.69$，$\lg K_f(MgY)=8.70$

pH＝8.00 时，$\lg\alpha_{Y(H)}=2.27$

$\lg K_f'(CaY)=\lg K_f(CaY)-\lg\alpha_{Y(H)}=10.69-2.27=8.42>8.0$。

故 Ca^{2+} 在 pH＝8.00 时可被准确滴定。

$\lg K_f'(MgY)=\lg K_f(MgY)-\lg\alpha_{Y(H)}=8.70-2.27=6.43<8.0$。

故 Mg^{2+} 在 pH＝8.00 时不能被准确滴定。

$pH=10.00$ 时，$\lg\alpha_{Y(H)}=0.45$

$\lg K_f'(CaY)=10.69-0.45=10.24$

$\lg K_f'(MgY)=8.70-0.45=8.25$

两者都大于 8.0，故 $pH=10.00$ 时，Ca^{2+}、Mg^{2+} 均可被滴定。

5.4.4 单一离子滴定的适宜酸度范围

由以上讨论可知，若只考虑 EDTA 的酸效应（无其他副反应），单一离子被准确滴定的条件是：

$$\lg K_f'(MY)=\lg K_f(MY)-\lg\alpha_{Y(H)}\geqslant 8.0 \tag{5-5}$$

对于一种确定的金属离子，$\lg K_f(MY)$ 为一定值，欲使该金属离子能被准确滴定，就必然存在一个最大（允许）的 $\lg\alpha_{Y(H)}$。这个最大（允许）的 $\lg\alpha_{Y(H)}$ 对应着该离子被准确滴定的最高酸度（最低 pH）。

【例 5.3】 计算用 $c(H_2Y^{2-})=0.02\ mol\cdot L^{-1}$ 的 EDTA 溶液滴定等浓度的 Zn^{2+} 时溶液的最低 pH（最高酸度）。已知 $\lg K_f(ZnY)=16.50$。

解：

由 $\lg K_f'(ZnY)\geqslant 8.0$，可算得 $\lg\alpha_{Y(H)}$ 的最大值：

$$\lg\alpha_{Y(H)}=\lg K_f(ZnY)-8.0=16.50-8.0=8.50$$

查表 5-4，此时 $pH=4.0$。

用 $\lg\alpha_{Y(H)}=\lg K_f(MY)-8.0$，计算出滴定各金属离子时允许的最低 pH，以 pH 为纵坐标，$\lg\alpha_{Y(H)}$ 或 $\lg K_f(MY)$ 为横坐标，可得 EDTA 酸效应曲线，如图 5-7 所示。从酸效应曲线上可确定某一金属离子单独滴定时所允许的最低 pH。需要说明的是，此最高酸度适用的条件是：单一金属离子的滴定，分析结果的误差 $\leqslant\pm0.1\%$，$c_{sp}(M)=0.01\ mol\cdot L^{-1}$，$\Delta pM=\pm0.2$，只考虑酸效应，无其他副反应。

在配位滴定中，如果仅从 Y 的酸效应角度考虑，则似乎酸度越低，$K_f'(MY)$ 越大，滴定突跃也越大。但实际上，对多数金属离子来说，当酸度降低到了一定水平之后，金属离子会发生水解，产生相应的氢氧化物等沉淀，反而降低了滴定反应的完全程度，严重影响滴定的准确度。通常把金属离子开始生成沉淀时的酸度称为配位滴定的最低酸度（最高 pH），它可由金属离子氢氧化物沉淀的溶度积近似求得。

例如，估算用 $c(H_2Y^{2-})=0.02\ mol\cdot L^{-1}$ 的 EDTA 滴定 $c(Zn^{2+})=0.02\ mol\cdot L^{-1}$ 的 Zn^{2+} 时的最低酸度。已知 $K_{sp}\{Zn(OH)_2\}=1.2\times10^{-17}$。

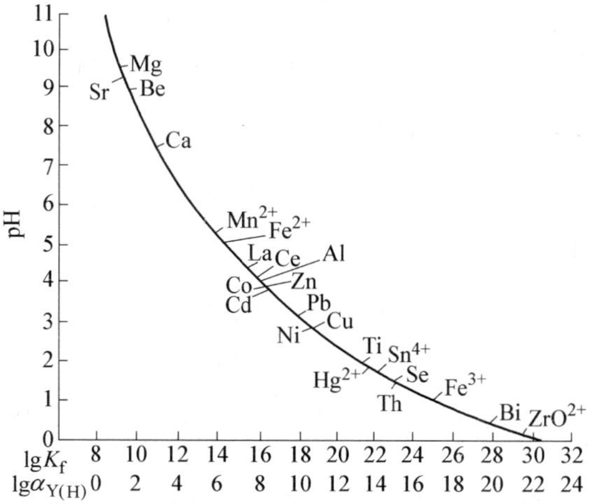

图 5-7　EDTA 的酸效应曲线$[c(M)=c(Y)=0.02\ mol\cdot L^{-1}]$

解：

$$K_{sp}\{Zn(OH)_2\}=\{c(Zn^{2+})/c^{\ominus}\}\cdot\{c(OH^-)/c^{\ominus}\}^2$$

所以
$$c(OH^-)/c^{\ominus}=\sqrt{\frac{K_{sp}\{Zn(OH)_2\}}{c(Zn^{2+})/c^{\ominus}}}$$

$$=\sqrt{\frac{1.2\times10^{-17}}{2.0\times10^{-2}}}$$

$$=2.5\times10^{-8}$$

即
$$pOH=7.60\qquad pH=6.40$$

实际工作中配位滴定的酸度控制在最高酸度与最低酸度之间，这个酸度范围称为单一离子滴定的适宜酸度。

在配位滴定中，不仅要调节滴定前溶液的酸度，同时也要注意在滴定过程中控制溶液酸度，因为在配位滴定过程中，随着配合物的生成，不断有 H^+ 释出：

$$M+H_2Y=MY+2H^+$$

溶液酸度不断增大。所以在配位滴定中，通常需要加入缓冲溶液来控制溶液的 pH。

5.5　金属指示剂(Metallochromic Indicators)

配位滴定中，所使用的指示剂能与金属离子发生配位反应，且指示剂颜色与其和被测离子形成的配合物颜色明显不同，可借以指示被滴定离子在计量点附近pM的变化。这种指示剂称为金属离子指示剂，简称金属指示剂。

5.5.1 金属指示剂的性质和作用原理

金属指示剂是一些有机配位剂，能与金属离子形成有色配合物，但其颜色与指示剂本身的颜色不同：

$$\underset{\text{甲色}}{M+In} \rightleftharpoons \underset{\text{乙色}}{MIn}$$

式中，M为金属离子；In为金属指示剂的阴离子；MIn为金属离子与金属指示剂所形成的配合物。

这种金属离子与指示剂所形成的配合物比该金属离子与EDTA生成的配合物的稳定性稍差。因此，滴定之前被滴溶液中加入少许金属指示剂后，生成MIn，被滴定溶液显MIn颜色(乙色)。滴定开始后，滴加的EDTA先与游离的M配位，至终点时发生如下置换反应，将指示剂释放出来：

$$\underset{\text{乙色}}{MIn}+Y \rightleftharpoons MY+\underset{\text{甲色}}{In}$$

被滴溶液由乙色转为游离指示剂的甲色，表示到达终点。

许多金属指示剂不仅具有配位剂的性质，而且本身通常是多元弱酸或多元弱碱，具有酸碱指示剂的性质，能随溶液pH的变化而显示出不同的颜色。例如，铬黑T是一个三元酸，第一级离解极容易，第二级和第三级离解则较难($pK_{a_2}=6.30$，$pK_{a_3}=11.60$)，在溶液中有下列平衡：

$$\underset{\substack{\text{红色}\\ pH<6.00}}{H_2In^-} \underset{+H^+}{\overset{-H^+}{\rightleftharpoons}} \underset{\substack{\text{纯蓝色}\\ pH=8.11}}{HIn^{2-}} \underset{+H^+}{\overset{-H^+}{\rightleftharpoons}} \underset{\substack{\text{橙色}\\ pH>12.00}}{In^{3-}}$$

铬黑T与金属离子形成紫红色的配合物，因此，铬黑T在pH<6.00或pH>12.00时，游离指示剂的颜色与形成的金属离子配合物的颜色没有显著的差别。只有在pH为8.00～11.00时进行滴定，终点由金属离子配合物的紫红色变成游离指示剂的纯蓝色，颜色变化才显著。因此使用金属指示剂，必须注意控制适宜的pH范围。

5.5.2　金属指示剂必须具备的条件

依上述作用原理，金属指示剂必须具备如下条件：

(1)在滴定的 pH 范围内，In 与 MIn 应有明显的颜色差异，这样才能使终点颜色变化明显。

(2)MIn 配合物要有适当的稳定性，若比 MY 的稳定性过低，将引起终点提前；反之，则终点拖后。

(3)In 与 M 的配位反应要迅速、灵敏，并具有一定的选择性，生成的 MIn 应易溶于水。

(4)指示剂应具有一定的稳定性以便保存。

5.5.3　指示剂的封闭、僵化及变质现象

配位滴定时，若 $K_f'(\mathrm{MIn}) > K_f'(\mathrm{MY})$，化学计量点后再滴入 EDTA，MIn 与 Y 的置换反应仍不发生，溶液无颜色的转变，这种现象叫作指示剂的封闭。引起指示剂封闭的离子可以是被测离子，也可以是共存离子。如果是被测离子引起的，一般可采用返滴定方式予以避免，如 Al^{3+} 对二甲酚橙有封闭作用，可采用返滴定方式测定 Al^{3+} 的含量；如果引起封闭的原因是共存的干扰离子，则应采用掩蔽或预分离的方法予以消除。

有时虽然 $K_f'(\mathrm{MIn}) < K_f'(\mathrm{MY})$，但由于 MIn 的溶解度较小，MIn 与 Y 的置换反应缓慢，终点时颜色转变不明显，产生终点拖长现象，这种现象叫作指示剂的僵化。出现指示剂僵化现象时，可适当加些与水互溶的有机溶剂以增加 MIn 的溶解度，或采用加热的方法加以避免。

金属指示剂大多是具有双键的有色配合物，易被阳光、氧化剂、空气分解，或发生聚合作用。特别是在水溶液中，有些金属指示剂不够稳定，易变质失效，不能久存。故有些金属指示剂常与固体 NaCl 或 KCl 混合(质量比 1∶100)配成固体混合物，保存在棕色瓶中，可直接加到试液中使用。在配制某些指示剂水溶液时，加入少量抗氧化剂也可增加稳定性。一般金属指示剂都不宜久放，最好是现用现配。

5.5.4　常用指示剂

目前已被合成的金属指示剂有 300 多种。下面介绍几种最常用的金属指示剂。

1. 铬黑 T　化学名称为 1-(1-羟基-2-萘偶氮)-6-硝基-2-萘酚-4-磺酸钠，简称 EBT，其结构式为：

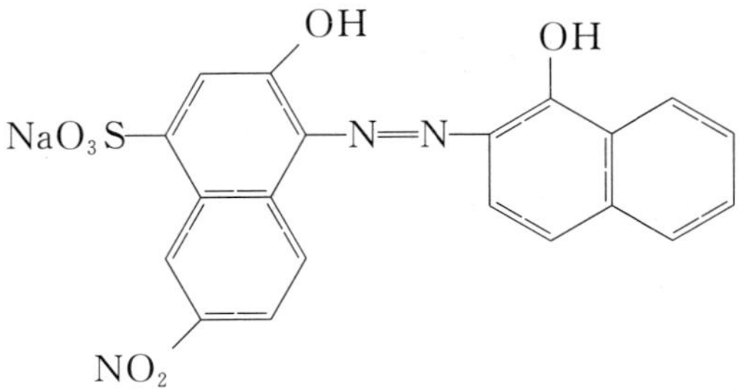

铬黑 T 是黑褐色粉末，带有金属光泽，使用时最适宜的 pH 范围是 8.00～11.00。

在 pH＝10.00 的缓冲溶液中，EBT 可作为 EDTA 直接滴定 Mg^{2+}、Zn^{2+}、Pb^{2+}、Mn^{2+} 等的指示剂，特别适用于 Mg^{2+} 的滴定，终点十分敏锐。它指示 Ca^{2+} 的终点不理想，可采用"间接指示剂"加以改善，即在滴定之前于试液中加入少量 MgY 配合物，由于 $\lg K_f$ 的大小有如下顺序：

$$CaY\ (10.7) > MgY(8.7) > Mg\text{-}EBT(7.0) > Ca\text{-}EBT(5.4)$$

当在含 Ca^{2+} 的试液中加入少量 MgY 后，将发生如下反应：

$$MgY + Ca^{2+} = CaY + Mg^{2+}$$

再加入指示剂后生成 Mg-EBT（紫红色），终点时颜色的转变源于如下反应：

$$Mg\text{-}EBT + Y = MgY + EBT$$

紫红色　　　　　　　蓝色

变色十分敏锐。由于滴定前加入的 MgY 最终又变回 MgY，所以它并不影响 Ca^{2+} 与 EDTA 的计量关系。

Al^{3+}、Fe^{3+}、Co^{2+}、Ni^{2+}、Cu^{2+}、Ti^{4+} 等，对铬黑 T 有封闭作用。

EBT 在水溶液中易发生分子聚合而变质，尤其在 pH＜6.30 时最严重，通常配置成固体指示剂使用。

2. 钙指示剂　化学名称为 1-(2-羟基-4-磺基-1-萘偶氮)-2-羟基-3-萘甲酸，简称 NN，结构式如下：

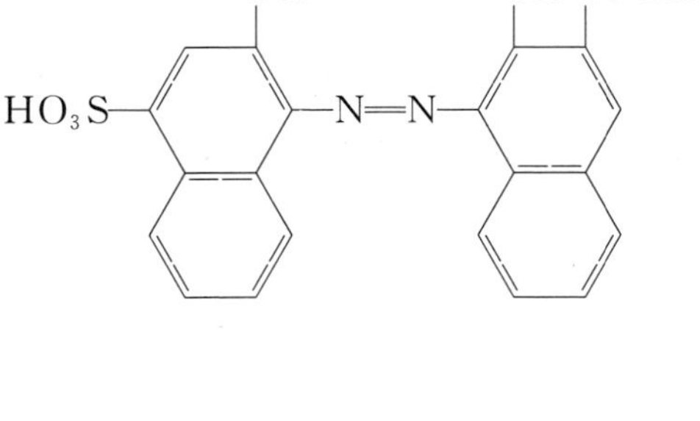

其钠盐为黑紫色粉末，很稳定。在 pH 在 10.00～13.00 条件下呈蓝色，Ca-NN 配合物为酒红色，用于指示在 pH 12.00～13.00 时滴定 Ca^{2+} 的终点，效果较好。

对 NN 指示剂产生封闭的离子与对 EBT 封闭的离子相同。

3.二甲酚橙 化学名称为 3,3′-双[N,N-二(羧甲基)氨甲基]-邻-甲酚磺酞，简称 XO，其结构式为：

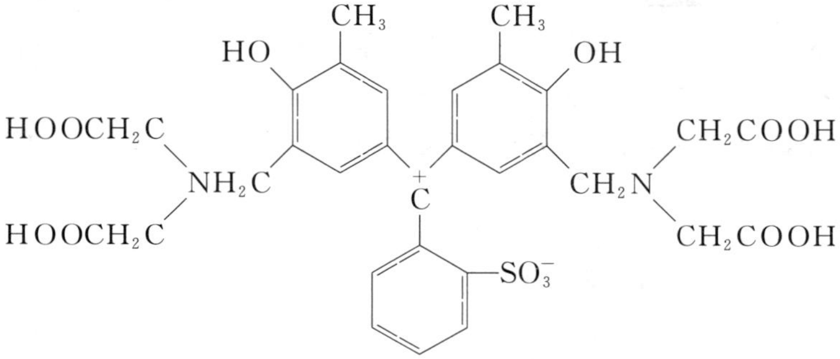

一般所用的是二甲酚橙的四钠盐，为紫色结晶，易溶于水，pH＞6.30 时呈红色，pH＜6.30 时呈黄色，它与金属离子配合物呈紫红色。因此，它只能在 pH＜6.30 的酸性溶液中使用。通常配成 0.2%～0.5%水溶液，可保存 2～3 周。

XO 可用来指示 EDTA 直接滴定下列离子的终点：ZrO^{2+}（pH＜1.00）、Bi^{3+}（pH 1.00～2.00）、Th^{4+}（pH 2.30～3.50）、Pb^{2+}、Zn^{2+}、Cd^{2+}、Hg^{2+}、La^{3+}、Y^{3+} 及稀土离子（pH 5.00～6.00）等。

对 XO 有封闭作用的离子有 Fe^{3+}、Al^{3+}、Ni^{2+}、Cu^{2+}、Ti^{4+} 等，其中 Fe^{3+} 和 Ti^{4+} 可用抗坏血酸还原、Al^{3+} 可用氟化物、Ni^{2+} 可用邻菲罗啉加以掩蔽。

4.PAN 化学名称为 1-(2-吡啶偶氮)-2-萘酚，结构式如下：

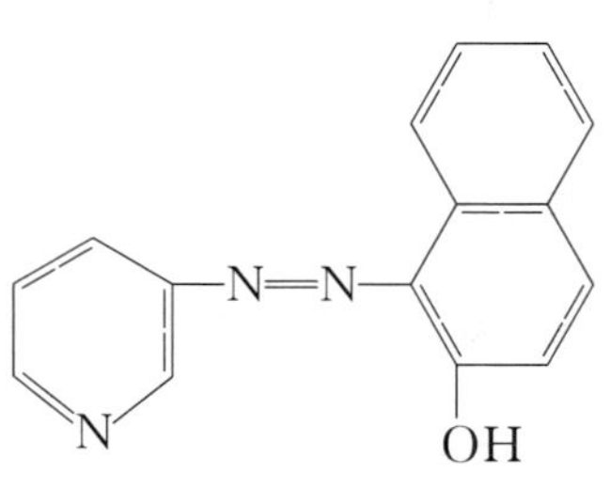

PAN 是橙红色针状结晶，难溶于水，但溶于碱、氨溶液和有机溶剂（如乙醇）中，其乙醇溶液很稳定，常配成 0.1%乙醇溶液使用。

PAN 在 pH＝1.90～12.20 时呈黄色，与金属 Cu^{2+}、Bi^{3+}、Cd^{2+}、Hg^{2+}、Pb^{2+}、Zn^{2+}、Sn^{2+}、Al^{3+}、Fe^{2+}、Ni^{2+}、Mn^{2+}、稀土及 Th^{4+} 等形成紫红色配合物。但这些

配合物的溶解度都较小，易形成胶体溶液或沉淀，使滴定变色缓慢。为加快变色过程，可加入乙醇或加热。

Cu^{2+} 与 PAN 的配合物稳定性较大($\lg K_f = 16.00$)，而且滴定终点时颜色变化显著，故用 Cu^{2+} 标准溶液返滴定某些离子，例如 Al^{3+}、Co^{2+}、Ni^{2+}、ZrO^{2+} 等时，常以 PAN 作指示剂。

在实际工作中，比 PAN 更为普遍使用的是 Cu-PAN 指示剂。这种指示剂是由 CuY 和 PAN 组成的一种间接指示剂。用此指示剂可滴定许多金属离子，一些与 PAN 配位不够稳定或不显色的离子，都可用此指示剂进行滴定。Cu-PAN 可使用 pH 范围较宽，有利于混合离子的连续滴定，可避免因使用多种指示剂而产生的颜色干扰。

Cu-PAN 指示剂的配制方法：取 $c(Cu^{2+}) = 0.05\ mol \cdot L^{-1}$ 的硫酸铜溶液 40 mL，加 pH 5.00～6.00 醋酸缓冲溶液 10 mL，加 0.2% PAN 乙醇溶液 3 滴，加热至 60℃，用 EDTA 滴定至蓝紫色变为绿色为止，便可得到约 $0.025\ mol \cdot L^{-1}$ 的 CuY 溶液。使用前再加入适量的 0.1% PAN 乙醇溶液即得 Cu-PAN 指示剂。

5. 其他常用金属指示剂 如表 5-6 所示。

表 5-6 其他几种常用金属指示剂

指示剂	终点颜色变化	用于指示 EDTA 滴定的离子
酸性铬蓝 K (acid chrome blue K)	红→蓝	pH=10.0，Mg^{2+}；pH=12.5，Ca^{2+}
酸性铬蓝 K-萘酚绿 B (K-B 指示剂)	(绿+红)→(绿+蓝)	
邻苯二酚紫 (pyrocatechol violet)	pH<7.8 蓝→黄 pH 7.8～9.8 蓝→紫	pH 1～2.3，Bi^{3+}；pH 2.5～3.5，Th^{4+}(红→黄)；pH 5.0～6.0(Cu^{2+}、Pb^{2+})；pH 9.0～10.0，Mg^{2+}、Mn^{2+}、Co^{2+}、Ni^{2+}、Zn^{2+}、Cd^{2+}
紫尿酸胺 (murexide)	pH 9.2～10.9 黄→紫	pH 8.0～9.0，Cu^{2+}、Co^{2+}、Ni^{2+}；pH 12.0～13.0，Ca^{2+}(红→蓝)
磺基水杨酸 (sulfosalicylic acid)	紫红→无色	pH 1.5～3.0，Fe^{3+} (终点呈 FeY 黄色)
甲基百里酚蓝 (methylthymol blue)	碱性 蓝→黄 酸性 蓝→黄	pH 10.0～11.5，Mg^{2+}；pH=12.0 Ca^{2+}；pH 1.0～2.0，Bi^{3+}；pH 5.0～6.0，Cd^{2+}、Pb^{2+}、Zn^{2+}、La^{2+}；pH 1.0～3.5，Th^{4+}、ZrO^{2+}

5.5.5 金属指示剂的变色点和选择

指示剂和金属离子的配位反应与其他配位反应一样，受各种副反应的影响。指示剂阴离子是一弱碱，有结合质子的倾向，如果只考虑 In^- 的酸效应，则有

$$K_f'(\mathrm{MIn})=\frac{c(\mathrm{MIn})/c^{\ominus}}{\{c(\mathrm{M})/c^{\ominus}\}\cdot\{c'(\mathrm{In})/c^{\ominus}\}}=\frac{K_f(\mathrm{MIn})}{\alpha_{\mathrm{In(H)}}}$$

$$\lg K_f'(\mathrm{MIn})=\lg\frac{c(\mathrm{MIn})}{c'(\mathrm{In})}+\mathrm{pM}$$

$$=\lg K_f(\mathrm{MIn})-\lg\alpha_{\mathrm{In(H)}}$$

在 $c(\mathrm{MIn})=c'(\mathrm{In})$ 时，溶液呈混合色，此点称为金属指示剂的变色点，此时的 pM 用 pM(变)表示，其值可依下式算得：

$$\mathrm{pM(变)}=\lg K_f'(\mathrm{MIn})=\lg K_f(\mathrm{MIn})-\lg\alpha_{\mathrm{In(H)}}$$

表 5-7 列出了铬黑 T、二甲酚橙等指示剂与多种金属离子在不同 pH 下的变色点 pM(变)数值。

表 5-7 金属指示剂 $\lg\alpha_{\mathrm{In(H)}}$ 值及金属指示剂变色点 pM 值

a. 铬黑 T

pH	6.0	7.0	8.0	9.0	10.0	11.0	12.0	13.0
$\lg\alpha_{\mathrm{In(H)}}$	6.0	4.6	3.6	2.6	1.6	0.7	0.1	
pCa			1.8	2.8	3.8	4.7	5.3	5.4
pMg	1.0	2.4	3.4	4.4	5.4	6.3		
pMn	3.6	5.0	6.2	7.8	9.7	11.5		
pZn	6.9	8.3	9.3	10.5	12.2	13.9		

b. 紫尿酸胺

pH	6.0	7.0	8.0	9.0	10.0	11.0	12.0
$\lg\alpha_{\mathrm{In(H)}}$	7.7	5.7	3.7	1.9	0.7	0.1	
$\lg\alpha_{\mathrm{HIn(H)}}$	3.2	2.2	1.2	0.4	0.2	0.6	1.5
pCa		2.6	2.8	3.4	4.0	4.6	5.0
pCu	6.4	8.2	10.2	12.2	13.6	15.8	17.9
pNi	4.6	5.2	6.2	7.8	9.3	10.3	11.3

续表 5-7

c. 二甲酚橙

pH	1.0	2.0	3.0	4.0	4.5	5.0	5.5	6.0	6.5	7.0
pBi	4.0	5.4	6.8							
pCd					4.0	4.5	5.0	5.5	6.3	6.8
pHg						7.4	8.2	9.0		
pLa					4.0	4.5	5.0	5.6	6.7	
pPb			4.2	4.8	6.2	7.0	7.6	8.2		
pTh	3.6	4.9	6.3							
pZn					4.1	4.8	5.7	6.5	7.3	8.0
pZr	7.5									

注：以上二甲酚橙与各金属配合物的 pMt 值为实验值。

d. PAN

pH	3.0	4.0	5.0	6.0	7.0	8.0	9.0	10.0	11.0
$\lg\alpha_{In(H)}$	9.2	8.2	7.2	6.2	5.2	4.2	3.2	2.2	1.2
pCu	6.8	7.8	8.8	9.8	10.8	11.8	12.8	13.8	14.8

e. 甲基百里酚蓝（酸性溶液）

pH	4.0	4.5	5.0	5.5	6.0	6.5	7.0
$\lg\alpha_{In(H)}$	20.4	18.5	16.9	15.3	13.8	12.3	11.0
$\lg\alpha_{HIn(H)}$	11.3	9.9	8.8	7.6	6.7	5.7	4.9
$\lg\alpha_{H_2In(H)}$	3.9	3.0	2.4	1.7	1.3	0.8	0.5
pCd			2.5	3.3	4.1	4.9	5.6
pHg	11.4	12.0	12.7	13.4	14.0	14.7	
pLa			4.4	4.9	5.4		
pPb	4.3	5.2	5.9	6.4	7.0	7.5	
pZn			4～5	5.5	6.0	7.0	

滴定金属离子 M 时，应选用变色点 pM(变)落在 pM 突跃范围内，与计量点 pM(计)接近的指示剂。为此，一般需严格控制介质 pH 在一较窄的范围，原因是：滴定的 pM 突跃范围、pM(计)以及指示剂变色点 pM(变)均受介质酸度影响，另外还要保证指示剂本身颜色与配合物颜色有明显差别。

【例 5.4】 在 pH＝5.50 时，用 $c(H_2Y^{2-})=0.02000\ mol\cdot L^{-1}$ EDTA 滴定等浓度的 Zn^{2+}，选用二甲酚橙指示剂是否适当？

解：

此滴定反应，计量点时

$$pZn_{计}=6.50$$

在误差 $-0.1\%\sim0.1\%$ 范围内，pZn 突跃为 $5.00\sim8.00$。由表 5-7 可查出在 $pH=5.50$，以二甲酚橙为指示剂滴定 Zn^{2+} 时，变色点 $pZn_{变}=5.70$，其值与 $pZn_{计}$ 接近，且落在突跃范围内。

又因 $pH<6.00$ 时，二甲酚橙（黄色）与二甲酚橙-金属离子配合物（红色）颜色明显不同，故此时选用二甲酚橙为指示剂适当，可以保证终点变色明显，终点误差 $<-0.1\%$。

由于金属离子指示剂的常数很不齐全，所以在实际工作中大多采用实验方法来选择指示剂，即先试验其终点时颜色变化的敏锐程度，然后再检查滴定结果是否准确。

5.6　混合离子滴定简介

配位滴定中，样品成分往往很复杂，除被测组分 M 外，还含有 N 等多种金属离子。由于 EDTA 对大多数金属离子都有很强的配位能力，所以对混合离子中 M 滴定时，N 离子将同时与 EDTA 反应：

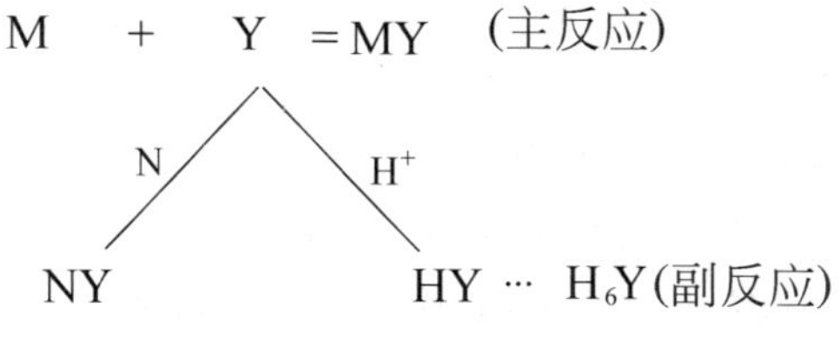

即在主反应进行时，Y 同时发生了两种副反应，所以 MY 的条件平衡常数 $K_f'(MY)$ 不但受到介质酸度的影响，也受到共存离子 N 的影响。

$$\lg K_f'(MY)=\lg K_f(MY)-\lg\alpha_Y$$
$$\lg\alpha_Y=\lg[\alpha_{Y(H)}+\alpha_{Y(N)}-1]$$

此时能否保证 $\lg K_f'(MY)\geqslant 8.0$，实现对混合离子中 M 的滴定（即对 M 的选择性滴定），不仅与介质酸度即 $\alpha_{Y(H)}$ 有关，还与 N 的干扰程度即 $\alpha_{Y(N)}$ 有关。$\alpha_{Y(N)}$ 与 N 的浓度 $c(N)$ 及配合物的稳定性 $K_f(NY)$ 有关：$c(N)$ 和 $K_f(NY)$ 越大，$\alpha_{Y(N)}$ 就越大，N 的干扰也就越严重。例如，在 $pH=10.00$ 的介质中，Ca^{2+}、Mg^{2+} 分别均能被 EDTA 准确滴定，但若在 $pH=10.00$ 的介质中用 EDTA 滴定相同浓度的 Ca^{2+}、

Mg^{2+}混合溶液，则由于 CaY、MgY 稳定性接近[$\lg K_f(CaY)=10.69$，$\lg K_f(MgY)=8.70$]，Mg^{2+}与 Y 发生的副反应严重影响 $K'_f(CaY)$，使 $\lg K'_f(CaY)<8.0$，致使滴定至第一计量点附近时无明显的 pCa 突跃，所以不能在 Mg^{2+}干扰下选择性滴定 Ca^{2+}；第二计量点附近 pMg 突跃明显，但根据消耗 EDTA 的量只能算得 Ca^{2+}、Mg^{2+}的总量。

那么，$K_f(MY)$与 $K_f(NY)$相差多少才能实现 M 的分步滴定呢？如何创造条件提高滴定的选择性？对这些问题本书只做简单介绍。

1. 控制酸度实现离子的选择性滴定 副反应系数 $\alpha_{Y(H)}$与 $\alpha_{Y(N)}$性质不同。$\alpha_{Y(H)}$随介质 pH 的升高而显著减小，而 $\alpha_{Y(N)}$则不受介质酸度影响。在高酸度介质中，$\alpha_{Y(H)} \gg \alpha_{Y(N)}$，此时，可忽略 $\alpha_{Y(N)}$对主反应的影响，即 $\lg K'_f(MY) \approx \lg K_f(MY) - \lg\alpha_{Y(H)}$。例如，BiY 非常稳定，$K_f(BiY)=10^{28}$。在 Bi^{3+}和 Pb^{2+}混合溶液中，当 pH $=1.0$，$c_{sp}(Pb^{2+})=0.01\ mol \cdot L^{-1}$ 时，$\alpha_{Y(H)}=10^{18.3}$，$\alpha_{Y(Pb)}=1+[c(Pb^{2+})/c^{\ominus}] \cdot K_f(PbY) \approx 0.01 \times 10^{18} \approx 10^{16}$，远小于酸效应系数 $\alpha_{Y(H)}$，故可忽略 Pb^{2+}对主反应的影响。此条件下，$K'_f(BiY)=K_f(BiY)/\alpha_{Y(H)}=10^{28}/10^{18.3}=10^{9.7}>10^8$，故 Bi^{3+}可被 EDTA 准确选择性滴定。滴定时以二甲酚橙为指示剂，在 pH=1.0 条件下，二甲酚橙只与 Bi^{3+}形成红色配合物。第一化学计量点时，溶液由红色变为黄色。然后将溶液酸度调至 pH=5.0～6.0，此时 $K'_f(PbY)>10^8$，故 Pb^{2+}可被准确滴定。此酸度条件下，二甲酚橙又与 Pb^{2+}形成红色配合物，滴定至溶液变为黄色，至第二化学计量点，从而实现 Bi^{3+}和 Pb^{2+}的连续滴定。

很多金属离子只能在 pH 较高的介质中被 EDTA 滴定。因为 $\alpha_{Y(H)}$随介质 pH 的升高而显著减小，而 $\alpha_{Y(N)}$不受介质酸度影响，在 pH 较高的介质条件下，若能保证 $\alpha_{Y(N)} \gg \alpha_{Y(H)}$，即可忽略酸效应对主反应的影响，即 $\lg K'_f(MY) \approx \lg K_f(MY) - \lg\alpha_{Y(N)}$。只要 $\alpha_{Y(N)}$较小，就可实现对 M 离子的准确滴定。根据

$$\begin{aligned}\{c(M)/c^{\ominus}\}K'_f(MY) &= \{c(M)/c^{\ominus}\}\frac{K_f(MY)}{\alpha_{Y(N)}} \\ &= \{c(M)/c^{\ominus}\}\frac{K_f(MY)}{1+\{c(N)/c^{\ominus}\}K_f(NY)} \\ &\approx \{c(M)/c^{\ominus}\}\frac{K_f(MY)}{\{c(N)/c^{\ominus}\}K_f(NY)}\end{aligned}$$

可得，欲保证 M 离子能被准确滴定(终点误差≤±0.1%)，即欲保证

$$\{c(M)/c^{\ominus}\}K'_f(MY) \geqslant 10^6, \quad 则\frac{c(M)K_f(MY)}{c(N)K_f(NY)} \geqslant 10^6$$

据此可判断，在高 pH 条件下可否实现 M、N 离子分步滴定。至于如何确定滴定时的介质 pH，以保证 $\alpha_{Y(N)} \gg \alpha_{Y(H)}$，可先计算出 $\alpha_{Y(N)}$，且令 $\alpha_{Y(H)} = \alpha_{Y(N)}$，根据所得 $\alpha_{Y(H)}$，计算或利用 EDTA 的酸效应系数数据表得相应的 pH。此即滴定的最低 pH。若无水解效应等因素的影响，滴定可在高于此 pH 条件下进行。

2. 使用掩蔽剂的选择性滴定　若 $K_f(MY)$ 与 $K_f(NY)$ 差别不够大，或小于后者，可用掩蔽剂与干扰离子反应，以消除干扰，这就是掩蔽法。掩蔽作用的实质是降低了 $c(N)$，从而减小了 $\alpha_{Y(N)}$，增大了主反应的条件平衡常数，保证 $\lg K_f'(MY) \geqslant 8.0$，因而能准确滴定待测离子 M。应用掩蔽法时，干扰离子存在的量不能太大，否则将得不到满意的结果。

按所用反应类型不同，掩蔽法可分为配位掩蔽法、沉淀掩蔽法和氧化还原掩蔽法等。其中用得最多的是配位掩蔽法。

(1)配位掩蔽法：利用配位反应对干扰离子进行掩蔽的方法，称为配位掩蔽法。

为了达到良好的掩蔽效果，必须选择合适的掩蔽剂，还应注意控制溶液的酸度。表 5-8 列出一些常用的掩蔽剂和被掩蔽的金属离子。例如，在 Al^{3+}、Ca^{2+}、Mg^{2+} 混合溶液中，加入三乙醇胺，并调节 pH 为 10.00，即可用 EDTA 测定 Ca^{2+}、Mg^{2+} 的总量。

表 5-8　常用的配位掩蔽剂

掩蔽剂	被掩蔽的金属离子	使用条件
三乙醇胺	Al^{3+}，Fe^{3+}，Sn^{4+}，TiO^{2+}，Mn^{2+}	酸性溶液中加入三乙醇胺然后调至 pH＝10.0
氟化物	Al^{3+}，Sn^{4+}，TiO^{2+}，ZrO^{2+}	溶液 pH＞4.0
氰化物	Cd^{2+}，Hg^{2+}，Cu^{2+}，Co^{2+}，Ni^{2+}，Fe^{2+}，Zn^{2+}	溶液 pH＞8.0
乙酰丙酮	Al^{3+}，Fe^{3+}	溶液 pH 为 5.0～6.0
邻二氮菲	Cu^{2+}，Ni^{2+}，Co^{2+}，Zn^{2+}	溶液 pH 为 5.0～6.0
柠檬酸	Bi^{3+}，Fe^{3+}，Sn^{4+}，Th^{4+}，Ti^{4+}，ZrO^{2+}	中性溶液

(2)沉淀掩蔽法：加入沉淀剂降低干扰离子的浓度，不必分离沉淀直接进行滴定的方法，称为沉淀掩蔽法。例如，在强碱性溶液中(pH＝12.00)，用 EDTA 滴定 Ca^{2+} 及 Mg^{2+} 混合溶液中的 Ca^{2+} 时，强碱与 Mg^{2+} 形成 $Mg(OH)_2$ 沉淀而不干扰 Ca^{2+} 的滴定，此时 OH^- 是 Mg^{2+} 的沉淀掩蔽剂。

沉淀掩蔽法不是一种理想的方法，它常存在沉淀不完全、被测离子共沉淀以及因吸附指示剂影响终点观察等缺点。

在配位滴定中，采取沉淀掩蔽法的实例如表 5-9 所示。

表 5-9　常用的沉淀掩蔽剂

掩蔽剂	被掩蔽离子	被滴定离子	pH	指示剂
硫酸盐	Ba^{2+}，Sr^{2+}	Ca^{2+}，Mg^{2+}	10.0	铬黑 T
NH_4F	Ba^{2+}，Sr^{2+}，Ca^{2+}，Mg^{2+}	Zn^{2+}，Cd^{2+}，Mn^{2+}	10.0	铬黑 T
H_2SO_4	Pb^{2+}	Bi^{3+}	1.0	二甲酚橙
硫化物或铜试剂	Cu^{2+}，Pb^{2+}，Bi^{3+}，Hg^{2+}，Cd^{2+}	Ca^{2+}，Mg^{2+}	10.0	铬黑 T
KI	Cu^{2+}	Zn^{2+}	5.0～6.0	PAN
NaOH	Mg^{2+}	Ca^{2+}	12.0	钙指示剂

(3)氧化还原掩蔽法：改变干扰离子的价态而消除干扰的方法，称为氧化还原掩蔽法。例如，$\lg K_f(FeY)(Ⅲ)=25.1$，$\lg K_f(FeY)(Ⅱ)=14.33$，说明 Fe^{3+} 与 EDTA 形成的配合物比 Fe^{2+} 与 EDTA 形成的配合物稳定得多。在 pH=1.00 时用 EDTA 滴定 Bi^{3+} 时，Fe^{3+} 干扰测定。可用羟胺(NH_2OH)或抗坏血酸等还原剂将 Fe^{3+} 还原为 Fe^{2+}，消除 Fe^{3+} 对 Bi^{3+} 滴定的干扰，以达到选择性滴定 Bi^{3+} 的目的。

常用的还原剂有抗坏血酸、羟胺、联胺、硫脲、$Na_2S_2O_3$ 等。

5.7　配位滴定法的应用

由于 EDTA-金属配合物一般均很稳定，加之可以采取直接、返滴定、置换滴定和间接滴定等多种方式进行配位滴定，因此可用配位滴定法测定周期表中大多数元素。改变滴定方式，在一些情况下还能提高配位滴定的选择性。

1. 滴定方式

(1)直接滴定：直接滴定方式是配位滴定中的基本滴定方式，这种方式是将样品处理成溶液后，调至所需的酸度，加入必要的其他试剂，直接用 EDTA 滴定。一般情况下，直接滴定法引入误差较小，所以只要条件允许，应尽量采用之。

例如水的总硬度测定：测定水的总硬度，就是测定水中 Ca^{2+}、Mg^{2+} 的总量 $c(Ca^{2+}+Mg^{2+})$。取适量体积水样 V，加 NH_3-NH_4Cl 缓冲溶液调节溶液的 pH=10.00，以铬黑 T 为指示剂，用 EDTA 标准溶液滴定至溶液由酒红色变为蓝色即为终点。根据所用 EDTA 标准溶液的体积，可算得水的总硬度：

$$c(Ca^{2+}+Mg^{2+})=\frac{c(EDTA)\cdot V(EDTA)}{V}$$

水中 Fe^{3+}、Al^{3+}、Cu^{2+} 等量较大时，对指示剂有封闭作用，对测定有干扰。Fe^{3+}、Al^{3+} 可用三乙醇胺掩蔽，Cu^{2+} 可用 KCN 或 Na_2S 等掩蔽。通常水中所含的上述离子极微，可不加掩蔽剂而不影响滴定。植物中钙、镁及土壤交换性钙等也可用此法进行测定。

(2)返滴定：在配位滴定中，有些待测离子虽然能与 EDTA 形成稳定的配合物，但对指示剂有封闭作用，或缺少合适的指示剂，或有些待测离子与 EDTA 配位反应的速率很慢，或本身易水解，此时可采用返滴定方式进行测定：即先加入过量的 EDTA 标准溶液，使待测离子完全反应后，再用其他金属离子标准溶液返滴定过量的 EDTA。

例如，铝盐不能用 EDTA 直接滴定，因为 Al^{3+} 与 EDTA 的配位速率太慢，且在滴定反应酸度下水解，还对二甲酚橙指示剂有封闭作用。采用返滴定法测定铝的含量时，先在酸性条件加入过量的 EDTA 标准溶液，煮沸几分钟，待配位反应完全后，调节 pH≈5.50，再用锌标准溶液返滴定剩余的 EDTA。

(3)析出法：若测定在有多种组分存在的试液中的一种组分，采用析出法不仅选择性高，而且简便。如测定土壤中铝含量时，土壤中共存的 Fe^{3+} 等金属离子对 Al^{3+} 的测定严重干扰。可首先采用返滴定法测定 Al^{3+} 与这些离子的总量，然后，再加入与 Al^{3+} 形成更稳定的配合物的选择性试剂 NaF，在加热情况下发生如下析出反应：

$$AlY^- + 6F^- + 2H^+ = AlF_6^{3-} + H_2Y^{2-}$$

结果析出与铝盐等物质的量的 EDTA。溶液冷却后再以 Zn^{2+} 标准溶液滴定析出的 EDTA，即得 Al^{3+} 的含量。此法测 Al^{3+} 的选择性较高，仅 Zr^{4+}、Ti^{4+}、Sn^{4+} 干扰测定。

析出法利用掩蔽剂提高了测定的选择性，不过它所掩蔽的不是干扰离子而是被测离子，而且是在被测离子与干扰离子均定量地与 EDTA 配位后再加入的，其结果是析出与被测组分等物质的量的 EDTA。

(4)置换滴定：Ag^+ 与 EDTA 配合物不稳定[$\lg K_f(AgY)=7.80$]，不能用 EDTA 直接滴定。若加入过量的 $Ni(CN)_4^{2-}$ 于含 Ag^+ 试液中，则发生如下置换反应：

$$2Ag^+ + Ni(CN)_4^{2-} = 2Ag(CN)_2^- + Ni^{2+}$$

此反应的平衡常数较大：

$$K=\frac{K_f^2\{Ag(CN)_2^-\}}{K_f\{Ni(CN)_4^{2-}\}}=\frac{(10^{21.1})^2}{10^{31.3}}=10^{10.9}$$

反应进行较完全。置换出的 Ni^{2+} 可用 EDTA 滴定法测定。例如，银币中 Ag 与 Cu 的测定：试样溶于硝酸后，加氨调 pH≈8.00，以紫脲酸胺为指示剂，用 EDTA 滴定 Cu^{2+}，然后调 pH≈10.00，加入过量 $Ni(CN)_4^{2-}$，再以 EDTA 滴定置换出的 Ni^{2+}，即得 Ag 的含量。

(5)间接滴定：有些金属离子和非金属离子不能与 EDTA 配位，可采用间接滴定测定。例如，K^+ 可沉淀为 $K_2Na[Co(ONO)_6]\cdot 6H_2O$，沉淀过滤溶解后，用 EDTA 滴定溶液中的 Co^{2+}，以间接测定 K^+ 的含量。

2. 标准溶液的配制和标定

(1)标准溶液的配制：常用 EDTA 标准溶液的浓度为 0.01～0.05 $mol\cdot L^{-1}$，一般用 EDTA 二钠盐 $Na_2H_2Y\cdot 2H_2O$ 配制，其摩尔质量为 372.24 $g\cdot mol^{-1}$。

若直接配制，必须先将 EDTA(G. R 或 A. R 试剂)在 80℃下干燥过夜或在 120℃下烘至恒重。

由于蒸馏水中含有杂质(Ca^{2+}、Mg^{2+}、Pb^{2+} 等)，EDTA 标准溶液的配制大都采用标定的方法，即先配制成近似浓度的溶液，然后用基准物质标定。

(2)标准溶液的标定：标定 EDTA 的基准物质很多，如 Zn、Cu、ZnO、$CaCO_3$ 及 $MgSO_4\cdot 7H_2O$ 等，所选基准物最好与被测物一致，以减小测定误差。

金属锌的纯度高又稳定，Zn^{2+} 及 ZnY 均无色，既能在 pH＝5.00～6.00 时以二甲酚橙为指示剂来标定，又可在 pH＝10.00 的氨性溶液中以铬黑 T 为指示剂来标定，终点均很敏锐，所以实验室中多被采用。

金属锌的表面有一层氧化物，应用 HCl 洗涤两三次，然后用蒸馏水洗净，再用丙酮漂洗一两次，沥干后于 110℃烘干 5 min 备用。

EDTA 标准溶液应贮存在聚乙烯或硬质玻璃瓶中。若在软质玻璃瓶中存放，玻璃中的 Ca^{2+} 会被 EDTA 溶解(形成 CaY)，从而使 EDTA 的浓度不断降低。较长时间保存的 EDTA 标准溶液，在使用前应重新标定。

本章小结

林邦利用副反应系数及条件平衡常数处理复杂平衡体系的方法，被化学界称为一“卓越成就”，广泛应用于各类复杂的平衡体系。本章利用这种方法，重点讨论了单一离子配位滴定问题(不考虑金属离子的副反应)。

配体酸效应是单一离子配位滴定中最重要的副反应。酸效应系数 $\alpha_{Y(H)}$ 定量说明了酸效应的强弱，条件稳定常数 K_f' 定量说明了酸效应对配位反应完全程度的影响；pH 越低，$\alpha_{Y(H)}$ 越大，K_f' 则越小，反应完全程度越低，滴定之突跃范围越小。再考虑金属离子水解效应及酸效应对指示剂的影响，可知适宜的介质酸度，是配位滴定中最重要的反应条件。在适宜酸度下：

(1)保证 $\{c/c^{\ominus}\} \cdot K_f'(MY) \geqslant 10^6$，即能保证存在酸效应条件下，滴定突跃仍能足够大。同时应不发生水解效应。

(2)保证 $pM_{变}$ 与 $pM_{计}$ 尽量接近，$pM_{变}$ 落在突跃范围内。

(3)保证指示剂 In 与其金属配合物 MIn 颜色有明显差别。

关于混合离子的滴定，本章只简单介绍了如何利用沉淀掩蔽法测定 Ca^{2+}、Mg^{2+} 混合液中的 Ca^{2+} 这一重要测定实例。

应掌握 EDTA 标准溶液的配制方法，了解各种配位滴定方式，为后继土壤、农化分析课打好基础。

思　考　题

5-1　EDTA 与金属离子形成的配合物具有哪些特点？

5-2　配合物的稳定常数与条件稳定常数有什么不同？哪些条件影响配合物的条件稳定常数的大小？

5-3　EDTA 配位滴定过程中，影响突跃范围大小的主要因素有哪些？

5-4　金属指示剂的作用原理如何？它应具备什么条件？选择金属指示剂的依据是什么？

5-5　在配位滴定中控制适当的酸度有什么意义？实际应用时应如何全面考虑选择滴定时的 pH？

5-6　什么是指示剂的封闭和僵化现象？它对配位滴定有何影响？如何消除？

5-7　配位滴定中，在什么情况下需采用直接滴定之外的其他滴定方式？试举例说明。

5-8　白云石是一种碳酸盐岩石，主要成分为碳酸钙和碳酸镁。常采用配位滴定测定白云石中的钙、镁含量。若试样经盐酸溶解后，调节 pH=10.00，可用 EDTA 滴定 Ca^{2+}、Mg^{2+} 的总量，试解释为什么？若另取一份试液，调节 pH>12.00，可用 EDTA 单独滴定 Ca^{2+}，试解释为什么？若另取一份试液，调节 pH≈8.00，用 EDTA 滴定，可测定什么？为什么？

5-9　当 M 与 Y 反应时，溶液中有另一配位剂 L 存在，若 $\alpha_{M(L)}=1$，则

(1)M 与 L 没有副反应；

(2)M 与 L 的副反应严重；

(3)M 与 L 的副反应较弱。

5-10 下列有关配体酸效应的叙述正确的是:

(1)酸效应系数越大,配合物稳定性越大;

(2)酸效应系数越小,配合物稳定性越大;

(3)介质 pH 越高,酸效应系数越大;

(4)酸效应系数越大,配位滴定的 pM 突跃范围越大。

5-11 EDTA 是________的简称,它与金属离子形成螯合物时,螯合比一般为________。

5-12 计算 EDTA 二钠盐水溶液 pH 的近似公式是________(EDTA 相当于六元酸)。

5-13 金属指示剂 PAN 在溶液中存在下列平衡:

$$\underset{(黄)}{HIn^-} \underset{}{\overset{pK_a=12.4}{\rightleftharpoons}} H^+ + \underset{(红)}{In^{2-}}$$

它与金属离子形成的配合物显红色。使用该指示剂的 pH 范围是________。

练 习 题

5-1 计算 pH=4.50 时,用 $c(H_2Y^{2-})=0.020\ 00\ mol \cdot L^{-1}$ EDTA 溶液滴定 $0.020\ 00\ mol \cdot L^{-1}$ $NiCl_2$ 溶液达化学计量点时 pNi 值。

5-2 计算 pH=5.00 时,Mg^{2+} 与 EDTA 形成的配合物的条件稳定常数是多少?此时 Mg^{2+} 能否用 EDTA 准确滴定?当 pH=10.00 时,情况如何?

5-3 试求用 $c(H_2Y^{2-})=0.020\ 00\ mol \cdot L^{-1}$ EDTA 标准溶液滴定浓度各为 $0.020\ 00\ mol \cdot L^{-1}$ 的 Fe^{3+} 或 Fe^{2+} 溶液时,各自所允许的最低 pH。

5-4 计算 $c(H_2Y^{2-})=0.020\ 00\ mol \cdot L^{-1}$ EDTA 滴定同浓度 Mn^{2+} 时所允许的最低酸度和最高酸度。

5-5 取水样 100.00 mL,控制溶液 pH 为 10.00,以铬黑 T 为指示剂,用 21.56 mL $c(H_2Y^{2-})=0.010\ 00\ mol \cdot L^{-1}$ EDTA 滴定至终点。求水的总硬度。

5-6 称取 0.500 0 g 煤试样,灼烧并使硫完全氧化为 SO_4^{2-},处理成溶液并除去重金属离子后,加入 $c(BaCl_2)=0.050\ 00\ mol \cdot L^{-1}$ 氯化钡溶液 20.00 mL,使之生成 $BaSO_4$ 沉淀。过滤后,滤液中的 Ba^{2+} 用 $c(H_2Y^{2-})=0.025\ 00\ mol \cdot L^{-1}$ EDTA 滴定,用去 20.00 mL。计算煤试样中硫的质量分数。

5-7 在含有 Zn^{2+} 和 Ni^{2+} 的 25.00 mL 溶液中,加入 50.00 mL $c(H_2Y^{2-})=$

0.012 50 mol · L^{-1} EDTA 溶液，过量的 EDTA 用 $c(MgCl_2)=0.010\ 00$ mol · L^{-1} 的氯化镁溶液 7.50 mL 返滴定至终点。再加入过量的二巯基丙醇(BAL)，它只从 ZnY^{2-} 中置换 Zn^{2+}：

$$2H^+ + ZnY^{2-} + BAL = ZnBAL^{2+} + H_2Y^{2-}$$

用 $c(MgCl_2)=0.010\ 00$ mol · L^{-1} 的氯化镁溶液 21.50 mL 滴定游离出来的 EDTA 至终点，计算溶液中 Zn^{2+} 和 Ni^{2+} 的浓度。

5-8　称取 0.500 0 g 黏土样品，碱熔后分离除去 SiO_2，定容成 250.0 mL 溶液。吸取该溶液 25.00 mL，在 pH≈2.00 时，用 $c(H_2Y^{2-})=0.010\ 00$ mol · L^{-1} 的 EDTA 滴定 Fe^{3+} 至磺基水杨酸指示剂变色，需用 3.10 mL。滴定后的溶液中，加入过量的 EDTA，调节 pH 至 5.00～6.00，使 Al^{3+} 充分配合后，用 $c(Zn^{2+})=0.010\ 30$ mol · L^{-1} 锌标准溶液滴定过量的 EDTA。然后加入固体 NH_4F 煮沸，使 AlY^- 中的 EDTA 被 F^- 定量置换出来。最后需用上述 Zn^{2+} 标准溶液 17.10 mL 滴定至终点。计算黏土样品中 Fe_2O_3 和 Al_2O_3 的质量分数。

5-9　称取含磷试样 0.201 4 g，溶解后，将其中的 PO_4^{3-} 沉淀为 $MgNH_4PO_4$。沉淀经过滤洗涤后用盐酸溶解，加入过量的 $c(H_2Y^{2-})=0.021\ 13$ mol · L^{-1} EDTA 溶液，调节 pH=10.00，以铬黑 T 为指示剂，用锌标准溶液回滴到溶液的蓝色开始消失为终点。消耗于镁(来自 $MgNH_4PO_4$)的 EDTA 溶液为 20.14 mL，计算试样中 P_2O_5 的质量分数。

5-10　拟定分析方案，测定自来水中 CaO 的含量(水中有少量杂质 Fe^{3+})。写出所用试剂、条件及主要步骤。

5-11　Al^{3+} 配位滴定测定方法是先加入过量的 EDTA 标准溶液于酸性试剂中，调节 pH≈3.50，并加热煮沸数分钟，冷却后调节 pH 为 5.00～6.00，加入二甲酚橙指示剂，用 Zn^{2+} 标准溶液返滴过量的 EDTA。计算 pH=5.00 时的 $K_f'(AlY)$、滴定的最低 pH 和最高 pH，并说明为何不采用直接滴定法测 Al^{3+}。

5-12　A powder contains only a soluble sulfate salt and inert salts. A sample weight of 1.240 0 g is dissolved in water and subsequently treated with 50.00 mL of 0.200 0 mol · L^{-1} $BaCl_2$ solution. The precipitate is eventually filtered off and washed. The filtrate is brought to the proper buffered pH condition and diluted to exactly 100.00 mL. A 50.00 mL aliquot is titrated under proper condition with 0.100 0 mol · L^{-1} EDTA. The end point is reached at 22.35 mL of EDTA solution. Calculate the mass fraction of Na_2SO_4.

第 6 章　氧化还原滴定法
Oxidation /Reduction Titration

氧化还原滴定法是以氧化还原反应为基础,用氧化剂或还原剂为滴定剂的一种滴定分析法。该方法应用广泛,不但能直接测定具有氧化性、还原性的物质,而且能间接测定一些非氧化还原性的物质;不仅能测定无机物,也能测定一些有机物。在农业分析中,常用此法测定土壤有机质、铁的含量以及农药中砷、铜的含量等。

不是所有氧化还原反应都可直接用于滴定分析,这是由于大多数氧化还原反应机理复杂,反应速率缓慢、常伴有副反应,且条件不同时生成产物不同。对于这些反应,必须注意创造和严格控制反应条件,才可能应用于氧化还原滴定中。

6.1　氧化还原反应(Oxidation /Reduction Reactions)

氧化还原反应是元素的氧化数发生变化的反应。水溶液中,物质氧化还原能力的强弱,可用有关电对的电极电势进行比较。电极电势越高,该电对中的氧化态物质的氧化能力越强(还原态物质的还原能力越弱);电极电势越低,该电对中的还原态物质的还原能力越强(氧化态物质的氧化能力越弱)。氧化还原反应的自发方向是强的氧化剂与强的还原剂反应生成弱的还原剂与弱的氧化剂。

氧化还原电对通常可分为可逆电对与不可逆电对两大类。可逆电对是反应中氧化态和还原态物质能很快建立平衡的电对,如 Fe^{3+}/Fe^{2+}、Ce^{4+}/Ce^{3+}、I_2/I^- 等,其电极电势严格遵从能斯特方程。不可逆电对是反应中不能真正建立起按氧化还原反应式中所示的平衡,实际电极电势与理论计算值相差较大的电对,如 MnO_4^-/Mn^{2+}、$Cr_2O_7^{2-}/Cr^{3+}$、$CO_2/H_2C_2O_4$、$S_4O_6^{2-}/S_2O_3^{2-}$ 等。

6.1.1　氧化还原反应进行的程度及条件平衡常数 K'

对于水溶液中的氧化还原反应

$$a\,Ox_1 + b\,Red_2 = a'\,Red_1 + b'\,Ox_2$$

其平衡常数表达式为:

$$K = \frac{\{a(Red_1)\}^{a'} \cdot \{a(Ox_2)\}^{b'}}{\{a(Ox_1)\}^{a} \cdot \{a(Red_2)\}^{b}}$$

其中 a 称为表观浓度(活度),当溶液中含有浓度较大的高价离子或其他强电解质时,离子强度较高,使得氧化态、还原态物质的分析浓度与活度相差较大。通常可利用活度系数 γ 对浓度进行校正。

$$a(\mathrm{Ox})=\gamma(\mathrm{Ox})\cdot c(\mathrm{Ox})$$
$$a(\mathrm{Red})=\gamma(\mathrm{Red})\cdot c(\mathrm{Red})$$

若忽略活度与浓度的差别,上式可近似写为:

$$K=\frac{\{c(\mathrm{Red_1})/c^{\ominus}\}^{a'}\cdot\{c(\mathrm{Ox_2})/c^{\ominus}\}^{b'}}{\{c(\mathrm{Ox_1})/c^{\ominus}\}^{a}\cdot\{c(\mathrm{Red_2})/c^{\ominus}\}^{b}}$$

一定温度下 K 是与浓度无关的常数,表示反应达到平衡状态时,$\mathrm{Ox_1}$、$\mathrm{Red_1}$ 与 $\mathrm{Ox_2}$、$\mathrm{Red_2}$ 各型体平衡浓度之间的关系,K 越大,表示反应进行完全的趋势越大。但若反应物 $\mathrm{Ox_1}$、$\mathrm{Red_2}$ 有副反应发生,它们主要以其他型体存在时,虽然反应的 K 值保持恒定,但平衡必然逆向移动,反应 $a\mathrm{Ox_1}+b\mathrm{Red_2}=a'\mathrm{Red_1}+b'\mathrm{Ox_2}$ 的完全程度必然降低;反之,若 $\mathrm{Ox_2}$、$\mathrm{Red_1}$ 有副反应发生,则反应的完全程度升高。例如:298 K 时,反应

$$2Fe^{3+}+2I^-=2Fe^{2+}+I_2,\qquad K=6.3\times10^{7}$$

但若系统中含有 F^-,由于反应物 Fe^{3+} 发生副反应:

$$Fe^{3+}+6F^-=FeF_6^{3-}$$

正反应完全程度大大降低,甚至反应可逆向自发进行。所以 K 不能反映有副反应发生条件下反应的完全程度,这使得对平衡的定量处理十分困难。

为解决有副反应发生时氧化还原反应的问题,可应用林邦对复杂平衡系统的处理方法,类似于对复杂配位平衡的处理,首先利用各物种的副反应系数将各型体平衡浓度校正为各物种平衡时各种存在型体的总浓度(分析浓度):氧化态(还原态)物质的副反应系数为溶液中氧化态(还原态)物质的分析浓度与其平衡浓度之比:

$$\alpha(\mathrm{Ox})=\frac{c'(\mathrm{Ox})}{c(\mathrm{Ox})}\tag{6-1}$$

$$\alpha(\mathrm{Red})=\frac{c'(\mathrm{Red})}{c(\mathrm{Red})}\tag{6-1$'$}$$

代入平衡关系表达式,得:

$$K=\frac{\left\{\dfrac{c'(\mathrm{Red_1})/c^{\ominus}}{\alpha(\mathrm{Red_1})}\right\}^{a'}\cdot\left\{\dfrac{c'(\mathrm{Ox_2})/c^{\ominus}}{\alpha(\mathrm{Ox_2})}\right\}^{b'}}{\left\{\dfrac{c'(\mathrm{Ox_1})/c^{\ominus}}{\alpha(\mathrm{Ox_1})}\right\}^{a}\cdot\left\{\dfrac{c'(\mathrm{Red_2})/c^{\ominus}}{\alpha(\mathrm{Red_2})}\right\}^{b}}$$

或：

$$K\times\frac{\alpha^{a'}(Red_1)\cdot\alpha^{b'}(Ox_2)}{\alpha^{a}(Ox_1)\cdot\alpha^{b}(Red_2)}=\frac{\{c'(Red_1)/c^{\ominus}\}^{a'}\cdot\{c'(Ox_2)/c^{\ominus}\}^{b'}}{\{c'(Ox_1)/c^{\ominus}\}^{a}\cdot\{c'(Red_2)/c^{\ominus}\}^{b}}$$

式中：各物种的浓度均为平衡时物种各存在型体的总浓度（分析浓度）。一定条件下，K 和副反应系数均为常数。令：

$$K'=K\times\frac{\alpha^{a'}(Red_1)\cdot\alpha^{b'}(Ox_2)}{\alpha^{a}(Ox_1)\cdot\alpha^{b}(Red_2)}\tag{6-2}$$

可得：

$$K'=\frac{\{c'(Red_1)/c^{\ominus}\}^{a'}\cdot\{c'(Ox_2)/c^{\ominus}\}^{b'}}{\{c'(Ox_1)/c^{\ominus}\}^{a}\cdot\{c'(Red_2)/c^{\ominus}\}^{b}}\tag{6-3}$$

若同时考虑活度与浓度的关系：$a^{eq}=\gamma c^{eq}$，则式(6-2)可写为：

$$K'=K\times\frac{\alpha^{a'}(Red_1)\cdot\alpha^{b'}(Ox_2)}{\alpha^{a}(Ox_1)\cdot\alpha^{b}(Red_2)}\times\frac{\gamma^{a}(Ox_1)\cdot\gamma^{b}(Red_2)}{\gamma^{a'}(Red_1)\cdot\gamma^{b'}(Ox_2)}\tag{6-2'}$$

K'称为氧化还原反应的条件平衡常数。一定条件下 K'是与浓度无关的常数，表征了平衡状态时参加反应的各物种各种型体总浓度之间的定量关系。若反应物发生了副反应，即 $\alpha(Ox_1)$、$\alpha(Red_2)$较大，则 K'较小，表示反应完全程度降低，若生成物发生副反应，则 K'较大，表示反应完全程度升高。所以，条件平衡常数科学地说明了有副反应发生时氧化还原反应的完全程度。

氧化还原反应的平衡常数与正、负电极标准电极电势之差的关系为：

$$\lg K=\frac{nF(\varphi_1^{\ominus}-\varphi_2^{\ominus})}{2.303RT}$$

为求得影响条件平衡常数的因素（不考虑离子强度的影响），可将式(6-2)代入上式，得：

$$\begin{aligned}\lg K'&=\frac{nF(\varphi_1^{\ominus}-\varphi_2^{\ominus})}{2.303RT}+\lg\frac{\alpha^{a'}(Red_1)}{\alpha^{a}(Ox_1)}-\lg\frac{\alpha^{b}(Red_2)}{\alpha^{b'}(Ox_2)}\\&=\frac{nF(\varphi_1^{\ominus}-\varphi_2^{\ominus})}{2.303RT}+\frac{nF}{2.303RT}\cdot\frac{2.303RT}{nF}\left[\lg\frac{\alpha^{a'}(Red_1)}{\alpha^{a}(Ox_1)}-\lg\frac{\alpha^{b}(Red_2)}{\alpha^{b'}(Ox_2)}\right]\\&=\frac{nF}{2.303RT}\left\{\left[\varphi_1^{\ominus}+\frac{2.303RT}{nF}\lg\frac{\alpha^{a'}(Red_1)}{\alpha^{a}(Ox_1)}\right]-\left[\varphi_2^{\ominus}+\frac{2.303RT}{nF}\lg\frac{\alpha^{b}(Red_2)}{\alpha^{b'}(Ox_2)}\right]\right\}\end{aligned}$$

令：　$\varphi_1^{\ominus\prime}=\varphi_1^{\ominus}+\dfrac{2.303RT}{nF}\lg\dfrac{\alpha^{a'}(Red_1)}{\alpha^{a}(Ox_1)}$，$\varphi_2^{\ominus\prime}=\varphi_2^{\ominus}+\dfrac{2.303RT}{nF}\lg\dfrac{\alpha^{b}(Red_2)}{\alpha^{b'}(Ox_2)}$

得：

$$\lg K'=\frac{nF(\varphi_1^{\ominus\prime}-\varphi_2^{\ominus\prime})}{2.303RT} \tag{6-4}$$

式中：$\varphi^{\ominus\prime}$称为电极的条件电极电势。氧化还原反应的条件平衡常数决定于正、负极条件电极电势的差。一般来讲，若二者的差值大于 0.4 V，则反应完全程度可满足氧化还原滴定分析的要求。

6.1.2　条件电极电势(Conditional Electrode Potential)

由以上推导过程可知，对于电极 $a\mathrm{Ox}+ne^-=a'\mathrm{Red}$，条件电极电势

$$\varphi^{\ominus\prime}=\varphi^{\ominus}+\frac{2.303RT}{nF}\lg\frac{\alpha^{a'}(\mathrm{Red})}{\alpha^{a}(\mathrm{Ox})} \tag{6-5}$$

若同时考虑活度与浓度的差异，则：

$$\varphi^{\ominus\prime}=\varphi^{\ominus}+\frac{2.303RT}{nF}\lg\frac{\alpha^{a'}(\mathrm{Red})\cdot\gamma^{a}(\mathrm{Ox})}{\alpha^{a}(\mathrm{Ox})\cdot\gamma^{a'}(\mathrm{Red})} \tag{6-5′}$$

条件电极电势是在特定反应条件下，氧化态、还原态物质的分析浓度 $c'(\mathrm{Ox})$、$c'(\mathrm{Red})$均为 $1\ \mathrm{mol\cdot L^{-1}}$ 时，校正了各种外界因素(离子强度、各种副反应)后电极的电极电势。在条件不变时，它是与 $c'(\mathrm{Ox})$、$c'(\mathrm{Red})$无关的常数。与标准电极电势相比，条件电极电势更科学地反映了一定外界条件下，当氧化态、还原态物质的分析浓度 $c'(\mathrm{Ox})$、$c'(\mathrm{Red})$均为 $1\ \mathrm{mol\cdot L^{-1}}$ 时，氧化态(还原态)物质的氧化(还原)能力的强弱，不但对判断一定条件下氧化还原反应的完全程度，而且对反应方向的判断均有重要意义。

若以氧化态型体、还原态型体的浓度代替活度，即不考虑离子强度的影响，并且不考虑副反应的影响，电极电势近似利用能斯特方程计算：

$$\varphi=\varphi^{\ominus}+\frac{2.303RT}{nF}\lg\frac{\{c(\mathrm{Ox})/c^{\ominus}\}^{a}}{\{c(\mathrm{Red})/c^{\ominus}\}^{a'}}$$

所得结果往往与实测值不吻合。若用条件电极电势代替标准电极电势代入能斯特方程：

$$\varphi=\varphi^{\ominus\prime}-\frac{2.303RT}{nF}\lg\frac{\gamma^{a}(\mathrm{Ox})\cdot\alpha^{a'}(\mathrm{Red})}{\gamma^{a'}(\mathrm{Red})\cdot\alpha^{a}(\mathrm{Ox})}+\frac{2.303RT}{nF}\lg\frac{\{a(\mathrm{Ox})\}^{a}}{\{a(\mathrm{Red})\}^{a'}}$$

根据氧化态型体或还原态型体的活度 a 与其多种存在型体的总浓度 c'的关系：

$$a=(c'/c^{\ominus})\cdot\gamma/\alpha$$

上式可改写为：

$$\varphi=\varphi^{\ominus\prime}+\frac{2.303RT}{nF}\lg\frac{\{c'(\mathrm{Ox})/c^{\ominus}\}^{a}}{\{c'(\mathrm{Red})/c^{\ominus}\}^{a'}} \tag{6-6}$$

式(6-6)中，以条件电极电势替代了标准电极电势、以总浓度替代了参加氧化还原反应的氧化态、还原态物质的活度，实际利用活度系数和副反应系数已将总浓度校正为参加反应的氧化态、还原态物质的活度，不仅使得计算简单方便，而且计算结果必与实测值十分吻合。

条件电极电势可由电对的标准电极电势、活度系数和副反应系数计算。但当溶液中离子强度较大时，活度系数不易求得，副反应较多时，副反应系数的计算也很困难，所以条件电极电势一般是通过实验测定的。一些电对的条件电极电势值见书后附录。在无电对的 $\varphi^{\ominus\prime}$数据时，可用相近条件的 $\varphi^{\ominus\prime}$或 $\varphi^{\ominus}$ 近似计算。详见表 6-1。

表 6-1　不同介质中 Fe^{3+}/Fe^{2+} 电对的条件电极电势

介质	$HClO_4$/(1 mol·L^{-1})	HCl/(1 mol·L^{-1})	H_2SO_4/(1 mol·L^{-1})	H_2SO_4/(1 mol·L^{-1})+H_3PO_4/(0.5 mol·L^{-1})	H_3PO_4/(1 mol·L^{-1})	HF/(1 mol·L^{-1})
$\varphi^{\ominus\prime}$/V	0.71	0.70	0.68	0.61	0.44	0.32

【例 6.1】 计算 298 K，在 $c(HCl)=1\ mol\cdot L^{-1}$ 的盐酸介质中，用 Fe^{2+} 将 $c(K_2Cr_2O_7)=0.100\ mol\cdot L^{-1}$ 的重铬酸钾还原 50%时的 $\varphi(Cr_2O_7^{2-}/Cr^{3+})$(忽略体积变化)。

解：

$$Cr_2O_7^{2-}+6Fe^{2+}+14H^+=2Cr^{3+}+6Fe^{3+}+7H_2O$$

当 50%$K_2Cr_2O_7$ 被还原时：

$$c'(Cr_2O_7^{2-})=0.050\ 0\ mol\cdot L^{-1}\quad c'(Cr^{3+})=0.100\ mol\cdot L^{-1}$$

此介质条件下，$\varphi^{\ominus\prime}(Cr_2O_7^{2-}/Cr^{3+})=1.00\ V$

$$Cr_2O_7^{2-}+14H^++6e^-=2Cr^{3+}+7H_2O$$

所以 $\varphi(Cr_2O_7^{2-}/Cr^{3+})=\varphi^{\ominus\prime}(Cr_2O_7^{2-}/Cr^{3+})+\frac{2.303RT}{6F}\lg\frac{c'(Cr_2O_7^{2-})/c^{\ominus}}{\{c'(Cr^{3+})/c^{\ominus}\}^2}$

$$=1.00\ V+\frac{0.059\ V}{6}\times\lg\frac{0.050\ 0}{0.100^2}=1.01\ V$$

例中，用条件电极电势计算时，能斯特方程对数项中不含 $c(H^+)$，因为对有 H^+ 或 OH^- 参加反应的电极，$c(H^+)$或 $c(OH^-)$已作为介质条件包含在 $\varphi^{\ominus\prime}$之中了。

一定条件下，若两电对的 $\varphi^{\ominus\prime}$ 值相差较大，则用改变反应物分析浓度的方法很难改变反应方向。通常可根据 $\varphi^{\ominus\prime}$ 对一定条件下发生的氧化还原反应方向做出判断。

6.1.3　副反应对 $\varphi^{\ominus\prime}$ 及氧化还原方向的影响

条件电极电势的大小除决定于物质的本性外，还与反应条件密切相关，特别与副反应的影响有关。

1.沉淀反应的影响　若向一电极中加入一种可与氧化态或还原态物质发生沉淀反应的试剂，由于副反应的发生降低了氧化态或还原态物质的平衡浓度，必使电对的条件电极电势降低或升高，影响氧化态或还原态物质的氧化还原能力，甚至可以影响氧化还原反应的方向。

【例 6.2】　忽略离子强度的影响，计算 $c(I^-)=1\ mol\cdot L^{-1}$ 时，Cu^{2+}/Cu^+ 电对的条件电极电势，并判断反应 $2Cu^{2+}+4I^-=2CuI\downarrow+I_2$ 能否正向自发进行？已知 $\varphi^{\ominus}(Cu^{2+}/Cu^+)=0.17\ V$，$\varphi^{\ominus}(I_2/I^-)=0.54\ V$，$K_{sp}^{\ominus}(CuI)=1.1\times10^{-12}$。

解：

因 $\varphi^{\ominus}(Cu^{2+}/Cu^+)<\varphi^{\ominus}(I_2/I^-)$，无副反应发生时，$Cu^{2+}$ 将不能氧化 I^-。但 Cu^+ 可与 I^- 生成 CuI 沉淀，使 $\varphi(Cu^{2+}/Cu^+)$ 改变。由能斯特方程：

$$\varphi(Cu^{2+}/Cu^+)=\varphi^{\ominus}(Cu^{2+}/Cu^+)+\frac{2.303RT}{F}\lg\frac{c(Cu^{2+})/c^{\ominus}}{c(Cu^+)/c^{\ominus}}$$

$$=\varphi^{\ominus}(Cu^{2+}/Cu^+)+\frac{2.303RT}{F}\lg\frac{c(Cu^{2+})/c^{\ominus}}{K_{sp}^{\ominus}(CuI)/\{c(I^-)/c^{\ominus}\}}$$

$$=\varphi^{\ominus}(Cu^{2+}/Cu^+)+\frac{2.303RT}{F}\lg\frac{c(I^-)/c^{\ominus}}{K_{sp}^{\ominus}(CuI)}+\frac{2.303RT}{F}\lg\{c(Cu^{2+})/c^{\ominus}\}$$

由条件电极电势定义可知，式中前两项即为一定 I^- 浓度时的 Cu^{2+}/Cu^+ 的条件电极电势。在 $c(I^-)=1\ mol\cdot L^{-1}$ 时，

$$\varphi^{\ominus\prime}(Cu^{2+}/Cu^+)=0.17\ V+0.059\ V\times\lg\frac{1}{1.1\times10^{-12}}=0.88\ V$$

因 $\varphi^{\ominus\prime}(Cu^{2+}/Cu^+)>\varphi^{\ominus}(I_2/I^-)$，所以反应 $2Cu^{2+}+4I^-=2CuI\downarrow+I_2$ 能正向自发。此反应是碘量法测定铜含量时的基本反应。

2.配位反应的影响　水溶液中，与氧化态、还原态物质共存的其他离子或分子，常能与氧化态或还原态物质发生配位反应，使条件电极电势发生改变。一般情况是氧化态的金属离子生成的配合物较稳定，即 $\alpha(Ox)>\alpha(Red)$，从而引起条件电极电势的降低。例如，碘量法测铜时，Fe^{3+} 的存在会干扰 Cu^{2+} 的测定，因此一般先加入 NaF，由于 F^- 与氧化态物质 Fe^{3+} 生成很稳定的配合物 FeF_6^{3-}，使 $\varphi^{\ominus\prime}(Fe^{3+}/Fe^{2+})$

降至小于 0.54 V，于是 Fe^{3+} 便不能氧化 I^- 了。H_3PO_4 与 Fe^{3+} 也能生成稳定的配合物 $Fe(HPO_4)_2^-$，使 $\varphi^{\ominus\prime}(Fe^{3+}/Fe^{2+})$ 降低，提高了 Fe^{2+} 的还原能力，所以用 $K_2Cr_2O_7$ 滴定 Fe^{2+} 时，若溶液中有 H_3PO_4，可提高反应的完全程度。

也有还原态物质生成较稳定配合物的情况，此时因 $\alpha(Red)>\alpha(Ox)$，必使 $\varphi^{\ominus\prime}$ 值升高。如邻二氮菲亚铁配合物 $Fe(ph)_3^{2+}$ 比 $Fe(ph)_3^{3+}$ 稳定得多，当介质中含邻二氮菲时，$\varphi^{\ominus\prime}(Fe^{3+}/Fe^{2+})>\varphi^{\ominus}(Fe^{3+}/Fe^{2+})$。

3. 介质酸度的影响　酸度不但对有 H^+ 或 OH^- 直接参加电极反应的电对的 $\varphi^{\ominus\prime}$ 有影响，而且对很多氧化态或还原态物质具有酸(碱)性的电对的 $\varphi^{\ominus\prime}$ 也有影响，这是由于副反应的发生会影响氧化态或还原态物质的存在型体，从而改变它们的平衡浓度所致。例如，$H_3AsO_4/HAsO_2$ 电对的电极电势就同时受以上两个因素影响：

$$H_3AsO_4+2H^++2e^-\rightleftharpoons HAsO_2+2H_2O\quad(\varphi^{\ominus}=0.56\ V)$$

在电极反应中有 H^+ 参加，而且 H_3AsO_4 和 $HAsO_2$ 均为弱酸，只在强酸介质中才主要以 H_3AsO_4 和 $HAsO_2$ 型体存在，在 $pH>2.0$ 时必须考虑 H_3AsO_4 的离解，在 $pH>9.0$ 时还必须考虑 $HAsO_2$ 的离解。若忽略离子强度的影响，该电对的能斯特方程为：

$$\begin{aligned}\varphi&=\varphi^{\ominus}+\frac{2.303RT}{2F}\lg\frac{\{c(H^+)/c^{\ominus}\}^2\cdot\{c'(H_3AsO_4)/c^{\ominus}\}\cdot\alpha(HAsO_2)}{\{c'(HAsO_2)/c^{\ominus}\}\cdot\alpha(H_3AsO_4)}\\&=\varphi^{\ominus}+\frac{2.303RT}{2F}\lg\frac{\{c(H^+)/c^{\ominus}\}^2\cdot\alpha(HAsO_2)}{\alpha(H_3AsO_4)}\\&\quad+\frac{2.303RT}{2F}\lg\frac{\{c'(H_3AsO_4/c^{\ominus}\}}{\{c'(HAsO_2)/c^{\ominus}\}}\\&=\varphi^{\ominus\prime}+\frac{2.303RT}{2F}\lg\frac{\{c'(H_3AsO_4)/c^{\ominus}\}}{\{c'(HAsO_2)/c^{\ominus}\}}\end{aligned}$$

当 $c(H^+)=1\ mol\cdot L^{-1}$ 时，$\alpha(H_3AsO_4)\approx\alpha(HAsO_2)\approx1$

所以　　$\varphi^{\ominus\prime}\approx\varphi^{\ominus}=0.56\ V$

在 $pH=8.0$ 时，由于 $c(H^+)$ 的降低，H_3AsO_4 的离解度很大，$\alpha(H_3AsO_4)\gg1.0$，而这时 $\alpha(HAsO_2)\approx1.0$，$\varphi^{\ominus\prime}=-0.11\ V$，因此，反应 $H_3AsO_4+2H^++2I^-\rightleftharpoons HAsO_2+I_2+2H_2O$，在 $pH=0$ 的强酸性介质中正向自发，在 $pH=8.0$ 的介质中则逆向自发。

6.1.4　氧化还原反应的速率

由于氧化还原反应机理较复杂，所以有些氧化还原反应尽管完成程度很高，但反应速率很慢，不创造条件使其加速进行则不能用于滴定分析。一般可采用以下一些方法加快反应速率。

1.增加反应物浓度 氧化还原反应方程式只反映了反应物与生成物间的计量关系，并不能笼统地按总反应式的计量关系来判断浓度对反应速率的影响程度。但一般来说，反应物浓度越大，反应速率越快。例如，用 $K_2Cr_2O_7$ 为基准物质标定 $Na_2S_2O_3$ 标准溶液时，需首先利用下列反应析出一定量的 I_2：

$$Cr_2O_7^{2-}+6I^-+14H^+\rightleftharpoons 2Cr^{3+}+3I_2+7H_2O$$

此反应速率很慢，需几小时方可完成，所以通常加入5～6倍量的KI，并在较高酸度（$c(H_2SO_4)=0.4\ mol\cdot L^{-1}$）下进行，反应可在5 min内完成。

2.升高温度 对大多数反应来说，温度每升高10℃，反应速率就增加到原来的2～4倍。但要注意温度不能太高，否则可能发生其他副反应。如用 $KMnO_4$ 滴定 $H_2C_2O_4$ 时，要在75～85℃下进行，若超过85℃，在较高的酸度下，会使 $H_2C_2O_4$ 分解。而对易挥发物质如 I_2，则不能通过加热来加快反应速率。

3.使用催化剂 加入催化剂可改变原来的反应历程，降低反应的活化能，从而使得反应速率大大提高。如用 $K_2Cr_2O_7$ 法测土壤有机质时，需用 Ag^+ 作为催化剂，并在加热下进行。

上述 $KMnO_4$ 和 $H_2C_2O_4$ 的反应即使在75～85℃下进行，滴定刚开始时反应依然缓慢，但随后反应速率大大加快，原因是反应生成的 Mn^{2+} 对反应有催化作用。这种由于生成物本身引起催化作用的反应叫作自动催化反应。

4.诱导效应的影响 氧化还原滴定中有时还遇到由于一个氧化还原反应的发生，促进另一个氧化还原反应加快进行的现象，这种作用叫诱导效应（Induced Reaction）。例如，在酸性介质中 MnO_4^- 氧化 Cl^- 速率极慢：

$$2MnO_4^-+10Cl^-+16H^+=2Mn^{2+}+5Cl_2\uparrow+8H_2O \qquad (1)$$

但若溶液中同时含有 Fe^{2+}，由于反应

$$MnO_4^-+5Fe^{2+}+8H^+=2Mn^{2+}+5Fe^{3+}+4H_2O \qquad (2)$$

的发生，将使反应(1)大大加速。此例中，反应(2)对反应(1)的加速作用即为诱导效应，反应(1)称为受诱反应，反应(2)称为诱导反应，Fe^{2+} 称为诱导体，Cl^- 称为受诱体，MnO_4^- 称为作用体。

诱导效应与催化作用是不同的。催化剂参加反应后仍恢复原状，而受诱反应的发生增加了作用体的用量，会使分析结果产生误差。故用 $KMnO_4$ 标准溶液滴定 Fe^{2+} 时，介质应用硫酸，而不宜用盐酸调节酸度，以防受诱反应的发生使结果偏高。

6.2 氧化还原滴定基本原理(Principles of Oxidation/Reduction Titration)

在氧化还原滴定中,随滴定剂的逐滴加入,溶液中有关组分浓度不断变化,导致有关电对的电极电势也随之不断改变。在化学计量点附近,被测离子浓度变化率最大,引起氧化还原电对浓度比变化率最大,形成了电极电势的突跃。以加入的标准溶液的体积(或滴定百分数)为横坐标,溶液的电极电势为纵坐标作图,可得氧化还原滴定曲线。曲线形象地说明了滴定过程中溶液的电极电势,特别是计量点附近的电极电势变化的规律,可作为选择指示剂的依据。对于可逆对称电对(如 $Ce^{4+}+e^{-}=Ce^{3+}$,$Fe^{3+}+e^{-}=Fe^{2+}$ 等),即电极反应中氧化态和还原态物质的量相同的可逆电极间的滴定反应,滴定曲线可利用能斯特方程的计算结果作出。

6.2.1 氧化还原滴定曲线

298 K 时,在 $c(H_2SO_4)=1\ mol\cdot L^{-1}$ 的硫酸介质中,用 $c(Ce^{4+})=0.100\ 0\ mol\cdot L^{-1}$ 的硫酸铈标准溶液滴定 20.00 mL $c(Fe^{2+})=0.100\ 0\ mol\cdot L^{-1}$ 的硫酸亚铁,反应为可逆对称电对间的反应:

$$Ce^{4+}+Fe^{2+}=Ce^{3+}+Fe^{3+}$$

在此反应条件下,$\varphi^{\ominus\prime}(Ce^{4+}/Ce^{3+})=1.44\ V$,$\varphi^{\ominus\prime}(Fe^{3+}/Fe^{2+})=0.68\ V$。

1. 化学计量点前 滴定开始后,每加入一滴 Ce^{4+} 溶液,反应总是要进行到建立平衡状态为止,此时两电对的电势必定相等,可利用其中任何一个电对来计算溶液的电极电势。由于滴入的 Ce^{4+} 几乎全被还原为 Ce^{3+},所以 Ce^{4+} 的浓度不易求得,这时通过计算 $\varphi^{\ominus}(Fe^{3+}/Fe^{2+})$ 求得溶液的电极电势较为方便。

例如,滴入 Ce^{4+} 标准溶液 19.98 mL,即终点误差为 -0.1% 时,

$$c'(Fe^{3+})=0.100\ 0\ mol\cdot L^{-1}\times\frac{19.98\ mL}{19.98\ mL+20.00\ mL}$$

$$c'(Fe^{2+})=0.100\ 0\ mol\cdot L^{-1}\times\frac{20.00\ mL-19.98\ mL}{19.98\ mL+20.00\ mL}$$

算得

$$\frac{c'(Fe^{3+})}{c'(Fe^{2+})}\approx 10^{3}$$

得 $\varphi(Fe^{3+}/Fe^{2+})=\varphi^{\ominus\prime}(Fe^{3+}/Fe^{2+})+\frac{2.303RT}{F}\lg\frac{c'(Fe^{3+})/c^{\ominus}}{c'(Fe^{2+})/c^{\ominus}}$

$$\approx 0.68\ V+3\times 0.059\ V=0.86\ V$$

2. 化学计量点　由于化学计量点时反应物的浓度很小且不易直接求得，故要根据有关组分的浓度关系，由两个电对的能斯特方程联立求得。对于对称性氧化还原反应：

$$n_2\mathrm{Ox}_1 + n_1\mathrm{Red}_2 \rightleftharpoons n_1\mathrm{Ox}_2 + n_2\mathrm{Red}_1$$

半反应为

$$\mathrm{Ox}_1 + n_1\mathrm{e}^- \rightleftharpoons \mathrm{Red}_1;\varphi_1 = \varphi_1^{\ominus\prime} + \frac{2.303RT}{n_1F}\lg\frac{\{c'(\mathrm{Ox}_1)/c^{\ominus}\}}{\{c'(\mathrm{Red}_1)/c^{\ominus}\}}$$

$$\mathrm{Ox}_2 + n_2\mathrm{e}^- \rightleftharpoons \mathrm{Red}_2;\varphi_2 = \varphi_2^{\ominus\prime} + \frac{2.303RT}{n_2F}\lg\frac{\{c'(\mathrm{Ox}_2)/c^{\ominus}\}}{\{c'(\mathrm{Red}_2)/c^{\ominus}\}}$$

因为

$$\varphi_{计} = \varphi_1 = \varphi_2$$

所以 $(n_1+n_2)\varphi_{计} = n_1\varphi_1^{\ominus\prime} + n_2\varphi_1^{\ominus\prime} + \dfrac{2.303RT}{F}\lg\dfrac{\{c'(\mathrm{Ox}_1)/c^{\ominus}\}\cdot\{c'(\mathrm{Ox}_2)/c^{\ominus}\}}{\{c'(\mathrm{Red}_1)/c^{\ominus}\}\cdot\{c'(\mathrm{Red}_2)/c^{\ominus}\}}$

又因在计量点时

$$\frac{c'(\mathrm{Ox}_2)}{c'(\mathrm{Red}_1)} = \frac{n_1}{n_2};\quad \frac{c'(\mathrm{Ox}_1)}{c'(\mathrm{Red}_2)} = \frac{n_2}{n_1}$$

故可得：

$$\varphi_{计} = \frac{n_1\varphi_1^{\ominus\prime} + n_2\varphi_2^{\ominus\prime}}{n_1+n_2} \tag{6-7}$$

根据式(6-7)，可算得在 $c(H_2SO_4) = 1\ \mathrm{mol\cdot L^{-1}}$ 的硫酸介质中，反应 $Ce^{4+} + Fe^{2+} = Ce^{3+} + Fe^{3+}$ 在化学计量点时，溶液的电极电势：

$$\varphi_{计} = \frac{0.68\ \mathrm{V} + 1.44\ \mathrm{V}}{2} = 1.06\ \mathrm{V}$$

显然，对称性氧化还原反应的化学计量点电势与有关组分的浓度无关。不对称性氧化还原反应的 $\varphi_{计}$ 与有关组分的浓度有关，这里不再介绍。

3. 化学计量点后　由于 Fe^{2+} 几乎全被氧化成 Fe^{3+}，溶液中剩余的 $c(Fe^{2+})$ 不易求得，故由 $c'(Ce^{4+})/c'(Ce^{3+})$ 比值计算计量点后各点的电势较为方便。例如滴入 Ce^{4+} 标准溶液 20.02 mL，即当终点误差为 +0.1% 时：

$$c'(Ce^{3+}) = 0.100\ 0\ \mathrm{mol\cdot L^{-1}} \times \frac{20.00\ \mathrm{mL}}{20.00\ \mathrm{mL} + 20.02\ \mathrm{mL}}$$

$$c'(Ce^{4+}) = 0.100\ 0\ \mathrm{mol\cdot L^{-1}} \times \frac{20.02\ \mathrm{mL} - 20.00\ \mathrm{mL}}{20.00\ \mathrm{mL} + 20.02\ \mathrm{mL}}$$

算得：

$$c'(Ce^{4+})/c'(Ce^{3+}) \approx 10^{-3}$$

所以 $\varphi(Ce^{4+}/Ce^{3+}) = \varphi^{\ominus\prime}(Ce^{4+}/Ce^{3+}) + \dfrac{2.303RT}{F}\lg\dfrac{c'(Ce^{4+})/c^{\ominus}}{c'(Ce^{3+})/c^{\ominus}}$

$$= 1.44\ V - 3\times 0.059\ V = 1.26\ V$$

化学计量点前后的其余各点可用同样的方法计算而得，结果列入表 6-2 中。

表 6-2　$c(Ce^{4+})=0.1000\ mol\cdot L^{-1}$ Ce^{4+} 溶液滴定 20.00 mL $c(Fe^{2+})=0.1000\ mol\cdot L^{-1}$ Fe^{2+}

$V(Ce^{4+})$/mL	滴定百分数	φ/V	$V(Ce^{4+})$/mL	滴定百分数	φ/V	
1.00	5.0	0.60	19.98	99.9	0.86	突跃范围
2.00	10.0	0.62	20.00	100.0	1.06	突跃范围
4.00	20.0	0.64	20.02	101.0	1.26	突跃范围
8.00	40.0	0.67	20.20	101.0	1.32	
10.00	50.0	0.68	22.00	110.0	1.38	
12.00	60.0	0.69	30.00	150.0	1.42	
18.00	90.0	0.74	40.00	200.0	1.44	
19.80	99.0	0.80				

根据表 6-2 的数据可作出滴定曲线，如图 6-1 所示。由图 6-1 可见，化学计量点前后，滴入的 Ce^{4+} 溶液从仅仅不足 0.02 mL(半滴)到超过 0.02 mL，电势值由 0.86 V 猛增至 1.26 V，即在 ±0.1% 误差范围内产生了 0.40 V 的电势突跃。

从以上讨论可知，298 K 时，对称的氧化还原反应 $n_2Ox_1 + n_1Red_2 = n_1Ox_2 + n_2Red_1$ 在终点误差为 ±0.1% 时，滴定突跃为：$\left(\varphi_2^{\ominus\prime} + \dfrac{3\times 0.059}{n_2}\right)$ V ～ $\left(\varphi_1^{\ominus\prime} - \dfrac{3\times 0.059}{n_1}\right)$ V，即氧化还原滴定中，突跃范围的大小主要决定于两电对条件电极电势的差值，差值越大，即反应的完全程度越高，突跃范围就越大。由于条件电极电势随溶液的性质而改变，故同一滴定反应在不同的介质中进行，其计量点电势及突跃范围的大小不同。例如，滴定反应 $Ce^{4+} + Fe^{2+} =$

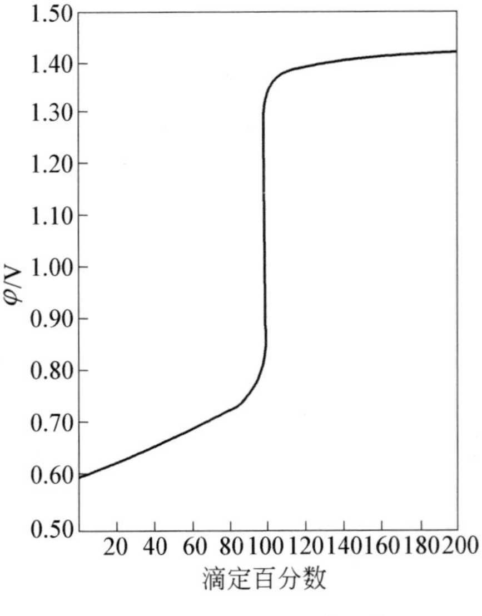

图 6-1　0.1000 mol · L^{-1} Ce^{4+} 滴定 0.1000 mol · L^{-1} Fe^{2+} 的滴定曲线

$Ce^{3+}+Fe^{3+}$，若在 $c(H_2SO_4)=1\ mol\cdot L^{-1}$ 的硫酸$+c(H_3PO_4)=0.5\ mol\cdot L^{-1}$ 的磷酸介质中进行，由于 $Fe(HPO_4)_2^-$ 配合物的生成，$\varphi^{\ominus\prime}(Fe^{3+}/Fe^{2+})$ 降低至 0.61 V，使滴定反应 K' 值增大，突跃范围向下延伸，增大到 0.78～1.26 V。

6.2.2　氧化还原滴定中的指示剂

氧化还原滴定可用指示剂来指示终点。根据指示剂变色原理的不同，氧化还原滴定中常用的指示剂可分为以下几种类型：

1. 氧化还原指示剂　氧化还原指示剂是一类本身可以发生氧化还原反应的物质，其氧化态 In(Ox)和还原态 In(Red)具有不同的颜色。在滴定过程中，随滴定剂的加入，溶液电极电势不断发生变化，指示剂或被氧化或被还原，使得在计量点附近由一种颜色变为另一种颜色。设指示剂的电极反应为：

$$\underset{\text{氧化态颜色}}{In(Ox)}+ne^- \rightleftharpoons \underset{\text{还原态颜色}}{In(Red)}$$

其能斯特方程为：

$$\varphi=\varphi^{\ominus\prime}+\frac{2.303RT}{nF}\lg\frac{c'(In)_{Ox}/c^{\ominus}}{c'(In)_{Red}/c^{\ominus}}$$

随着溶液电极电势的变化，$c'(In)_{Ox}$ 和 $c'(In)_{Red}$ 也在不断变化。当溶液中 $c'(In)_{Ox}=c'(In)_{Red}$ 时，$\varphi=\varphi^{\ominus\prime}$，此时溶液的电势称为指示剂的变色点电势，它等于指示剂的条件电极电势。溶液处于指示剂变色点电势时，呈现氧化态颜色和还原态颜色的混合色。如果溶液电势 $\varphi>\varphi^{\ominus}$，指示剂被氧化，$c'(In)_{Ox}$ 增大，使溶液颜色发生变化。但当 $c'(In)_{Ox}/c'(In)_{Red}\geqslant 10.0$ 时，溶液只呈现指示剂的氧化态颜色；当 $c'(In)_{Ox}/c'(In)_{Red}\leqslant 0.1$ 时，溶液只呈现指示剂还原态颜色。显然，在 298 K 时，氧化还原指示剂的变色范围为：

$$\varphi/V=\varphi^{\ominus\prime}/V\pm\frac{0.059}{n} \tag{6-8}$$

这类指示剂的选择原则是：选用指示剂的变色点电势 $\varphi^{\ominus\prime}$ 尽量与反应的计量点电势 $\varphi_{计}$ 相接近，或应使指示剂变色点电势落在滴定突跃的电势范围内。例如，在 $1\ mol\cdot L^{-1}\ H_2SO_4$ 介质中用 Ce^{4+} 滴定 Fe^{2+} 时，误差±0.1%范围内的电势突跃为 0.86～1.26 V，计量点电势为 1.06 V。若选邻二氮菲亚铁（$\varphi^{\ominus\prime}=1.06$ V）或邻苯胺基苯甲酸（$\varphi^{\ominus\prime}=0.89$ V），指示终点均很合适。若选二苯胺磺酸钠（$\varphi^{\ominus\prime}=0.85$ V），终点将提前，终点误差将超过−0.1%。常用氧化还原指示剂见表 6-3。

表 6-3 常用氧化还原指示剂及其配制

指示剂	$\varphi^{\ominus\prime}_{In}$/V $c(H^+)=1\ mol\cdot L^{-1}$	颜色变化 In(Red)	In(Ox)	配制方法
亚甲基蓝	0.52	无	蓝	0.05%水溶液
二苯胺磺酸钠	0.85	无	紫红	0.8 g 指示剂,2 g Na_2CO_3 加水稀释至 100 mL
邻苯胺基苯甲酸	0.89	无	紫红	0.1 g 指示剂溶于 20 mL 5% Na_2CO_3 溶液中,加水稀释至 100 mL
邻二氮菲亚铁	1.06	红	浅蓝	1.485 g 邻二氮菲,0.695 g $FeSO_4\cdot 7H_2O$ 加水溶解,稀释至 100 mL

2.**自身指示剂** 有些标准溶液或被滴定物质本身具有很深的颜色,如果被测物溶液在反应后变为无色或浅色,那么在滴定过程中,这种试剂稍有过量就容易检出,这样滴定时就不需要另加指示剂,可直接以滴定剂或被测物本身颜色来判断终点,此类指示剂称为自身指示剂。例如,$KMnO_4$ 标准溶液具有很深的紫红色,作为氧化剂滴定还原性物质(Fe^{2+}、$C_2O_4^{2-}$ 等),在反应生成物(Mn^{2+}、Fe^{3+}、CO_2 等)颜色很浅或无色时,计量点后稍过量的 $KMnO_4$(浓度为 $2\times10^{-6}\ mol\cdot L^{-1}$)就可使溶液显示浅红色而指示终点。

3.**特殊指示剂** 有些物质本身不具有氧化还原性,但却能与滴定剂或被测物生成特殊颜色的物质,起到指示滴定终点的作用,这类指示剂被称为特殊(专用)指示剂。例如,可溶性淀粉与碘作用生成深蓝色物质,当 I_2 被还原为 I^- 时,深蓝色立即消失,反应既有效又灵敏,I_2 的浓度低至 $2\times10^{-5}\ mol\cdot L^{-1}$ 时仍可显色。因此,碘量法中可用淀粉作指示剂。

6.2.3 氧化还原滴定的计算

氧化还原滴定的计算,可根据"化学计量数比规则"进行。

【例 6.3】 标定高锰酸钾标准溶液时,准确称取 0.150 0 g 基准物质 $Na_2C_2O_4$,溶解后酸化,用高锰酸钾溶液 25.00 mL 滴定至终点。计算此高锰酸钾溶液的浓度 $c(KMnO_4)$。

解:

$$2MnO_4^- + 5H_2C_2O_4 + 6H^+ = 2Mn^{2+} + 10CO_2\uparrow + 8H_2O$$

因为 $$\Delta n(KMnO_4) : \Delta n(Na_2C_2O_4) = 2:5$$

所以 $$\Delta n(KMnO_4) = \frac{2}{5}\Delta n(Na_2C_2O_4)$$

$$c(KMnO_4)=\frac{2m(Na_2C_2O_4)}{5M(Na_2C_2O_4)\cdot V(KMnO_4)}$$

$$=\frac{2}{5}\times\frac{0.150\ 0\ g}{134.0\ g\cdot mol^{-1}\times 0.025\ 00\ L}=0.017\ 91\ mol\cdot L^{-1}$$

【例 6.4】 将 0.150 0 g 含铁样品制备成溶液，并将 Fe^{3+} 还原为 Fe^{2+} 后，用上例中所标定的 $KMnO_4$ 标准溶液 15.03 mL 滴定至终点。计算试样中铁的质量分数。

解：

$$MnO_4^- + 5Fe^{2+} + 8H^+ = Mn^{2+} + 5Fe^{3+} + 4H_2O$$

由 $\Delta n(Fe)=5\Delta n(KMnO_4)$

所以 $w(Fe)=\frac{5c(KMnO_4)\cdot V(KMnO_4)\cdot M(Fe)}{m}$

$$=\frac{5\times 0.017\ 91\ mol\cdot L^{-1}\times 0.015\ 03\ L\times 55.85\ g\cdot mol^{-1}}{0.150\ 0\ g}$$

$$=50.11\%$$

【例 6.5】 测定样品中铜含量时，称取 0.521 8 g 试样，用 HNO_3 溶解，除去 HNO_3 及氮的氧化物后，加入 1.5 g KI，析出的 I_2 用 $c(Na_2S_2O_3)=0.197\ 4\ mol\cdot L^{-1}$ 的 $Na_2S_2O_3$ 标准溶液滴定至淀粉的蓝色褪去，消耗标准溶液 21.01 mL。计算样品中铜的质量分数。

解：

$$2Cu^{2+} + 4I^- = 2CuI\downarrow + I_2$$

$$I_2 + 2S_2O_3^{2-} = 2I^- + S_4O_6^{2-}$$

根据化学计量比规则： $\Delta n(Cu)=\Delta n(Cu^{2+})=\Delta n(Na_2S_2O_3)$

所以 $w(Cu)=\frac{c(Na_2S_2O_3)\cdot V(Na_2S_2O_3)\cdot M(Cu)}{m}$

$$=\frac{0.197\ 4\ mol\cdot L^{-1}\times 0.021\ 01\ L\times 63.54\ g\cdot mol^{-1}}{0.521\ 8\ g}$$

$$=50.50\%$$

6.3 重要的氧化还原滴定法及应用（Important Oxidation / Reduction Reactions and Applications）

由于空气对还原剂有氧化作用，所以氧化还原滴定中常用氧化剂作标准溶液。根据所用标准溶液的名称，将氧化还原滴定分为高锰酸钾法、重铬酸钾法、碘量法以及溴酸钾法、铈量法等，不同的方法应用范围各异。

6.3.1 高锰酸钾法（Potassium Permanganate）

1.方法简介 高锰酸钾法是以 $KMnO_4$ 为滴定剂的氧化还原滴定法。$KMnO_4$ 是一种强氧化剂，其氧化能力及还原产物与溶液的酸度有关。

在强酸性溶液中，MnO_4^- 被还原为 Mn^{2+}：

$$MnO_4^- + 8H^+ + 5e^- \rightleftharpoons Mn^{2+} + 4H_2O \qquad (\varphi^\ominus = 1.51\ V)$$

在弱酸性、中性或弱碱性溶液中，MnO_4^- 被还原为 MnO_2：

$$MnO_4^- + 2H_2O + 3e^- \rightleftharpoons MnO_2 + 4OH^- \qquad (\varphi^\ominus = 0.59\ V)$$

在强碱性溶液（如浓度大于 2 $mol \cdot L^{-1}$ 的 NaOH 溶液）中，MnO_4^- 被还原为 MnO_4^{2-}：

$$MnO_4^- + e^- \rightleftharpoons MnO_4^{2-} \qquad (\varphi^\ominus = 0.56\ V)$$

在强酸性介质中，$KMnO_4$ 可定量氧化很多还原性物质，故高锰酸钾法大都在 $c(H^+) = 1 \sim 2\ mol \cdot L^{-1}$ 的 H_2SO_4 溶液中进行。因盐酸具有还原性，而 HNO_3 本身也有氧化性，所以 $KMnO_4$ 法中不用它们调节酸度。在强碱性溶液中，很多有机物如甘油、甲酸、甲醇、苯酚、葡萄糖等与 $KMnO_4$ 反应比在酸性条件下速率快，故有机质的测定常在强碱性介质中进行。

高锰酸钾法的优点是：

(1)$KMnO_4$ 可用作自身指示剂，所以测定时无须另加指示剂。

(2)应用范围广。$KMnO_4$ 法可直接测定 Fe^{2+}、$C_2O_4^{2-}$、Sn^{2+}、As(Ⅲ)、Sb(Ⅲ)、NO_2^- 及有机物等还原性物质；与 $Na_2C_2O_4$ 或 $FeSO_4$ 标准溶液配合，用返滴定方式可以测定 MnO_2、CrO_4^{2-}、PbO_2、ClO_3^-、BrO_3^- 等氧化性物质；还可用间接法测定 Ca^{2+}、Ba^{2+}、Zn^{2+}、Cd^{2+} 等不具有氧化还原能力的物质。

该法的缺点是：

(1)$KMnO_4$ 不易制得纯度高的试剂，只能用间接法配制标准溶液。因溶液不够稳定，需避光，密封保存。

(2)$KMnO_4$ 氧化性很强，易发生副反应，故滴定的选择性差，干扰严重。

2.$KMnO_4$ 标准溶液的配制与标定

(1)配制：高锰酸钾法中常用 $c(KMnO_4) = 0.02\ mol \cdot L^{-1}$ 左右的标准溶液。$KMnO_4$ 商品试剂中常含有少量 MnO_2 和其他杂质，蒸馏水中也常有微量的还原性物质，它们会缓慢地使 $KMnO_4$ 还原为 $MnO_2 \cdot H_2O$ 沉淀。另外，酸、碱、光和热也能促使 $KMnO_4$ 溶液分解：

$$4MnO_4^- + 2H_2O \xrightarrow{\text{光}} 4MnO_2 \downarrow + 3O_2 \uparrow + 4OH^-$$

故需采用间接法配制 $KMnO_4$ 标准溶液。方法如下：

称取稍多于理论量的 $KMnO_4$，溶解在规定体积的蒸馏水中，加热煮沸并保持微沸 1 h。放置 2～3 d 后，用微孔玻璃漏斗或玻璃棉滤除析出的沉淀，滤液贮存于棕色瓶中，经标定后，置于暗处保存备用。

(2)标定：用来标定 $KMnO_4$ 溶液的基准物有 $Na_2C_2O_4$、$H_2C_2O_4 \cdot 2H_2O$、$FeSO_4 \cdot (NH_4)_2SO_4 \cdot 6H_2O$ 及 As_2O_3 等，其中 $Na_2C_2O_4$ 较为常用，因为它易提纯、性质稳定、不含结晶水，在 105～110℃下烘干 2 h，放置于干燥器中冷却至室温后即可称量使用。

在 H_2SO_4 溶液中，MnO_4^- 和 $H_2C_2O_4$ 发生如下反应：

$$2MnO_4^- + 5H_2C_2O_4 + 6H^+ \xrightarrow[\triangle]{75\sim85℃} 2Mn^{2+} + 10CO_2 \uparrow + 8H_2O$$

为使该反应顺利进行，应注意控制以下条件：

①温度。为加快反应速率，可将溶液加热至 75～85℃后进行滴定，滴定结束时溶液的温度不要低于 60℃。但温度超过 90℃时会因 $H_2C_2O_4$ 的分解而使标定结果偏高。

$$H_2C_2O_4 \xrightarrow[\triangle]{>85℃} CO_2 \uparrow + CO \uparrow + H_2O$$

②酸度。滴定初始，溶液中 $c(H_2SO_4)$ 应为 $0.5\sim1.0\ mol \cdot L^{-1}$，滴定结束时，应在 $0.2\sim0.5\ mol \cdot L^{-1}$ 为宜。酸度过高会引起 $H_2C_2O_4$ 分解，过低则有 $MnO_2 \cdot 2H_2O$ 沉淀生成，均影响标定结果。

③滴定速度。滴定开始时，由于滴定反应速率缓慢，滴定速度也应很慢，待前一滴加入的 $KMnO_4$ 完全褪色后再加入第二滴，否则滴入的 $KMnO_4$ 未及与 $Na_2C_2O_4$ 作用，就在酸中分解而引起误差：

$$4MnO_4^- + 12H^+ = 4Mn^{2+} + 5O_2 \uparrow + 6H_2O$$

待产生一定量 Mn^{2+} 的后，由于自动催化作用，反应被加速，滴定可按正常速度进行，至溶液出现粉红色，且在 1 min 内不褪去，即为达到终点。

④消除干扰。标定时，所用的硫酸、蒸馏水和器皿不能混有 Cl^-、Fe^{2+} 等还原性物质。所以，仪器一定要洗净。为了消除干扰，还可做空白测定。

已经标定的 $KMnO_4$ 溶液久置后，使用前必须重新标定。

3.高锰酸钾法应用示例

(1)H_2O_2 的测定(直接滴定法)：在酸性介质中，$KMnO_4$ 可与 H_2O_2 定量反应：

$$2MnO_4^- + 5H_2O_2 + 6H^+ = 2Mn^{2+} + 5O_2\uparrow + 8H_2O$$

此反应在室温下进行，因温度过高会加速 H_2O_2 的分解。滴定开始时反应速率较慢，但随着 Mn^{2+} 的生成而加速，也可先加入少量 $MnSO_4$ 作为催化剂。

若 H_2O_2 中含有有机质，后者也会消耗 $KMnO_4$ 标准溶液，使测定结果偏高。这时应采用其他方法，如碘量法等进行测定。市售 H_2O_2 的浓度过高(30%)，应稀释约 150 倍后才能进行测定。

(2)Ca 含量的测定(间接滴定法)：首先将试样中的钙转化为 Ca^{2+}，在适当酸度下将 Ca^{2+} 沉淀为 $Ca_2C_2O_4$，经过滤、洗涤后将沉淀溶于热的稀 H_2SO_4 中，以 $KMnO_4$ 标准溶液滴定生成的 $H_2C_2O_4$，依据反应消耗的 $KMnO_4$ 的量可计算出钙的含量。

$$Ca^{2+} + C_2O_4^{2-} = CaC_2O_4\downarrow$$

$$CaC_2O_4 + 2H^+ = Ca^{2+} + H_2C_2O_4$$

$$2MnO_4^- + 5H_2C_2O_4 + 6H^+ = 2Mn^{2+} + 10CO_2\uparrow + 8H_2O$$

(3)甲酸的测定：称取一定质量的甲酸，加入氢氧化钠至溶液呈强碱性后，加入一定量的过量的 $KMnO_4$ 标准溶液，发生反应：

$$2MnO_4^- + HCOOH + 4OH^- = 2MnO_4^{2-} + CO_3^{2-} + 3H_2O$$

反应完成后，经酸化，绿色的 MnO_4^{2-} 发生歧化：

$$3MnO_4^{2-} + 4H^+ = 2MnO_4^- + MnO_2\downarrow + 2H_2O$$

再加入过量 KI 使原来过量的 $KMnO_4$ 及 MnO_4^{2-} 歧化后生成的 MnO_4^- 和 MnO_2 全部还原为 Mn^{2+}：

$$2MnO_4^- + 10I^- + 16H^+ = 2Mn^{2+} + 5I_2 + 8H_2O$$

$$MnO_2 + 2I^- + 4H^+ = Mn^{2+} + I_2 + 2H_2O$$

最后用 $Na_2S_2O_3$ 标准溶液滴定析出的 I_2：

$$I_2 + 2S_2O_3^{2-} = 2I^- + S_4O_6^{2-}$$

由于滴定过程中反应复杂，在计算分析结果时，若根据“氧化剂得到电子的物质的量与还原剂失去电子的物质的量相等”的关系进行，则更为便捷。

过程中，I^- 经一系列反应后又复原为 I^-，计算时可视之未参与电子转移；$KMnO_4$ 作为氧化剂，最终全部转化为 Mn^{2+}，所以

$KMnO_4$ 得到电子的物质的量 $=5c(KMnO_4)\cdot V(KMnO_4)$；$Na_2S_2O_3$ 和 HCOOH 作为还原剂，分别转化为 $S_4O_6^{2-}$ 和 CO_3^{2-}，故 $Na_2S_2O_3$ 失去电子的物质的量 $=c(Na_2S_2O_3)\cdot V(Na_2S_2O_3)$；HCOOH 失去电子的物质的量 $=\dfrac{2w(HCOOH)\cdot m}{M(HCCOH)}$。

得：$5c(KMnO_4)\cdot V(KMnO_4)=c(Na_2S_2O_3)\cdot V(Na_2S_2O_3)+\dfrac{2w(HCOOH)\cdot m}{M(HCOOH)}$

故样品中甲酸的质量分数可依下式算得：

$$w(HCOOH)=\frac{[5c(KMnO_4)\cdot V(KMnO_4)-c(Na_2S_2O_3)\cdot V(Na_2S_2O_3)]\cdot M(HCOOH)}{2m}$$

类似的办法也可测定甘油、甲醇、酒石酸、柠檬酸、苯酚、葡萄糖等。

由于 $\varphi^{\ominus}(MnO_4^-/MnO_2)>\varphi^{\ominus}(MnO_2/Mn^{2+})$，$MnO_4^-$ 能与 Mn^{2+} 反应生成棕色的 MnO_2 沉淀，而二氧化锰固体与还原剂反应缓慢，因此高锰酸钾法中，绝对不可用还原剂滴定高锰酸钾。在以返滴定方式测定还原性物质时，加入过量高锰酸钾标准溶液后，一定要加入过量的还原性标准溶液，待反应完成，再用高锰酸钾溶液滴定。

6.3.2　重铬酸钾法(Potassium Dichromate)

1.方法简介　重铬酸钾法是以重铬酸钾标准溶液为滴定剂的氧化还原滴定法，其基本反应为：

$$Cr_2O_7^{2-}+14H^++6e^-=2Cr^{3+}+7H_2O \qquad (\varphi^{\ominus}=1.33\ V)$$

重铬酸钾法，不但可以测定还原性物质，也可和硫酸亚铁等还原性标准溶液配合，测定氧化性物质，或用间接滴定方式测定 Pb^{2+} 等非氧化还原性物质。

该法的优点是：

(1)$K_2Cr_2O_7$ 容易制得很纯(含量 99.99%)，在 140～150℃下干燥后，可以作为基准物质直接配制标准溶液。重铬酸钾标准溶液浓度一般为 $c(K_2Cr_2O_7)=0.02\ mol\cdot L^{-1}$ 左右。

(2)$K_2Cr_2O_7$ 标准溶液非常稳定，在密闭条件下可长期保存浓度不发生改变。

(3)$K_2Cr_2O_7$ 在酸性介质中的氧化性弱于 $KMnO_4$，对物质的氧化有选择性。

如在 $c(HCl) < 2\ mol \cdot L^{-1}$ 的盐酸介质中不氧化 Cl^-，故可在 HCl 介质中进行滴定。

主要缺点是：

(1)$K_2Cr_2O_7$ 在稀溶液中颜色较浅，还原产物 Cr^{3+} 又呈绿色，滴定中需加氧化还原指示剂确定终点。常用的指示剂有二苯胺磺酸钠、邻二氮菲-Fe(Ⅱ)等。

(2)由于 $K_2Cr_2O_7$ 氧化能力较弱，故测定范围较窄。

(3)$Cr_2O_7^{2-}$ 和 Cr^{3+} 对环境有污染，使用中应注意废弃物的处理。

2.重铬酸钾法应用示例

(1)含铁试样中 Fe 的测定：滴定反应为：

$$Cr_2O_7^{2-} + 6Fe^{2+} + 14H^+ = 2Cr^{3+} + 6Fe^{3+} + 7H_2O$$

Fe^{2+} 是测定形式，故不论何种含铁试样，均应制备成 Fe^{2+} 溶液后才能进行测定。滴定常以二苯胺磺酸钠为指示剂，在 H_2SO_4-H_3PO_4 混合酸介质中进行，其中 H_3PO_4 的作用有两个方面：一方面由于 H_3PO_4 与 Fe^{3+} 生成配合物 $Fe(HPO_4)_2^-$，降低了 $\varphi^{\ominus\prime}(Fe^{3+}/Fe^{2+})$，增大了突跃范围(突跃范围向低电势方向延伸)，使二苯胺磺酸钠的变色点落在突跃范围内；另一方面由于生成的 $Fe(HPO_4)_2^-$ 无色，消除了 Fe^{3+} 在水溶液中的黄色，有利于观察终点时指示剂颜色的变化。

(2)土壤有机质含量的测定：土壤有机质含量是衡量土壤肥力的重要指标之一。由于有机质组成复杂，为方便起见，常以碳含量折算为有机质含量。测定时主要反应为：

$$2K_2Cr_2O_7 + 8H_2SO_4 + 3C = 2Cr_2(SO_4)_3 + 2K_2SO_4 + 3CO_2\uparrow + 8H_2O$$

$$K_2Cr_2O_7 + 6FeSO_4 + 7H_2SO_4 = Cr_2(SO_4)_3 + K_2SO_4 + 3Fe_2(SO_4)_3 + 7H_2O$$

测定采用返滴定法，即在试样中加入过量的 $K_2Cr_2O_7$ 标准溶液，在浓 H_2SO_4 存在下加热至 170～180℃，使土壤有机质中的 C 氧化为 CO_2 逸出。剩余的 $K_2Cr_2O_7$ 用 $FeSO_4$ 标准溶液返滴，以邻二氮菲亚铁为指示剂。

为加速有机质的氧化，可加入 Ag_2SO_4 为催化剂。Ag_2SO_4 还可使土壤中 Cl^- 生成 AgCl 沉淀，以排除 Cl^- 的干扰。

土壤中有机质平均含碳量为 58%，若由含碳量换算为有机质含量时，应乘以换算系数 $\frac{100}{58} \approx 1.724$。在 Ag_2SO_4 存在的情况下，有机质的平均氧化率可达 92.6%，所以有机质氧化校正系数为 $\frac{100}{92.6} \approx 1.08$。与此同时，尚需做空白测定。

土壤有机质含量可按下式计算：

$$w(\text{有机质})=\frac{[V_0(FeSO_4)-V(FeSO_4)]\cdot c(FeSO_4)\cdot M(C)\times 1.724\times 1.08}{4m}$$

式中：m 为土壤试样质量，$V_0(FeSO_4)$、$V(FeSO_4)$ 分别为空白测定和测定试样时所消耗 $FeSO_4$ 标准溶液的体积。

(3)水中化学耗氧量(COD)的测定：在环境监测中，常用 $K_2Cr_2O_7$ 法测定水体的污染程度，作为评价水质的重要指标。水体中能被酸性重铬酸钾标准溶液氧化的还原性物质的总量，称为水的化学耗氧量(COD_{Cr})。其测定方法是：水样在 H_2SO_4 介质中以 Ag_2SO_4 或 $HgSO_4$ 为催化剂，加入过量的 $K_2Cr_2O_7$ 标准溶液，加热消解。反应后，以邻二氮菲亚铁为指示剂，用 $FeSO_4$ 标准溶液回滴剩余的 $K_2Cr_2O_7$。

分析结果以 $\rho(O_2)/(mg\cdot L^{-1})$ 表示。

6.3.3　碘量法(Iodine)

1.方法简介　碘量法是基于 I_2 的氧化性及 I^- 的还原性来进行滴定的氧化还原滴定法。基本反应是：

$$I_2+2e^-\rightleftharpoons 2I^-\qquad(\varphi^{\ominus}=0.54\ V)$$

I_2 是较弱的氧化剂，只能与一些较强的还原性物质反应；而 I^- 是中等强度的还原剂，能与许多氧化剂反应。若以碘标准溶液直接滴定 S^{2-}、$S_2O_3^{2-}$、Sn^{2+}、H_2SO_3、As(Ⅲ)、Sb(Ⅲ)等强还原性物质，这种方法称为直接碘量法(或碘滴定法)。由于 I_2 氧化性较弱，所以该法应用范围有限。若以过量的 I^- 与 MnO_4^-、$Cr_2O_7^{2-}$、Cu^{2+}、Fe^{3+}、BrO_3^-、IO_3^- 等氧化性物质定量反应，生成一定量的 I_2 后，再以 $Na_2S_2O_3$ 标准溶液滴定反应生成的 I_2，从而间接测定这些氧化性物质，这种方法称为间接碘量法(或滴定碘法)。此法应用范围较广，主要反应为：

$$2I^-=I_2+2e^-$$

$$I_2+2S_2O_3^{2-}=2I^-+S_4O_6^{2-}$$

2.碘量法的反应条件

(1)溶液的酸度：介质酸度是碘量法中重要的反应条件。在用 I_2 滴定 $Na_2S_2O_3$ 时，必须在中性或弱碱性介质中进行，否则，会发生以下反应：

$$S_2O_3^{2-}+4I_2+10OH^-=2SO_4^{2-}+8I^-+5H_2O$$

而且 I_2 也会发生歧化反应：

$$3I_2+6OH^-=IO_3^-+5I^-+3H_2O$$

在酸性溶液中，$Na_2S_2O_3$ 溶液会发生分解：

$$S_2O_3^{2-}+2H^+=SO_2\uparrow+S\downarrow+H_2O$$

同时，I^- 在酸性介质中易被空气中的 O_2 氧化：

$$4I^-+4H^++O_2=2I_2+2H_2O$$

且此反应随酸度增高而加快。这些反应均会使测定产生误差。

用 $Na_2S_2O_3$ 滴定 I_2 时，宜在 $pH<9.0$ 的介质中进行。此时由于 $S_2O_3^{2-}$ 与 I_2 反应很快，只要滴定速度较慢并不断摇动溶液（防止 $S_2O_3^{2-}$ 局部过浓），$S_2O_3^{2-}$ 来不及与酸反应就可被 I_2 氧化，即使 $c(H^+)=3\sim4\ mol\cdot L^{-1}$，也可得满意效果。

(2)防止 I_2 的挥发和 I^- 被氧化：碘量法中的另两个重要误差来源就是 I_2 的挥发和 I^- 被空气氧化。

为防止 I_2 的挥发，可采取的方法是：在配制 I_2 标准溶液及间接碘量法中进行析出 I_2 的反应时，均需加入过量 KI 以形成 I_3^- 配离子；滴定应在室温下进行，需放置时应使用加盖的碘量瓶；I^- 与氧化物反应后，应立即滴定析出的碘，且不要剧烈摇动溶液。

为防止 I^- 被空气氧化，应采取的方法是：析出 I_2 的反应除应在加盖的碘量瓶中进行，还需放置于暗处，以防止光照加速空气对 I^- 的氧化；对 I^- 氧化有催化作用的 Cu^{2+}、NO_2^- 等应事先除去；加入过量的 KI 及调节合适的酸度、生成的 I_2 立即滴定、滴定速度适当快些等都可防止 I^- 被空气氧化。

(3)适时加入 β-直链淀粉指示剂：碘量法中用淀粉作指示剂，根据淀粉-碘吸附化合物的蓝色的消失或出现确定终点。必须用 β-直链淀粉，因为 α-直链淀粉或含支链多的淀粉与 I_2 形成颜色不易消失的红色化合物。淀粉指示剂用量要适当，太少时会使溶液呈灰黑色。显色反应在弱酸性中最为灵敏，溶液 $pH<2.0$ 时淀粉易水解为糊精，遇 I_2 呈红色，到终点也不易消失，因而无法确定终点；溶液 $pH>9.0$ 时，因 I_2 歧化而不显蓝色。淀粉指示剂应在滴定至 I_3^- 的量很少、溶液呈浅黄色时加入，因为大量 I_3^- 存在时，淀粉易发生聚合并强烈吸附 I_2，生成不易解吸的蓝色复合物，造成较大的滴定误差。

3.标准溶液的配制与标定

(1)$Na_2S_2O_3$ 标准溶液的配制与标定：市售的 $Na_2S_2O_3\cdot5H_2O$ 容易风化，并

且含有少量 S^{2-}、S、SO_3^{2-}、CO_3^{2-} 和 Cl^- 等杂质，因此只能用间接法配制标准溶液。配好的 $Na_2S_2O_3$ 标准溶液不稳定，在酸性溶液中会发生分解，水中溶解的 CO_2 就可使 $S_2O_3^{2-}$ 分解：

$$Na_2S_2O_3 + CO_2 + H_2O = NaHCO_3 + NaHSO_3 + S\downarrow$$

此外，$Na_2S_2O_3$ 可被空气中的 O_2 氧化：$2Na_2S_2O_3 + O_2 = 2Na_2SO_4 + 2S\downarrow$；日光会加速 $Na_2S_2O_3$ 的分解：$Na_2S_2O_3 \xrightleftharpoons{日光} Na_2SO_3 + S\downarrow$；溶液中存在的微生物会分解 $Na_2S_2O_3$：$Na_2S_2O_3 \xlongequal{微生物} Na_2SO_3 + S\downarrow$；水中微量的 Cu^{2+}、Fe^{3+} 等也能促进 $Na_2S_2O_3$ 溶液的分解。

因此，配制 $Na_2S_2O_3$ 标准溶液时，应将需要量的 $Na_2S_2O_3 \cdot 5H_2O$ 溶于新煮沸并冷却了的蒸馏水中，以事先驱除水中 CO_2 并杀死细菌，并加入少量 Na_2CO_3 控制溶液呈弱碱性，以抑制微生物的生长。配好的 $Na_2S_2O_3$ 溶液应保存在棕色试剂瓶中，放置暗处 1～2 周后再标定。这样配制的溶液比较稳定，但使用一段时间后应重新标定。如发现溶液变浑浊，应弃去重配。

标定 $Na_2S_2O_3$ 溶液可用 KIO_3、$KBrO_3$、$K_2Cr_2O_7$ 等为基准物，其中以 $K_2Cr_2O_7$ 最为方便。准确称取一定量的 $K_2Cr_2O_7$，加入适量 H_2SO_4 控制酸度，再加入过量 4～5 倍的 KI，置于暗处 5 min，待反应完全后，加水稀释（降低溶液酸度可避免淀粉水解、I^- 被空气氧化，还可减弱 Cr^{3+} 的绿色对终点观察的影响），以淀粉为指示剂立即用 $Na_2S_2O_3$ 标准液滴定至蓝色退去为终点，其反应为：

$$Cr_2O_7^{2-} + 6I^- + 14H^+ = 2Cr^{3+} + 3I_2 + 7H_2O$$

$$I_2 + 2S_2O_3^{2-} = 2I^- + S_4O_6^{2-}$$

标定结果可按下式计算：

$$c(Na_2S_2O_3) = \frac{6m(K_2Cr_2O_7)}{M(K_2Cr_2O_7) \cdot V(Na_2S_2O_3)}$$

（2）碘标准溶液的配制和标定：因碘易升华，准确称量困难，故碘标准溶液用间接法配制。为增大碘的溶解度并防止其挥发，需加入过量的 KI。配好的碘溶液贮存于棕色瓶中，防热并防止与橡皮等有机物接触。

碘标准溶液的浓度可以用 $Na_2S_2O_3$ 标准溶液通过比较滴定而求得，也可用基准物质标定。常用的基准物质是 As_2O_3，它难溶于水，可用 NaOH 溶液溶解：

$$As_2O_3 + 2OH^- = 2AsO_2^- + H_2O$$

在 pH＝8.0～9.0 时，I_2 可快速、定量地氧化 AsO_2^-：

$$HAsO_2+I_2+2H_2O=HAsO_4^{2-}+2I^-+4H^+$$

标定时先酸化溶液，然后加 $NaHCO_3$ 调节 pH＝8.0 左右，再加入指示剂，用 I_2 溶液滴定至终点。

可按下式计算碘标准溶液的浓度：

$$c(I_2)=\frac{2m(As_2O_3)}{M(As_2O_3)\cdot V(I_2)}$$

4.碘量法应用示例

(1)胆矾中铜含量的测定：胆矾($CuSO_4\cdot 5H_2O$)是一些农药的重要原料。间接碘量法测定其中铜，是基于 Cu^{2+} 可与 KI 作用生成难溶物 CuI，并定量析出 I_2：

$$2Cu^{2+}+4I^-=2CuI\downarrow+I_2$$

析出的 I_2 可用 $Na_2S_2O_3$ 滴定：

$$I_2+2S_2O_3^{2-}=2I^-+S_4O_6^{2-}$$

前一个反应中 I^- 不仅是还原剂和配位剂，更重要的是 Cu^+ 的沉淀剂。正是由于 CuI 难溶于水，方使 $\varphi^{\ominus\prime}(Cu^{2+}/Cu^+)$ 升高至大于 $\varphi^{\ominus\prime}(I_2/I^-)$，反应才得以定量完成。为防止 Cu^{2+} 水解，反应在 pH＝3～4 的溶液中进行。通常用 HAc 或稀 H_2SO_4 调节酸度。酸度不可过高，以避免在 Cu^{2+} 催化下加快 I^- 被空气的氧化。

由于 CuI 溶解度较大且易吸附 I_2，使滴定终点提前。可在滴定临近终点时加入 KSCN，使 CuI 转化为溶解度更小且不吸附碘的 CuSCN 沉淀，以减小测定误差：

$$CuI+SCN^-=CuSCN\downarrow+I^-$$

若加入 KSCN 过早，由于溶液中 I_2 浓度较高，会发生下列反应引起误差：

$$I_2+2SCN^-=(SCN)_2+2I^-$$

若胆矾样品中含有杂质 Fe(Ⅲ)，测定时会发生干扰：

$$2Fe^{3+}+2I^-=2Fe^{2+}+I_2$$

而使结果偏高，可加入 NaF 掩蔽之。

测定结果可按下式计算：

$$w(Cu)=\frac{c(Na_2S_2O_3)\cdot V(Na_2S_2O_3)\cdot M(Cu)}{m}$$

(2)葡萄糖的测定：I_2 与 NaOH 作用可生成 NaIO，NaIO 能将葡萄糖定量地氧化生成葡萄糖酸。剩余的 NaIO 在碱性条件下发生歧化生成 $NaIO_3$ 和 NaI，将溶液酸化两者相互作用析出 I_2，以 $Na_2S_2O_3$ 标准溶液回滴至终点：

$$I_2 + 2NaOH = NaIO + NaI + H_2O$$

$$C_6H_{12}O_6 + NaIO = C_6H_{12}O_7 + NaI$$

$$3NaIO = NaIO_3 + 2NaI$$

$$NaIO_3 + 5NaI + 6HCl = 3I_2 + 6NaCl + 3H_2O$$

$$I_2 + 2Na_2S_2O_3 = Na_2S_4O_6 + 2NaI$$

葡萄糖的质量分数可由下式求得：

$$w(C_6H_{12}O_6) = \frac{\left[c(I_2) \cdot V(I_2) - \frac{1}{2}c(Na_2S_2O_3) \cdot V(Na_2S_2O_3)\right] \cdot M(C_6H_{12}O_6)}{m}$$

本法可用于测定医用葡萄糖注射液的浓度，测定前应将试液适当冲稀。

(3)漂白粉有效氯的测定：漂白粉是农业上常用的消毒、杀菌剂，它是 $Ca(ClO)_2$ 与 $CaCl_2 \cdot Ca(OH)_2 \cdot H_2O$ 的混合物，通常用化学式 Ca(OCl)Cl 表示。在酸的作用下，漂白粉可放出氯：

$$Ca(OCl)Cl + 2H^+ = Ca^{2+} + Cl_2\uparrow + H_2O$$

加酸后能够放出的氯(具有漂白作用)称为“有效氯”，并以此表示漂白粉的质量和纯度。它的含量常用间接碘量法测定，即在一定量的漂白粉中加入过量 KI，生成的 I_2 用 $Na_2S_2O_3$ 标准溶液滴定。反应为：

$$Ca(OCl)Cl + 2H^+ = Ca^{2+} + Cl_2\uparrow + H_2O$$

$$Cl_2 + 2I^- = I_2 + 2Cl^-$$

$$I_2 + 2S_2O_3^{2-} = 2I^- + S_4O_6^{2-}$$

测定结果依下式计算：

$$w(Cl_2) = \frac{c(Na_2S_2O_3) \cdot V(Na_2S_2O_3) \cdot M(Cl_2)}{2m}$$

本章小结

氧化还原滴定是重要的化学分析法。本章主要介绍了氧化还原反应的基本知识、氧化还原滴定的基本原理及 3 种重要的氧化还原滴定方法。

条件电极电势是在一定反应条件下校正了各种外界因素(如离子强度、介质酸度、沉淀反应和配位反应等)的影响后,氧化态和还原态物质的分析浓度均为 $1\ mol\cdot L^{-1}$ 时的电极电势。利用条件电极电势不但可判断氧化还原反应的方向,还可算得条件平衡常数 K',以说明反应的完全程度。

氧化还原滴定中,若两电对均可逆且对称,则在±0.1%误差范围内电势的突跃为:

$$\left(\varphi_2^{\ominus\prime}+\frac{3\times0.059}{n_2}\right)V\sim\left(\varphi_1^{\ominus\prime}-\frac{3\times0.059}{n_1}\right)V$$

化学计量点电势为:

$$\varphi=\frac{n_1\varphi_1^{\ominus\prime}+n_2\varphi_2^{\ominus\prime}}{n_1+n_2}$$

即电势突跃范围的大小主要决定于 $\Delta\varphi^{\ominus\prime}$。

控制反应条件,改变 $\varphi^{\ominus\prime}$ 以改善主反应的完成程度,是氧化还原滴定法中最重要的问题。如利用沉淀反应以完成碘量法对铜的测定,利用配位反应消除 Fe^{3+} 对碘量法测铜的干扰,以及利用配位反应使 $K_2Cr_2O_7$ 测定 Fe^{2+} 的突跃范围向下延伸、控制酸度利用碘量法测定 As(Ⅲ)和 As(Ⅴ)等,均为这一原理的重要应用。滴定速度、温度和酸度条件也往往是氧化还原滴定成败的关键。

高锰酸钾法、重铬酸钾法及碘量法是最重要的 3 种氧化还原滴定法,读者应熟练掌握其原理、测定方法及结果计算。

思 考 题

6-1 选择题

(1)在硫酸-磷酸介质中,用 $c\left(\frac{1}{6}K_2Cr_2O_7\right)=0.1\ mol\cdot L^{-1}$ 的 $K_2Cr_2O_7$ 溶液滴定 $c(Fe^{2+})=0.1\ mol\cdot L^{-1}$ 的 $FeSO_4$ 溶液,其计量点电势为 0.86 V。最适宜的指示剂为(　　)。

A. 邻二氮菲亚铁($\varphi^{\ominus\prime}=1.06$ V)　　B. 二苯胺($\varphi^{\ominus\prime}=0.76$ V)

C. 二苯胺磺酸钠($\varphi^{\ominus\prime}=0.84$ V)　　D. 亚甲基蓝($\varphi^{\ominus\prime}=0.36$ V)

(2)$KMnO_4$ 法在酸性溶液中进行时,调节酸度应用(　　)。

A. H_2SO_4　　B. HCl　　C. HNO_3　　D. HAc

(3)间接碘量法加入淀粉指示剂的时间是(　　)。

A. 滴定开始前　　B. 滴定到中途

C. 接近终点时　　D. 碘的颜色完全褪去后

(4)在 $c(H^+)=1\ mol\cdot L^{-1}$ 的 HCl 介质中,用 $FeCl_3\{\varphi^{\ominus}(Fe^{3+}/Fe^{2+})=0.77\ V\}$ 滴定 $SnCl_2\{\varphi^{\ominus}(Sn^{4+}/Sn^{2+})=0.14\ V\}$,终点时溶液电极电势为(　　)。

A. 0.56 V　　B. 0.54 V　　C. 0.46 V　　D. 0.35 V

(5)酸性介质中,用草酸钠标定高锰酸钾溶液,滴入高锰酸钾的速度为(　　)。

A. 快速进行　　B. 开始几滴要慢,以后逐渐加快,最后缓慢

C. 始终缓慢　　D. 开始快,然后慢,最后逐渐加快

6-2　填空题

(1)一氧化还原指示剂,$\varphi^{\ominus\prime}=0.86\ V$,电极反应为 $Ox+2e^-\rightleftharpoons Red$,则其理论变色范围为________。

(2)在 $1.0\ mol\cdot L^{-1}\ H_2SO_4$ 介质中,$\varphi^{\ominus\prime}(Fe^{3+}/Fe^{2+})=0.68\ V$,$\varphi^{\ominus\prime}(I_2/I^-)=0.54\ V$,则反应 $2Fe^{3+}+2I^-=2Fe^{2+}+I_2$ 的条件平衡常数为________。

(3)已知在 $c(H_2SO_4)=4\ mol\cdot L^{-1}\ H_2SO_4$ 溶液中,$\varphi^{\ominus\prime}(VO_2^+/VO^{2+})=1.30\ V$。该电极反应为________。若 $c(VO_2^+)=0.01\ mol\cdot L^{-1}$,$c(VO^{2+})=0.02\ mol\cdot L^{-1}$,则 $\varphi(VO_2^+/VO^{2+})=$________V。

(4)实验中标定 $Na_2S_2O_3$ 溶液常用的基准物质是________,采用的滴定方式是________,加入过量 KI 的作用是________,使用的指示剂是________。

练　习　题

6-1　准确量取 H_2O_2 样品溶液 25.00 mL,置于 250.0 mL 容量瓶中定容;移取 25.00 mL,加 H_2SO_4 酸化,用 $c(KMnO_4)=0.027\ 32\ mol\cdot L^{-1}$ 的高锰酸钾标准溶液滴定,消耗掉 35.86 mL。计算样品中 H_2O_2 的质量浓度。

6-2　用 $KMnO_4$ 法测定试样中 CaO 含量时,称取试样 1.000 g,用酸溶解后,加 $(NH_4)_2C_2O_4$ 使 Ca^{2+} 形成沉淀 CaC_2O_4,沉淀经过滤洗涤后再溶于 H_2SO_4 中,用 $c(KMnO_4)=0.025\ 00\ mol\cdot L^{-1}$ 的高锰酸钾标准溶液滴定 $H_2C_2O_4$,消耗 20.00 mL。试计算样品中 CaO 的质量分数。

6-3　不纯的碘化钾试样 0.518 g,用 0.194 g $K_2Cr_2O_7$(过量的)处理后,将溶液煮沸,除去析出的碘,然后再加入过量的 KI 处理,这时析出的碘用 $c(Na_2S_2O_3)=0.100\ 0\ mol\cdot L^{-1}$ 的 $Na_2S_2O_3$ 标准溶液 10.00 mL 滴定至终点。计算试样中 KI 的质量分数。

6-4 土壤试样 1.000 g,用重量法获得 Al_2O_3 及 Fe_2O_3 共 0.110 0 g,将此混合氧化物用酸溶解并使铁还原后,用 $c(KMnO_4)=0.010\ 00\ mol \cdot L^{-1}$ 的高锰酸钾标准溶液进行滴定,用去 8.00 mL。计算土壤样品中 Fe_2O_3 和 Al_2O_3 的质量分数。

6-5 Ba^{2+} 可与 K_2CrO_4 作用生成铬酸盐沉淀。试设计一用碘量法测定 Ba^{2+} 的方法,写出有关反应式、重要反应条件以及测定结果计算式。

6-6 A powder contains, together with inert substances, both As_2O_3 and As_2O_5. A 1.016 8 g sample is dissolved in base solution, then buffered to pH=8, and titrated with $c(I_2)=0.050\ 60\ mol \cdot L^{-1}$ iodine solution. The starch indicator end point occurs at 30.47 mL. The solution is now made strongly acid and an excess of KI is added. The liberated iodine is titrated with $c(Na_2S_2O_3)=0.304\ 5\ mol \cdot L^{-1}$ $Na_2S_2O_3$ solution, 17.10 mL being required to reach the starch indicator end point. What are the mass fractions of As_2O_3 and As_2O_5?

6-7 A sample of low-grade solder is analyzed for lead. A 0.758 9 g sample is dissolved in acid, resulting in a solution of Pb^{2+}. An excess of K_2CrO_4 is added and the lead precipitated as $PbCrO_4$. No other chromate separated. The precipitate is filtered off and then dissolved in acid. This solution is treated with an excess of KI and the iodine liberated is titrated with $c(Na_2S_2O_3)=0.050\ 90\ mol \cdot L^{-1}$ $Na_2S_2O_3$ solution, 11.22 mL being required to reach the starch indicator end point. What is the mass fraction of Pb in the solder?

第7章 吸光光度分析法 Absorption Spectrometry

基于物质对光的选择性吸收而建立起来的分析方法，称为吸光光度法。其属于光谱分析中的一种。

许多物质是有颜色的，这些有色物质溶液颜色的深浅与这些物质溶液的浓度有关，溶液越浓，颜色越深。因此，可以通过比较溶液颜色的深浅，来测定物质的含量，这种测定方法称为比色分析法。随着近代测试仪器的发展，目前已普遍使用分光光度计测定溶液的吸光度，即通过比较有色物质溶液对光的吸收程度来确定溶液的浓度，这种方法称为分光光度法。根据所使用光源的不同，分为可见及紫外分光光度法和红外光谱法等。本章重点讨论可见光区的吸光光度法。

吸光光度法与经典的化学分析方法相比，具有以下几个特点：

1. 灵敏度高 吸光光度法主要用于测定试样中微量或痕量组分的含量。测定物质浓度下限一般可达 10^{-6}～10^{-5} mol·L^{-1}，若被测组分预先加以富集，灵敏度还可以提高。

2. 准确度高 比色法测定的相对误差为5%～10%，分光光度法测定的相对误差为2%～5%，完全可以满足微量组分测定的准确度要求。若采用精密分光光度计测量，相对误差可减小至1%～2%。

3. 仪器简单，测定速度快 吸光光度法虽然需要用到专门仪器，但与其他仪器分析法相比，吸光光度法的仪器设备结构不复杂，操作简便。近年来由于新的高灵敏度、高选择性的显色剂和掩蔽剂的不断出现，常常可以不经分离而直接进行吸光光度测定，测定更为方便、快捷。

4. 应用广泛 吸光光度法能测定许多无机离子和有机化合物，既可测定微量组分的含量，也可用于反应机理及化学平衡的研究，如测定配合物的组成和配合物的稳定常数，弱酸、弱碱的离解常数等。

7.1 吸光光度分析法的基本原理（Principles of Absorption Spectrometry）

7.1.1 溶液的颜色和对光的选择性吸收

1. 光的基本性质 光是一种电磁波。电磁波范围很宽，波长为 10^{-1} nm～10^{3} m，根据波长或频率排列，得到如表 7-1 所示的电磁波谱表。

表 7-1　电磁波谱表

波谱名称	波长范围	跃迁类型	辐射源	分析方法
X 射线	10^{-1}～10 nm	K 和 L 层电子	X 射线管	X 射线光谱法
远紫外光区	10～200 nm	中层电子	氢、氘、氙灯	真空紫外光度法
近紫外光区	200～400 nm	价电子	氢、氘、氙灯	紫外光度法
可见光区	400～760 nm	价电子	钨灯	比色及可见光度法
近红外光区	0.76～2.5 μm	分子振动	碳化硅热棒	近红外光度法
中红外光区	2.5～5.0 μm	分子振动	碳化硅热棒	中红外光度法
远红外光区	5.0～1 000 μm	分子转动和振动	碳化硅热棒	远红外光度法
微波	0.1～100 cm	分子转动	电磁波发生器	微波光谱法
无线电波	1～1 000 m			核磁共振光谱法

物质的分子或离子中，除电子总处于一定的运动状态外，还有原子核间的相对运动，即核的振动以及分子绕着重心的转动。无论是电子运动的能量还是分子振动能、转动能，均为不连续的，即分子内部能量是量子化的。当照射光的光量子能量与分子内二能级间能量差相等时，分子可将光量子吸收，本身被激发至较高的能量状态，此即所谓物质对光的选择性吸收。紫外光和可见光可引起分子内电子能级、振动能级和转动能级间能量的跃迁。由于分子的振动能级之间以及转动能级之间的差值均很小，使得分子吸收光谱与线状的原子吸收光谱、原子发射光谱不同，呈现带状的连续光谱。

人的眼睛能感觉到的光称为可见光（visible light）。在可见光区内，不同波长的光具有不同的颜色。只具有一种波长的光称为单色光，由不同波长的光组成的光称为复合光。日常我们所看到的太阳光、白炽灯光、日光灯光等白光都是复合光，它是由 400～760 nm 波长范围内的红、橙、黄、绿、青、蓝、紫等各种颜色的光按一定比例混合而成的。

实验证明，如果将两种适当颜色的单色光按一定强度比例混合，也可以得到白光。我们通常将这两种颜色的单色光称为互补色光。图 7-1 为互补色光示意图，图中处于直线关系的两种颜色的光是互补色光，它们彼此按一定比例混合即成为白光。

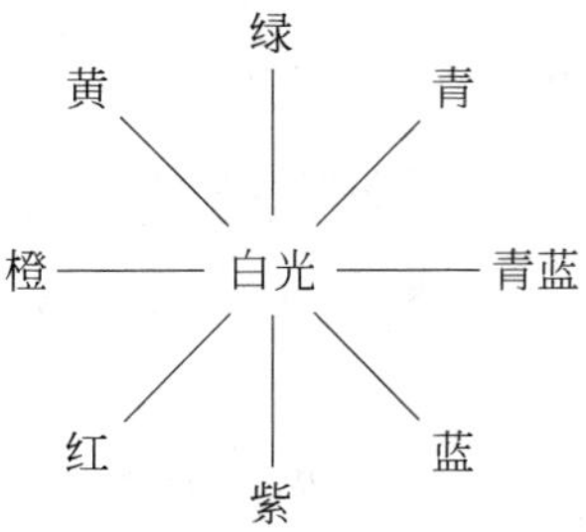

图 7-1　互补色光示意图

2. 溶液的颜色和对光的选择性吸收　物质呈现的颜色与光有密切的关系。当光照射到物质时，由于物质对不同波长的光的反射、散射、折射、吸收、透射的程度不同，使物质呈现不同的颜色。

对于溶液来说，它所呈现的不同颜色，是由于溶液中的质点选择性地吸收了某种颜色的光而引起的。当一束白光通过某溶液时，如果溶液对各种颜色的光均不吸收，入射光全透过，或虽有吸收，但各种颜色的光透过程度相同，则溶液是无色的；如果溶液只吸收了白光中一部分波长的光，而其余的光都透过溶液，则在透射光中，由于除吸收光的互补色光外，其他的光都互补为白光，所以溶液呈现的恰是吸收光的互补色光的颜色。例如，$CuSO_4$ 溶液选择性地吸收了白光中的黄色光而呈现蓝色；$KMnO_4$ 溶液选择性地吸收了白光中的绿色光而呈现紫红色。表 7-2 列出了溶液颜色与吸收光颜色和波长的关系，可以作为测定时选择入射光波长的参考。

表 7-2　溶液颜色与吸收光颜色和波长的关系

溶液颜色	吸收光	
	颜色	λ/nm
黄绿	紫	400～450
黄	蓝	450～480
橙	绿蓝	480～490
红	蓝绿	490～500
紫红	绿	500～560
紫	黄绿	560～580
蓝	黄	580～600
绿蓝	橙	600～650
蓝绿	红	650～760

3.**吸收光谱曲线**　物质对光的吸收具有选择性。如果要知道某溶液对不同波长单色光的吸收程度，我们可将各种波长的单色光依次通过一定浓度的该溶液，测量其对各种单色光的吸收程度，然后以波长为横坐标，吸光度为纵坐标作图，得一曲线，即该物质的光吸收曲线或吸收光谱曲线。对应于光吸收程度最大处的波长称最大吸收波长，λ_{max} 表示，如图 7-2 所示。在 λ_{max} 处，测定的灵敏度最高，故吸收光谱曲线是吸光光度法中选择入射光波长的重要依据。

吸收光谱曲线可以清楚、直观地反映出物质对不同波长光的吸收情况。图 7-3 是 4 种不同浓度的 $KMnO_4$ 溶液的吸收光谱曲线。由图可知：①在可见光范围内，$KMnO_4$ 溶液对不同波长的光的吸收情况不同，对波长为 525 nm 的绿色光吸收最多，有一吸收高峰。②4 条曲线的最大值均出现在 525 nm 波长处，即溶液的最大吸收波长不随浓度的变化而改变，且不同浓度 $KMnO_4$ 溶液的吸收光谱形状是相似的。不同物质的吸收光谱和最大吸收波长均不相同，各种物质均有它的特征吸收光谱，以此可作为吸光光度法定性分析的依据。③不同浓度的同种物质溶液，在一定波长处吸光度随溶液浓度的增加而增大。以此可作为吸光光度法定量分析的依据。

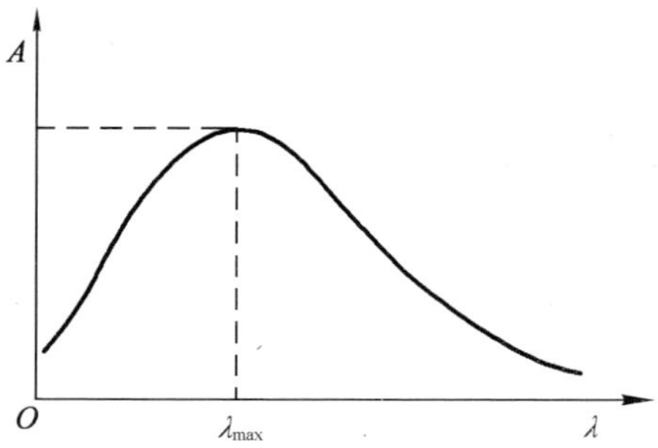

图 7-2 吸收光谱图

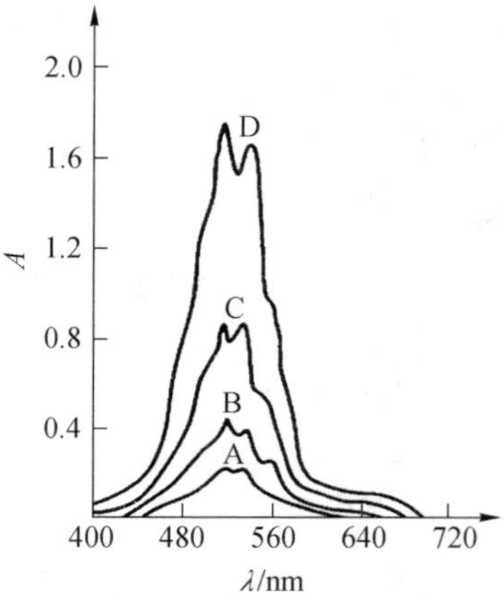

图 7-3 $KMnO_4$ 水溶液的吸收光谱

7.1.2 光吸收定律——朗伯-比耳定律

早在 1729 年，德国物理学家波格就发现物质对光的吸收与吸收物质的厚度有关。之后，他的学生朗伯进一步研究，并于 1760 年指出，如果溶液的浓度一定，则对单色光的吸收程度与液层的厚度成正比，这个关系称为朗伯定律。1850 年德国数学家比耳研究证明了对单色光的吸收程度与透明介质中光所遇到的吸光质点数目成正比，在溶液中即为与吸光质点的浓度成正比，这个关系称为比耳定律。将朗伯定律和比耳定律合并，称为朗伯-比耳定律（Lambert-Beer's Law），又称为光吸收定律。朗伯-比耳定律是光吸收的基本定律，是吸光光度法进行定量分析的理论基础。

1. 朗伯-比耳定律的推导 当一束平行的、强度为 I_0 的单色光垂直照射于厚度为 b、浓度为 c 的单位截面积的均匀液层时，如图 7-4 所示，由于溶液中吸光质点对入射光部分吸收，使透射光强度降至

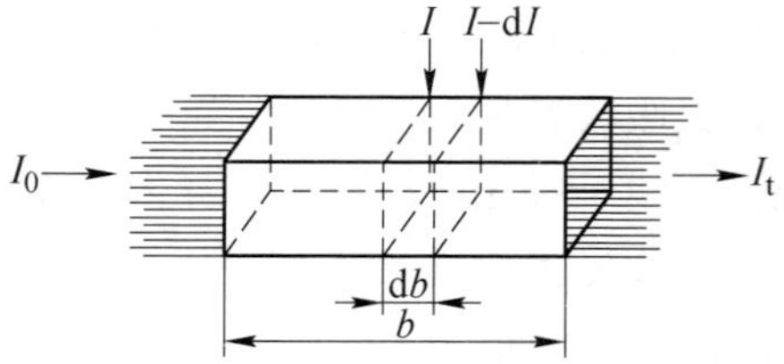

图 7-4 光吸收示意图

I_t。如果将液层分成厚度为无限小的相等薄层，每一薄层厚度为 db，又设薄层内含有 dn 个吸光质点，照射到薄层上的光强度为 I，光通过薄层后，强度变化量为 dI，则 $\frac{dI}{I}$ 必定与 dn 成正比，即：

$$-\frac{dI}{I}=a_1 \cdot dn \tag{7-1}$$

$$dn=a_2 \cdot c \cdot db \tag{7-2}$$

式(7-1)中负号表示光强度因吸收而减弱，a_1，a_2 为比例常数。将式(7-2)代入式(7-1)，合并常数项，得到：

$$-\frac{dI}{I}=a \cdot c \cdot db \tag{7-3}$$

对式(7-3)进行积分：

$$-\int_{I_0}^{I_t}\frac{dI}{I}=a \cdot c \cdot \int_0^b db$$

得：

$$-\lg\frac{I_t}{I_0}=abc$$

式中：$\frac{I_t}{I_0}$ 称为溶液的透光率(透光度)T。令 $A=-\lg T$，则 A 表示溶液对光的吸收程度，称为吸光度(Absorbance)，上式可表示为：

$$A=abc \tag{7-4}$$

式(7-4)为光吸收定律的数学表达式，其中 A 为溶液的吸光度，b 为液层厚度，a 为比例常数，称为吸光系数。该式表明：当一束平行单色光垂直照射通过某均匀的、非散射性的有色溶液时，溶液的吸光度与液层厚度和溶液浓度的乘积成正比。此定律不仅适用于可见光，也适用于红外光和紫外光；不仅适用于均匀的、非散射性的溶液，也适用于气体和均质固体。

2. 摩尔吸光系数　当溶液浓度 c 的单位为 mol·L^{-1}，液层厚度单位为 cm 时，吸光系数 a 以 ε 表示，称为摩尔吸光系数(Molar Absorptivity)，单位为 L·mol^{-1}·cm^{-1}，这时式(7-4)可写为：

$$A=\varepsilon bc \tag{7-5}$$

摩尔吸光系数 ε 是吸光物质在特定波长下的特征常数，它反映了吸光物质对某一波长光的吸收能力。ε 的大小决定于入射光波长和吸光物质的吸光特性，也受溶剂和温度的影响，而与吸光物质的浓度和吸收光程无关。

对相同波长的入射光，不同的吸光物质具有不同的 ε；同一吸光物质对不同波长的光具有不同的 ε。有色化合物的摩尔吸光系数 ε 是衡量显色反应灵敏度的重要指标。一般认为：

$\varepsilon < 2\times10^4\ \mathrm{L\cdot mol^{-1}\cdot cm^{-1}}$ 显色反应灵敏度较低；

$2\times10^4\ \mathrm{L\cdot mol^{-1}\cdot cm^{-1}} < \varepsilon < 6\times10^4\ \mathrm{L\cdot mol^{-1}\cdot cm^{-1}}$ 属中等灵敏度；

$6\times10^4\ \mathrm{L\cdot mol^{-1}\cdot cm^{-1}} < \varepsilon < 1\times10^5\ \mathrm{L\cdot mol^{-1}\cdot cm^{-1}}$ 属高灵敏度；

$\varepsilon > 10^5\ \mathrm{L\cdot mol^{-1}\cdot cm^{-1}}$ 属超高灵敏度。

吸光光度法中，一般要求物质的摩尔吸光系数应大于 $10^4\ \mathrm{L\cdot mol^{-1}\cdot cm^{-1}}$。

由于摩尔吸光系数 ε 与吸收波长有关，在书写时应标明波长。通常所说的某物质的摩尔吸光系数是指该物质最大吸收波长处的 ε，以 $\varepsilon_{\max}$ 表示。

在含有多种吸光物质的溶液中，只要各种组分之间相互不发生化学反应，朗伯-比耳定律适用于溶液中每一种吸光物质。故当某一波长的单色光通过这样一种多组分溶液时，溶液的吸光度等于各吸光物质吸光度之和，即吸光度具有加和性。设体系中有 n 个组分，则在任一波长处的总吸光度 $A_{总}$ 可以表示为：

$$A_{总} = A_1 + A_2 + \cdots + A_n = \varepsilon_1 bc(1) + \varepsilon_2 bc(2) + \cdots + \varepsilon_n bc(n) \tag{7-6}$$

【例 7.1】 有一浓度为 $1.6\times10^{-5}\ \mathrm{mol\cdot L^{-1}}$ 的有色溶液，在 430 nm 处的摩尔吸光系数为 $3.3\times10^4\ \mathrm{L\cdot mol^{-1}\cdot cm^{-1}}$。若液层厚度为 1.0 cm，计算其吸光度和透光率。

解：

$$A = \varepsilon bc = 3.3\times10^4\ \mathrm{L\cdot mol^{-1}\cdot cm^{-1}} \times 1.0\ \mathrm{cm} \times 1.6\times10^{-5}\ \mathrm{mol\cdot L^{-1}} = 0.53$$

$$T = 10^{-A} = 10^{-0.53} = 0.30 = 30\%$$

【例 7.2】 用邻二氮菲光度法测定铁。已知 Fe^{2+} 浓度为 1 000 $\mu\mathrm{g\cdot L^{-1}}$，液层厚度为 2.0 cm，在波长 510 nm 处测得吸光度为 0.38。计算邻二氮菲亚铁的摩尔吸光系数 ε_{510}。

解：

$$A = \varepsilon bc$$

$$c = \frac{1\,000\times10^{-6}\ \mathrm{g\cdot L^{-1}}}{55.85\ \mathrm{g\cdot mol^{-1}}} = 1.8\times10^{-5}\ \mathrm{mol\cdot L^{-1}}$$

$$\varepsilon_{510} = \frac{A}{bc} = \frac{0.38}{2.0\ \mathrm{cm}\times1.8\times10^{-5}\ \mathrm{mol\cdot L^{-1}}} = 1.1\times10^4\ \mathrm{L\cdot mol^{-1}\cdot cm^{-1}}$$

7.2　吸光光度分析方法及仪器(Methods and Instruments of Absorption Spectrometry)

7.2.1　目视比色法

有色溶液颜色的深浅与浓度有关,溶液越浓,透射光越弱,则颜色越深。直接用眼睛比较溶液颜色的深浅,即比较透射光强度以确定被测组分含量的方法称为目视比色法。在一套质料相同、大小形状一样的玻璃比色管内,依次加入不同体积的含有已知浓度被测组分的标准溶液,并分别加入显色剂和其他试剂,定容至相同体积,摇匀后得到一系列颜色深浅逐渐变化的标准色阶。在另一同样的比色管中加入一定量的被测试液,相同条件下显色、定容。然后从管口垂直向下或从侧面观察,比较被测试液与标准色阶颜色的深浅。若被测试液与某标准溶液颜色深度一样,则表示二者浓度相等;若颜色介于两个相邻标准溶液之间,则被测液的含量也介于二者之间。

目视比色法所用仪器简单,操作简便,适于大批试样分析,并且是在复合光(白光)下进行测定,故某些不符合光吸收定律的显色反应亦可用目视比色法测定。但人眼睛的辨色力有限,目视测定往往带有主观误差,测定的准确度较低。

7.2.2　光电比色法

光电比色法以光吸收定律为理论基础,与目视比色法在原理上不同。目视比色法是比较透射光的强度,而光电比色法则是比较有色溶液对某一波长光的吸收程度。由光源发出的复合光,经过滤光片后,用出光狭缝截取光谱中波长范围很窄的一束近似的单色光,使其通过有色溶液,利用光电比色计测定溶液的吸光度,并与标准溶液的吸光度比较,从而即可确定其浓度。

7.2.3　分光光度法

应用分光光度计测量溶液的吸光度,以确定物质含量的分析方法称为分光光度法。分光光度法的作用原理和测定方法与光电比色法基本相同,获得单色光的方法却不同。光电比色法采用滤光片和狭缝为单色器,而分光光度计采用棱镜或光栅等色散元件与狭缝作为单色器。

利用光电比色计或分光光度计测得吸光度后,可通过下列方法求得待测物的含量。

1. **标准曲线法** 此为最常用的方法。配制一系列浓度不同的标准溶液，显色后，用相同规格的比色皿，在相同条件下测定各标准溶液的吸光度。以标准溶液浓度为横坐标，吸光度为纵坐标作图，理论上应该得到一条通过原点的直线，称为标准曲线或工作曲线。然后取被测试液在相同条件下显色、测定，根据测得的吸光度，在标准曲线上查出其相应浓度，如图 7-5 所示。

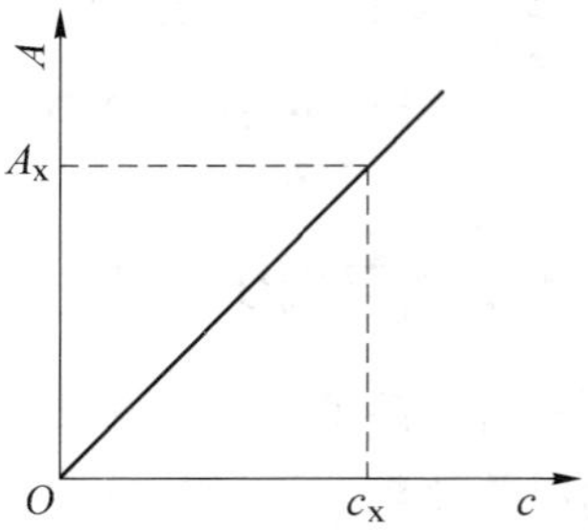

图 7-5 标准曲线

2. **比较法** 取含有已知准确浓度被测组分的标准溶液，将标准溶液及被测试液在完全相同的条件下显色、测定吸光度。分别以 A_s 和 A_x 表示标准溶液和被测试液的吸光度，以 c_s 和 c_x 表示标准溶液和被测试液的浓度，根据朗伯-比耳定律可得：

$$A_x = \varepsilon_x b_x c_x$$

$$A_s = \varepsilon_s b_s c_s$$

由于是在同样条件下测同种物质，所以 $\varepsilon_s = \varepsilon_x$，$b_s = b_x$，则

$$\frac{A_x}{A_s} = \frac{c_x}{c_s}，即 \quad c_x = \frac{A_x}{A_s} \times c_s \tag{7-7}$$

c_s 已知，A_s 和 A_x 可以测得，c_x 便可求得。

【例 7.3】 准确取含磷 30 μg 的标准溶液，于 25.00 mL 容量瓶中显色定容，在 690 nm 处测得吸光度为 0.410；称取 1.00 g 含磷试样，在同样条件下显色、定容，在同一波长处测得吸光度为 0.320。计算试样中磷的质量分数 $w(\mathrm{P})$。

解：因定容体积相同，所以浓度之比等于质量之比，即

$$\frac{A_x}{A_s} = \frac{c_x}{c_s} = \frac{m_x}{m_s}$$

$$m_x = \frac{A_x}{A_s} \times m_s = \frac{0.320}{0.410} \times 30\ \mu\mathrm{g} = 23\ \mu\mathrm{g}$$

$$w(\mathrm{P}) = \frac{m_x}{m} = \frac{23\ \mu\mathrm{g}}{1.00 \times 10^6\ \mu\mathrm{g}} = 2.3 \times 10^{-5}$$

采用比较法时应注意，所选择的标准溶液浓度要与被测试液浓度尽量接近，以避免产生大的误差。测定的样品数较少时，采用比较法较为方便，但准确度不甚理想。

7.2.4　仪器

1. **光度分析仪器的基本部件**　光度分析仪器主要由光源、单色器、吸收池、检测器和显示记录系统 5 大部件组成。

(1)光源:可见光区通常用 6～12 V 钨丝灯作光源,紫外光源一般用氘灯。为了获得准确的测定结果,要求光源要有足够的强度,且稳定,通常要配置稳压器;为了得到平行光,仪器中都装有聚光镜和反射镜等。

(2)单色器:入射光为单色光是朗伯-比耳定律的前提条件之一,单色器就是将光源发出的复色光中分出某一波长单色光的装置,一般由狭缝、色散元件及透镜系统组成。

光电比色计中单色器是滤光片和出光狭缝。常用的滤光片是有色玻璃制成的,它只允许和它颜色相同的光通过,可得到具有一定波长范围的近似单色光。选择滤光片的原则是:滤光片透过的光应是被测溶液吸收的光,也就是说,滤光片的颜色应与被测溶液的颜色为互补色。

分光光度计中的色散元件是棱镜或光栅。棱镜对于不同波长的光具有不同的折射率,因而可以把复色光分解为单色光。可见光区一般用玻璃棱镜,紫外光区用石英棱镜。光栅是利用光的衍射和干涉作用制成的高分辨率的色散元件,其优点是色散均匀、分辨率高、适用波长范围较宽等。复色光经色散元件色散后,通过狭缝让所需波长的光照射到吸收池上,由于狭缝很窄,所得到的单色光纯度较高。由于分光光度计的单色器能获得纯度较高的单色光,适用的波长范围也较广,所以分光光度法的灵敏度、选择性和准确度等均优于光电比色法。

(3)吸收池:吸收池是用于盛装参比溶液和被测试液的容器,也称比色皿,一般由无色透明、耐腐蚀的光学玻璃制成,也有的用石英玻璃制成(紫外光区必须采用石英吸收池)。厚度有 0.5 cm、1.0 cm、2.0 cm、3.0 cm、5.0 cm 等数种规格,同一规格的吸收池间透光率相差应小于 0.5%。使用过程中要注意保持比色皿的光洁,特别要保护其透光面不受磨损。

(4)检测器:检测器是利用光电效应,将透射光信号转变为电信号的装置。常用的有光电池、光电管、光电倍增管等。

光电池一般在光电比色计及低档的(如 72 型)分光光度计上采用。硒光电池对光敏感范围为 300～800 nm,对 500～600 nm 的光最为灵敏。光电池受强光照射或长久连续使用,会出现“疲劳”现象,使光电流逐渐下降。这时应将光电池置于暗处,使之恢复原有的灵敏度,严重时应更换新的硒光电池。

光电管是由一个阳极和一个光敏阴极构成的真空或充有少量惰性气体的二极

管，阴极表面镀有碱金属或碱土金属氧化物等光敏材料。当被光照射时，阴极表面发射电子，电子流向阳极而产生电流，对一定波长的光，光电流大小与光强度成正比：$i=kI$。光电管的特点是灵敏度高，不易疲劳。

光电倍增管是在普通光电管中引入具有二次电子发射特性的倍增电极组合而成，比普通光电管灵敏度高 200 多倍，是目前高中档分光光度计中常用的一种检测器。

(5)显示记录系统：显示记录系统的作用是把电信号以吸光度或透光率的方式显示或记录下来。光电流的大小通常用检流计测量，吸光度或透光率可以从表头标尺上读取或采用数字显示。在检流计标尺上，有吸光度和透光率两种刻度，透光率是等刻度的，吸光度刻度是不均匀的，如图 7-6 所示。

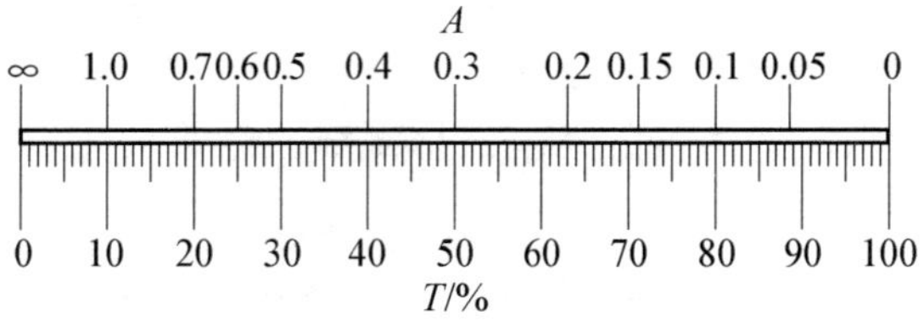

图 7-6 检流计标尺示意图

由于溶液的吸光度与其浓度成正比，所以测定时一般都读取吸光度。

2.**吸光度的测定** 分光光度计的检测器将光信号转变为电信号，所以记录显示器显示的只是与照射在检测器上的光强度 I 成正比的光电流 i 的大小。设通过被测溶液的入射单色光强度和透射光强度分别为 I_0 和 I_t，则：

$$i_0=K \cdot I_0$$

$$i_t=K \cdot I_t$$

两式相比，可得：

$$\frac{i_t}{i_0}=\frac{I_t}{I_0}=T \tag{7-8}$$

即 i_t 与 i_0 的比值为被测溶液的透光率 T，经换算即可得吸光度 A。因此，在使用单光束分光光度计测定溶液的吸光度时，必须首先做空白测定：光路中不放入被测溶液，使由单色器产生的入射光 I_0 直接照射检测器，并调节光源强度或入射狭缝宽度，使检流计指示 $T=100\%$；然后，在相同条件下将被测溶液推入光路，此时照射于检测器的为透射光 I_t，此时检流计指针所指示 T，即为被测溶液的透光率，由对应的吸光度标尺即可直接读出吸光度 A。

由于比色皿、溶剂及与被测成分共存的其他物质对光有吸收、色散、反射等作用，故实际工作中要用参比溶液做空白测定，以减少比色皿、溶剂等因素对测定的影响。

3. 分光光度计简介　分光光度计种类很多，一般按工作波长范围分类。紫外、可见分光光度计主要用于无机物和有机物含量的测定，红外分光光度计主要用于结构分析。分光光度计又可根据光学系统的不同，分为单光束分光光度计和双光束分光光度计；根据分光光度计在测量过程中同时提供的波长数，可分为单波长分光光度计和双波长分光光度计等。近年来又出现了电子计算机控制的分光光度计。

(1)单光束分光光度计：采用一个单色器，获得所需波长的一束单色光，通过改变参比池和样品池位置，进行参比溶液和样品溶液的交替测量。这种仪器通常由于光源强度的波动和检测系统的不稳定性而引起测量误差，因此必须配备稳压电源。国产 721 型可见分光光度计属于这种类型的仪器，其工作波段为 360～800 nm，采用钨灯作光源，棱镜作色散元件，光电管作检测器。经改进的 722 型分光光度计，采用光栅作色散元件，数字显示，工作波段为 320～800 nm，其光学系统如图 7-7 所示。

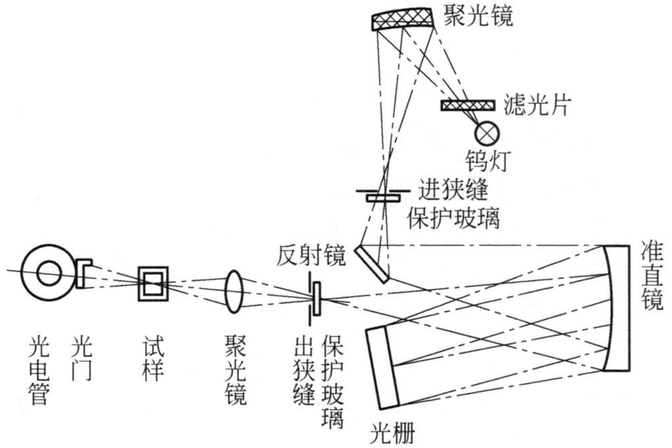

图 7-7　722 型分光光度计光学系统示意图

单光束可见分光光度计结构简单，操作简便，价格低廉，是一种常规定量分析仪器。

(2)双光束分光光度计：双光束分光光度计是将单色器色散后的单色光分成两束，一束通过参比池，一束通过样品池，仪器自动高频率交替测量两束透射光的强度差，并将之转换成样品溶液的吸光度，故一次测量即可得到样品溶液的吸光度。国产 730 型、WFD-10 型等分光光度计都属于此类仪器。图 7-8 为 WFD-10 型双光束紫外-可见分光光度计光学系统示意图。

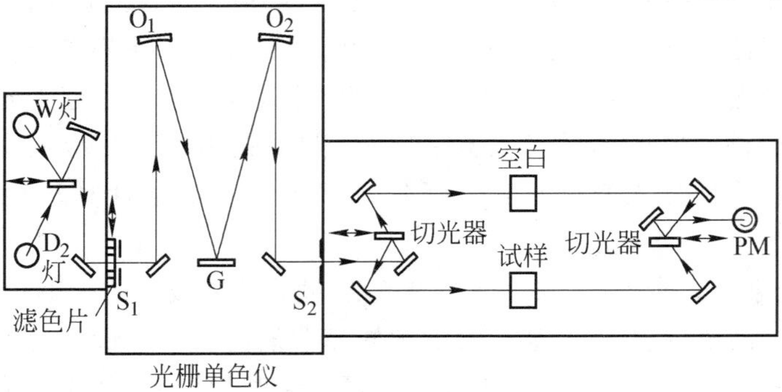

图 7-8 WFD-10 型分光光度计光学系统示意图

双光束分光光度计是近年来发展最快的一类分光光度计，其特点是便于进行自动记录，可在较短的时间内获得全波段扫描吸收光谱，从而简化了操作手续。由于样品和参比信号进行反复比较，消除了光源、光学和电子元件不稳定对测定的影响。双光束分光光度计光路设计要求严格，价格较高。

(3)双波长分光光度计：双波长分光光度计是将同一光源发出的光分成两束，分别经过两个单色器，得到两束不同波长的单色光，使两种不同波长的单色光以一定的频率交替照射被测试液，测得被测试液在两种波长条件下的吸光度之差 ΔA。试样溶液中被测组分的浓度与 ΔA 成正比，这是双波长法的定量依据。图 7-9 是双波长分光光度计的方框示意图。

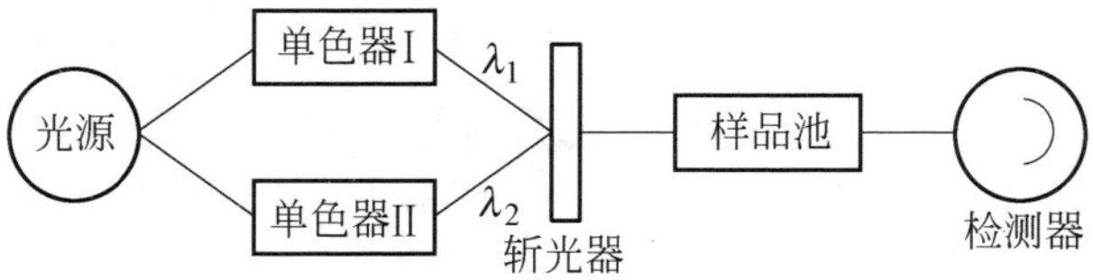

图 7-9 双波长分光光度计示意图

只要波长选择合适，就可扣除背景吸收等因素的影响。双波长分光光度计可测定高浓度试样、多组分混合试样，而且还可测定浑浊试样，有较高的灵敏度和准确度。

双波长分光光度法的关键是正确选择两波长 λ_1、λ_2，要求被测组分在两波长

处的 ΔA 足够大，而干扰组分在两波长处应有相同的吸光度（即 $\Delta A=0$）。

目前有一种光度计集双光束和双波长的功能于一身，兼有这两种类型吸光光度计的特点。

由于微处理机的应用，自动化程度很高的紫外-可见分光光度计已被普遍使用。这类光度计完全在软件控制下完成检测、测试和数据处理及绘图等操作，使操作过程变得十分简单，效率大大提高。对测得的信号可用各种方法加以处理，例如可进行多组分同时分析、导数光谱法、谱峰分解等，一次测量获得的信息是中、低档分光光度计根本无法比拟的。

7.3　显色反应及其条件的选择（Chromogenic Reactions and Options of Chromogenic Conditions）

7.3.1　显色反应、显色剂

比色分析法及可见吸光光度法是利用有色溶液对光的选择性吸收来进行测定的。有些物质本身有明显的颜色，可用于直接测定，但大多数物质本身颜色很浅甚至无色，这时就需要加入某种试剂，使原来颜色很浅或无色的被测物质转化为有色物质。这种将被测组分转变成有色化合物的反应称为显色反应，所加入的试剂称作显色剂。在吸光光度分析中所用到的显色反应主要有配位反应、氧化还原反应等。

显色反应应满足下列要求：

（1）选择性好，干扰少：最好只有被测组分发生显色反应。如果其他干扰组分也显色，则要求被测组分所生成有色化合物与干扰组分所生成有色化合物的最大吸收峰相距较远，彼此互不干扰。

（2）灵敏度高：应选择能生成摩尔吸光系数大的有色化合物的显色反应，这样测定灵敏度高，有利于微量组分的测定。灵敏度高的显色反应，有色物质的 ε 可达 $10^4 \sim 10^5\ L \cdot mol^{-1} \cdot cm^{-1}$。但要注意，灵敏度高的反应，选择性不一定好，所以，二者应该兼顾。

（3）有色化合物的组成恒定：显色反应应按确定的反应式进行，对于形成多种配位比的配位反应，应控制条件，使其组成固定，这样才能准确进行定量分析。

（4）有色化合物的性质稳定：对于空气中的氧、二氧化碳、灰尘等不敏感，不容易受溶液中其他化学因素的影响，以保证吸光度测定的重现性。

（5）色差大：有色化合物与显色剂之间的颜色差别要大，显色剂在测定波长处无吸收。通常把两种吸光物质最大吸收波长之差的绝对值称为对比度,用 $\Delta\lambda$ 表示。要求有色化合物与显色剂的 $\Delta\lambda > 60$ nm。

常用的显色剂包括无机显色剂和有机显色剂。

无机显色剂与被测离子形成的配合物大多不够稳定,灵敏度比较低,有时选择性不够理想,而且无机显色剂的数目有限,因此无机显色剂在吸光光度分析中应用不多。

大多数有机显色剂与金属离子形成稳定的螯合物,显色反应的选择性和灵敏度也都较高。随着有机试剂合成的发展,有机显色剂的应用日益增多。磺基水杨酸、邻二氮菲、双硫腙、丁二酮肟、铬天青 S 、偶氮胂Ⅲ等,均是较为常用的有机显色剂。

7.3.2 显色反应条件的选择

1.显色剂用量 显色反应可用下式表示:

$$\underset{(\text{待测组分})}{\mathrm{M}} + \underset{(\text{显色剂})}{\mathrm{R}} \rightleftharpoons \underset{(\text{有色化合物})}{\mathrm{MR}}$$

为了使反应进行完全,应加入过量的显色剂。但是显色剂加得太多,有时会引起副反应,反而对测定不利。显色剂的适宜用量可通过实验来确定:将被测试液的浓度及其他条件固定,加入不同量的显色剂,在相同条件下测定吸光度,并以吸光度为纵坐标,显色剂用量(或浓度)为横坐标,绘制吸光度-显色剂用量关系曲线,如图 7-10 所示。

图 7-10(1)中曲线表示随着显色剂用量的增加,在某显色剂用量范围内所测得的吸光度达最大且恒定(曲线出现较平坦部分),表明显色剂用量已足够,就可在 ab 范围内确定显色剂的加入量。

图 7-10(2)中曲线出现的平坦部分较窄,当显色剂用量继续增加时,吸光度反而下降,这种情况就要严格控制显色剂用量在 $a'b'$ 范围内。

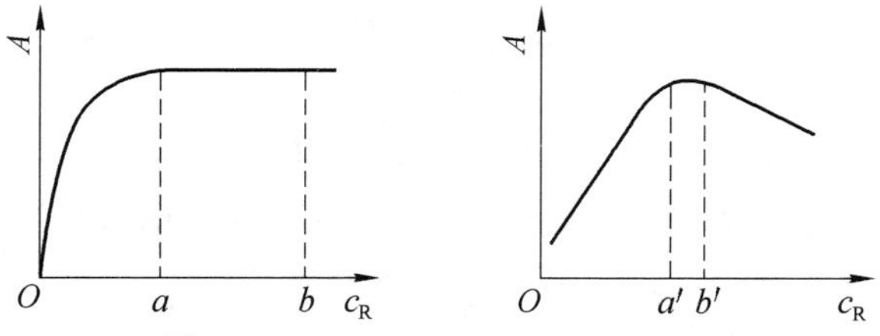

(1) (2)

图 7-10 A-c_R 图

2. 溶液的酸度　酸度对显色反应主要有以下几个方面的影响：

(1)影响配合物的组成：许多显色剂是有机弱酸阴离子，随着酸度增加，将引起配体酸效应，使所生成有色化合物的稳定性降低。

对能形成多级配合物的显色反应，不同酸度条件下可形成不同配位比的配合物。如 Fe^{3+} 与磺基水杨酸反应，在 pH＝2～3 的溶液中，Fe^{3+} 与试剂生成 1∶1 的紫红色配合物；pH＝4～7 时，生成 1∶2 的橙色配合物；pH＝8～10 时，生成 1∶3 的黄色配合物。

(2)影响显色剂的颜色：许多显色剂具有酸碱指示剂的性质，在不同的酸度条件下，显色剂本身的颜色不同。例如二甲酚橙，当溶液的 pH＜6.3 时，主要以黄色的 H_3In^{3-} 形式存在，pH＞6.3 时，主要以红色的 H_2In^{4-} 形式存在。大多数金属离子与二甲酚橙生成紫红色配合物，为增大色差，应控制溶液 pH＜6.3 时进行测定。

(3)影响被测离子的存在状态：多数重金属离子因酸度的降低而发生水解，形成各种型体的多羟基配合物，甚至析出沉淀，使光度测定无法进行。

显色反应的适宜酸度一般也由条件实验来确定：固定溶液中被测组分与显色剂浓度等条件，改变溶液的 pH，分别测定其吸光度，绘制 A-pH 曲线(图 7-11)，从中找出适宜的酸度范围。

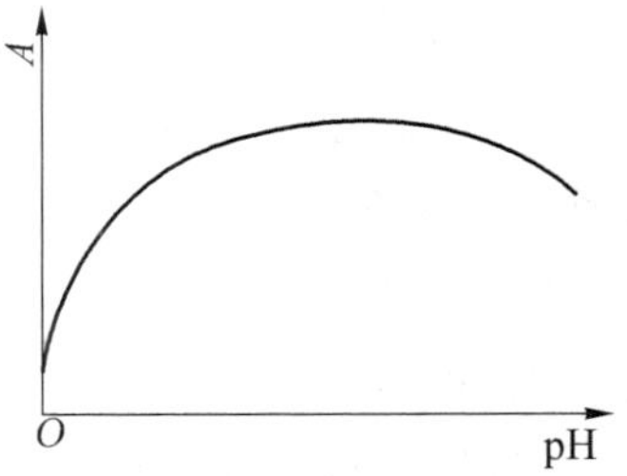

图 7-11　A-pH 图

3. 显色温度　显色反应一般在室温下进行。有些显色反应受温度影响很大，室温下进行很慢，必须加热至一定温度才能迅速完成；或有些有色化合物在温度较高时会发生分解。可通过实验，绘制吸光度-温度曲线，确定适宜的温度范围。

4. 显色时间　由于显色反应的速度不尽相同，所以溶液颜色达到稳定状态所需时间不同。有些显色反应在瞬间即完成，而且颜色在较长时间内保持稳定，但很多显色反应需一定时间才能完成。有些显色反应产物，还会由于受空气氧化等因素的影响而分解褪色。所以要根据具体情况，掌握适当的显色时间，在颜色稳定的时间内进行测定。

适宜的显色时间和有色溶液的稳定程度，也是通过实验确定的：配制一份溶液，从加入显色剂开始计时，每隔一段时间测定一次吸光度，绘制一定温度下的吸光度-时间关系曲线，就可以找出适宜的显色时间和溶液颜色稳定时间。

5. 溶剂　许多有色化合物在水中解离度比较大，而在有机溶剂中解离度小，故加入适量的有机溶剂或用有机溶剂萃取，可以使颜色加深，提高显色反应的灵敏度。

7.3.3 测定中的干扰及其消除方法

试样中存在干扰物质会影响被测组分的测定。干扰离子的影响有以下几种情况：

(1)干扰离子本身有颜色：如 Co^{2+}(红色)、Ni^{2+}(翠绿色)、Cu^{2+}(蓝色)等。

(2)干扰离子与显色剂生成有色化合物：如用 NH_4SCN 测定 Co^{2+} 时，干扰离子 Fe^{3+} 与 SCN^- 生成血红色配合物，从而引起正误差。

(3)干扰离子与显色剂生成无色化合物：例如磺基水杨酸测定 Fe^{3+} 时，干扰离子 Al^{3+} 与磺基水杨酸生成无色配合物，消耗了大量显色剂，使被测离子配位不完全，导致负误差。

(4)干扰离子与被测组分生成配合物或沉淀：例如用磺基水杨酸测定 Fe^{3+} 时，若溶液中存在 F^- 和 HPO_4^{2-}，则 F^- 与 Fe^{3+} 生成稳定的无色配合物，HPO_4^{2-} 与 Fe^{3+} 生成无色配合物，使被测离子浓度下降，不能充分显色而引起负误差，甚至可能使测定无法进行。

消除共存离子干扰的方法：

(1)加掩蔽剂：掩蔽剂与干扰离子形成很稳定的无色配合物(或虽有颜色，但与被测有色化合物的颜色有较大差别，不影响测定)，而不与被测离子形成配合物或只形成极不稳定的配合物，因而消除了干扰离子的影响。例如在 NH_4SCN 测定 Co^{2+} 时，加入 NaF 可消除 Fe^{3+} 的干扰。

(2)控制酸度：控制酸度是一种常用、简便而有效的消除干扰的方法。许多显色剂是有机弱酸或弱碱，并且与不同金属离子生成的配合物稳定性不同，因此控制显色溶液的酸度，就可以控制显色剂各种型体的浓度，从而使某种金属离子显色，而另外一些金属离子不能生成稳定的有色化合物。例如控制 $pH=2\sim3$ 时，用磺基水杨酸测定 Fe^{3+}，可消除 Cu^{2+}、Al^{3+} 的干扰，此法甚至可用于铜合金中微量铁的测定。

(3)利用氧化还原反应改变干扰离子价态：许多显色剂对变价元素的不同价态离子的显色能力不同。例如在 Fe^{3+} 干扰铬天青 S 测定 Al^{3+} 时，加入抗坏血酸使 Fe^{3+} 还原为 Fe^{2+}，干扰即可消除。

(4)选择适当的测定波长：为了使分析测定有较高的灵敏度和准确度，应选择待测物质的最大吸收波长为测定波长。但是当在此波长处存在干扰时，可适当降低灵敏度，选择干扰小的波长为测定波长。

(5)选用适当的参比溶液：在光度分析中，用参比溶液来调节仪器的吸光度零点，可以抵消某些影响因素带来的误差。因此选择适当的参比溶液，在一定程度上可达到消除干扰的目的。

(6)分离:若上述方法均不能满足要求时,应采用沉淀、离子交换或溶剂萃取等分离方法消除干扰。

7.4　光度分析误差及测量条件的选择

7.4.1　光度分析误差(Errors in Spectrometric Analysis)

吸光光度法的误差主要来自两个方面:一是偏离朗伯-比耳定律引起的误差;二是光度测量误差。

1. 偏离朗伯-比耳定律　根据朗伯-比耳定律,吸光度与吸光物质的浓度成正比,绘制的标准曲线应是一条通过原点的直线。但是在实际工作中,尤其当吸光物质的浓度比较高时,直线常发生弯曲,此现象称为偏离朗伯-比耳定律,如图 7-12 所示,因此会引起误差。

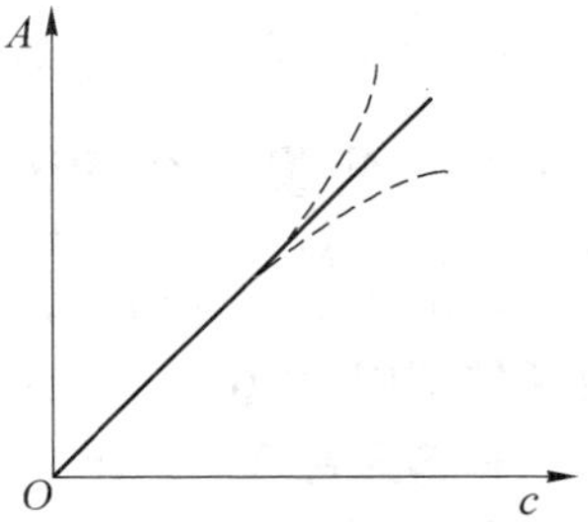

图 7-12　偏离朗伯-比耳定律

偏离朗伯-比耳定律的主要原因如下:

(1)非单色光引起的偏离:朗伯-比耳定律只适用于单色光。但是,即使是现代高精度光度分析仪器所提供的入射光也不是纯的单色光,而是波长范围较窄的谱带,实质上都是复色光。当入射光为复色光时,由于吸光物质对不同波长光的吸收能力不同,导致标准曲线发生弯曲、偏离朗伯-比耳定律。

在实际工作中,通常选择吸光物质最大吸收波长的光为入射光,这不仅能提高光度分析的灵敏度,而且因为此处的吸收曲线一般较平坦,即吸光系数随波长变化不大,故偏离朗伯-比耳定律的程度较小。

(2)化学、物理因素引起的偏离:①朗伯-比耳定律只适用于稀溶液,因此时分子和离子是相互独立的吸光质点。而在高浓度时,溶液中粒子间距离小,彼此相互影响,改变了光吸收能力,引起偏离。②介质不均匀引起的偏离。朗伯-比耳定律要求被测试液是均匀的,当被测试液是胶体溶液、乳浊液或是悬浊液时,入射光一部分被试液吸收,另一部分因反射、散射而损失,使透光率减小而吸光度增加,导致偏离。③溶液中吸光物质因离解、缔合、形成新化合物等化学变化而改变吸光物质的浓度和吸光特性,导致偏离。

2. 光度测量误差　任何分光光度计都有一定的测量误差,它可能来源于光源不稳定、机械振动、光电池(或光电管)不灵敏、读数不准确等因素。但对于给定的仪器来说,读数误差是决定测定结果准确度的主要因素。

分光光度计的透光率标尺刻度是均匀的，对于同一台分光光度计来说，透光率读数误差 ΔT 是一个常数。但由于透光率与吸光度是负对数关系，吸光度的刻度不均匀，所以同样的 ΔT 在不同吸光度处引起的吸光度误差是不同的，即相同的 ΔT 在不同吸光度处所造成的浓度测量误差是不相同的：当被测物质浓度 c 很小时，A 很小，由相同的 ΔT 所引起的绝对误差 Δc 虽不大，但相对误差 $\Delta c/c$ 却比较大；当被测物质浓度 c 很大时，A 很大，由相同的 ΔT 所引起的绝对误差 Δc 也大，相对误差 $\Delta c/c$ 也比较大；只有当被测物质浓度在适当范围内，也就是相应的吸光度在一定范围内时，光度测量所引起读数的相对误差才比较小。通过计算可知，被测溶液的吸光度在 0.2～0.8 或透光率在 15%～65%范围内，测量的相对误差较小，当 $A=0.434$（$T=36.8\%$）时，测量的相对误差最小。

7.4.2　测量条件的选择(Options of Determination Conditions)

综上所述，要使吸光光度分析有较高的灵敏度和准确度，在选择合适的显色反应条件基础上，还必须注意选择适当的测量条件。

1.选择合适的入射光波长　在实际工作中，通常选最大吸收波长为入射光波长，因此时吸光物质的摩尔吸光系数最大，测定的灵敏度最高，并且，由非单色光引起的对朗伯-比耳定律的偏离小，测定结果准确度高。但如有干扰物质存在，应根据“吸收最大，干扰最小”的原则选择入射光波长，此时测定的灵敏度有所降低，但可以减少干扰。

2.控制适当的读数范围　因为吸光度在 0.2～0.8 范围内测量的读数误差较小，所以，应尽量使吸光度读数控制在此范围内。为此可采取以下措施：①控制试液的浓度。含量大时，少取样或稀释试液；含量少时，可多取样或萃取富集。②选择不同厚度的比色皿。吸光度太大时，可改用厚度小的比色皿；吸光度太小时，改用厚度大的比色皿。

3.选择适当的参比溶液　用适当的参比溶液用来调节仪器的零点，即吸光度为零、透光率为 100%，可消除由比色皿、溶剂、试剂、干扰离子等对入射光的吸收、反射、散射等产生的误差。可见光度分析中，一般参照以下方法选择合适的参比溶液：

(1)如果样品溶液、试剂、显色剂均无色时，选溶剂作参比，称为“溶剂空白”；

(2)如果样品溶液有色，而试剂、显色剂无色时，选不加显色剂的样品溶液作参比，称为“样品空白”；

(3)如果试剂、显色剂有色，而样品溶液无色时，选不加样品的试剂、显色剂溶液作参比，称为“试剂空白”。

7.5　吸光光度分析的应用(Applications of Absorption Spectrometry)

7.5.1　示差分光光度法

吸光光度法用于高含量组分或过低含量组分测定时,由于吸光度不在 0.2～0.8 范围内,会引起较大误差。采用示差分光光度法可以弥补这一缺点。

示差分光光度法是以一个与被测试液浓度接近的标准溶液显色后作为参比溶液进行测量,从而求得被测物含量的分析方法。按所选择的测量条件不同,可以分为高浓度示差分光光度法、低浓度示差分光光度法和使用两个参比溶液的双标准示差分光光度法,它们的测定原理基本相同,其中以高浓度示差分光光度法应用最多。高浓度示差分光光度法原理如下:

分别以 c_s 和 c_x 表示参比溶液和被测试液的浓度,且 $c_x > c_s$,根据朗伯-比耳定律可得:

$$A_x = \varepsilon b c_x$$

$$A_s = \varepsilon b c_s$$

$$\Delta A = A_x - A_s = \varepsilon b (c_x - c_s) = \varepsilon b \Delta c \quad (7\text{-}9)$$

可见,被测试液的吸光度与参比溶液的吸光度之差,与二者浓度差成正比。以浓度为 c_s 的标液为参比溶液,测定一系列浓度略高于 c_s 的标准溶液的吸光度,即 ΔA;将测得的 ΔA 对 Δc 绘制标准曲线。再测定未知试样的吸光度,即 ΔA_x,在标准曲线上可查得对应的 Δc_x,根据 $c_x = c_s + \Delta c_x$ 求得 c_x,进一步即可计算待测组分的含量。

若用一般光度法,以空白参比测得标准溶液的透光率 T_s 为 10%,被测试液的透光率 T_x 为 7%,这样测定吸光度读数误差会很大。若采用示差光度法,以浓度为 c_s 的标准溶液作参比溶液调零,即将标准溶液的透光率 T_s 从 10%调到 100%,由于标准溶液与被测液透光率的比值为 10∶7,则被测试液的透光率 T_x 将为

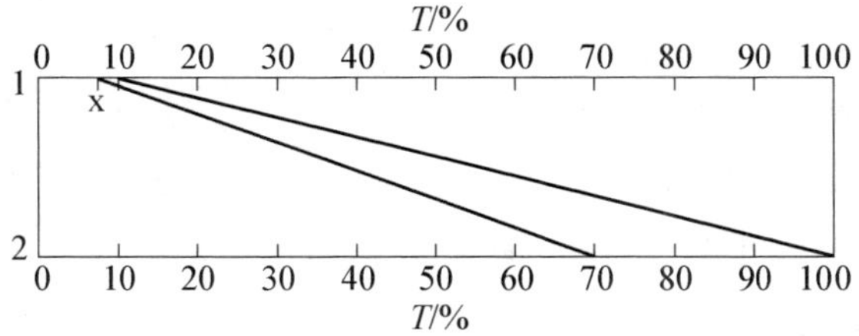

图 7-13　示差分光光度法示意图

70%,如图 7-13 所示,使测得的吸光度落在适宜的读数范围内,从而提高了高含量组分光度法测定的准确度。

7.5.2 多组分分析

实际工作中所遇到的样品,往往是复杂的多组分体系。当溶液中含有不止一种吸光物质时,根据吸光度的加和性,总吸光度为各组分吸光度之和,因此常有可能在同一试液中不经分离,测定一种以上组分的含量。现以含有两种组分的溶液为例加以说明。

设某溶液中含有 x 和 y 两种组分,其浓度分别为 c_x 和 c_y,它们的吸收光谱可能会出现如图 7-14 所示的几种情况。

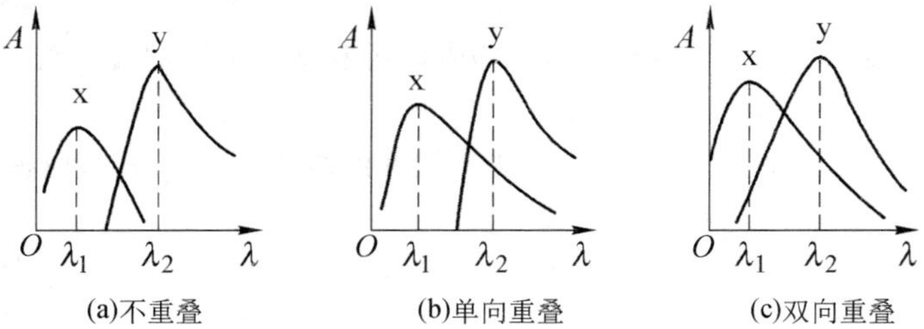

图 7-14 混合物吸收光谱

如果两种组分的吸收曲线不相互重叠,如图 7-14(a)所示,即各组分的最大吸收波长不重叠,x 组分最大吸收波长处 y 组分吸光度为零,y 组分最大吸收波长处 x 组分的吸光度为零,就可在各个组分的最大吸收波长条件下,按单组分测定方法分别测定其吸光度,和单组分一样求得分析结果。

图 7-14(b)的情况为吸收光谱单向重叠,即 x 组分对 y 组分有干扰,而 y 组分对 x 组分无干扰。此时可在 λ_1 和 λ_2 处测混合组分吸光度 $A_{\lambda_1}^{x}$ 和 $A_{\lambda_2}^{x+y}$,则有:

$$A_{\lambda_1}^{x}=\varepsilon_{\lambda_1}^{x}bc_x$$

$$A_{\lambda_2}^{x+y}=\varepsilon_{\lambda_2}^{x}bc_x+\varepsilon_{\lambda_2}^{y}bc_y$$

式中:$\varepsilon_{\lambda_1}^{x}$ 为 x 在波长 λ_1 时的摩尔吸光系数;$\varepsilon_{\lambda_2}^{x}$、$\varepsilon_{\lambda_2}^{y}$ 分别为 x、y 在波长 λ_2 处的摩尔吸光系数。若测定时使用固定比色皿,并用 x、y 的纯溶液分别测定 x、y 的摩尔吸光系数,根据测定的 $A_{\lambda_1}^{x}$ 和 $A_{\lambda_2}^{x+y}$ 值,解联立方程组即可求得 x 和 y 两组分的浓度 c_x 和 c_y。

图 7-14(c)中的情况是吸收光谱双向重叠,两者在对方的最大吸收峰处都有吸

收。测定混合液在 λ_1 和 λ_2 处吸光度可得 $A_{\lambda_1}^{x+y}$ 和 $A_{\lambda_2}^{x+y}$，并用 x、y 的纯溶液测得 $\varepsilon_{\lambda_1}^{x}$、$\varepsilon_{\lambda_2}^{x}$、$\varepsilon_{\lambda_1}^{y}$ 和 $\varepsilon_{\lambda_2}^{y}$，求解下列联立方程组可得 c_x 和 c_y：

$$A_{\lambda_1}^{x+y}=\varepsilon_{\lambda_1}^{x}bc_x+\varepsilon_{\lambda_1}^{y}bc_y$$

$$A_{\lambda_2}^{x+y}=\varepsilon_{\lambda_2}^{x}bc_x+\varepsilon_{\lambda_2}^{y}bc_y$$

对于更多组分体系，测定原理同上，数据可用计算机处理。

7.5.3　双波长分光光度法

用单波长分光光度法进行定量分析时，常会遇到下述问题难以解决：多组分吸收曲线重叠，必须解联立方程组才能同时测定，此时计算烦琐且误差较大；当样品背景吸收(包括比色皿及溶剂的吸收等)较大或为浑浊样品时则不能测定；单波长分光光度法中，做空白试验和测定时分别使用两个比色皿，比色皿差异所引起的误差不能消除，等等。为了解决上述问题，可采用双波长分光光度法。

双波长分光光度法利用双波长分光光度计进行测定。由光源发出的光，分别经过两个单色器，得到两束具有不同波长(λ_1 和 λ_2)的单色光，经切光器(斩波器)后，两光束交替照射于同一试样吸收池，然后测量和记录试液对波长 λ_1 和 λ_2 两光束的吸光度差值 ΔA，由此求出待测组分的含量。

对于波长为 λ_1 的单色光，根据朗伯-比耳定律应有：

$$A_{\lambda_1}=\varepsilon_{\lambda_1}bc+A_{s1}$$

同理，对于波长为 λ_2 的单色光应有：

$$A_{\lambda_2}=\varepsilon_{\lambda_2}bc+A_{s2}$$

式中：A_{λ_1}、A_{λ_2} 为溶液在波长为 λ_1 和 λ_2 处测得的吸光度；ε_{λ_1}、ε_{λ_2} 为溶液在波长 λ_1 和 λ_2 处的摩尔吸光系数；A_s 为背景吸收或光散射。若选择适当的 λ_1、λ_2，使 $A_{s1}=A_{s2}$，

将两式相减得：

$$\Delta A=A_{\lambda_2}-A_{\lambda_1}=(\varepsilon_{\lambda_2}-\varepsilon_{\lambda_1})bc \tag{7-10}$$

式(7-14)说明，试样溶液对波长为 λ_1 和 λ_2 的单色光的吸光度之差值与待测物质的浓度成正比，这是双波长分光光度法进行定量分析的依据。

7.5.4　弱酸和弱碱离解常数的测定

应用光度法测定弱酸、弱碱的离解常数，是基于弱酸(或弱碱)与其共轭碱(或共轭酸)对光的吸收情况不同。对于一元弱酸有下述离解平衡：

$$HA \rightleftharpoons H^+ + A^-$$

其离解常数为：

$$K_a = \frac{\{c^{eq}(H^+)/c^\ominus\}\{c^{eq}(A^-)/c^\ominus\}}{\{c^{eq}(HA)/c^\ominus\}} \tag{7-11}$$

将式(7-11)两边同取负对数，得：

$$pK_a = pH - \lg \frac{c^{eq}(A^-)/c^\ominus}{c^{eq}(HA)/c^\ominus} \tag{7-12}$$

根据式(7-12)知，为测定 pK_a，需测出 pH 及 $c^{eq}(HA)$ 与 $c^{eq}(A^-)$ 的比值。具体方法是：配制分析浓度 $c = c^{eq}(HA) + c^{eq}(A^-)$ 完全相同而 pH 不同的 3 份溶液：第一份溶液的酸性足够强($pH \leqslant pK_a - 2$)，此时，弱酸几乎全部以 HA 的形式存在，在一定波长下，测定其吸光度：

$$A_{HA} = \varepsilon_{HA} \cdot b \cdot c^{eq}(HA) = \varepsilon_{HA} \cdot b \cdot c \tag{7-13}$$

第二份溶液的 pH 在其 pK_a 附近，此时溶液中的 HA 与 A^- 共存，在相同波长下，测定其吸光度：

$$\begin{aligned} A &= A_{HA} + A_{A^-} = \varepsilon_{HA} \cdot b \cdot c^{eq}(HA) + \varepsilon_{A^-} \cdot b \cdot c^{eq}(A^-) \\ &= \varepsilon_{HA} \cdot b \cdot \frac{c(H^+) \cdot /c^\ominus \cdot c}{c(H^+)/c^\ominus + K_a} + \varepsilon_{A^-} \cdot b \cdot \frac{K_a \cdot c}{c^{eq}(H^+)/c^\ominus + K_a} \end{aligned} \tag{7-14}$$

第三份溶液的碱性足够强($pH \geqslant pK_a + 2$)，此时，弱酸几乎全部以 A^- 的形式存在，在相同波长下，测定其吸光度：

$$A_{A^-} = \varepsilon_{A^-} \cdot b \cdot c^{eq}(A^-) = \varepsilon_{A^-} \cdot b \cdot c \tag{7-15}$$

将式(7-13)、式(7-15)代入式(7-14)整理后得：

$$pK_a = pH - \lg \frac{A - A_{HA}}{A_{A^-} - A} \tag{7-16}$$

由式(7-16)可知，只要测出 A、A_{HA}、A_{A^-} 和 pH 就可以计算出 K_a。

7.5.5 配合物组成的测定

利用分光光度法测定配合物组成的方法很多，这里介绍较简单的摩尔比法和连续变化法，用于测定离解度较小、配位比较低的配合物的组成。

1. 摩尔比法 摩尔比法利用金属离子同显色剂物质的量比例的变化来测定配合物组成。在一定条件下配制一系列固定金属离子 M 的浓度、但显色剂 R 的浓度依次递增的溶液；在相同测量条件下分别测定各溶液的吸光度，并以吸光度 A

对 c_R/c_M 作图，如图 7-15 所示。当 c_R 较小时，金属离子没有完全配位，随着 c_R 的增大，吸光度不断增高；当 c_R 增加到一定程度时，金属离子配位完全，再增大 c_R 时，吸光度不再升高，曲线变得平坦，转折处所对应的摩尔比即是配合物的配位比。若配合物稳定性较差，转折点不明显，则用外推法作出两条直线，两直线交点对应的 c_R/c_M 即是配合物的配位比。

2. 等摩尔连续变化法 等摩尔连续变化法是在实验中连续改变显色剂和金属离子的浓度，使溶液中金属离子和显色剂的物质的量按比例变化，但两者的总量保持一定，即 $c_M+c_R=c$(定值)。测定这一系列溶液的吸光度，然后以吸光度对 c_M/c 或 c_R/c 作图，来确定配合物的组成，如图 7-16 所示。

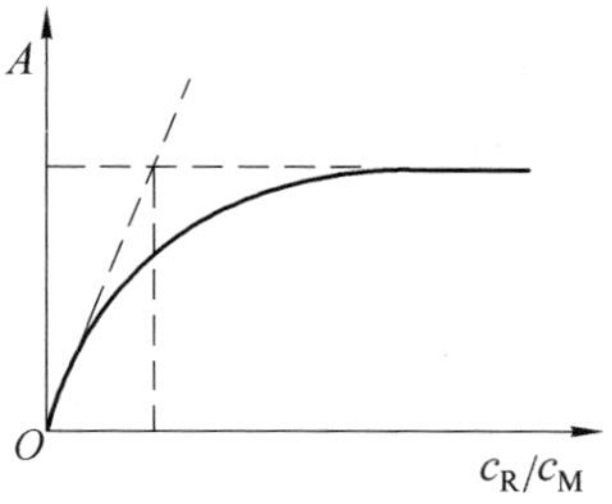

图 7-15 摩尔比法

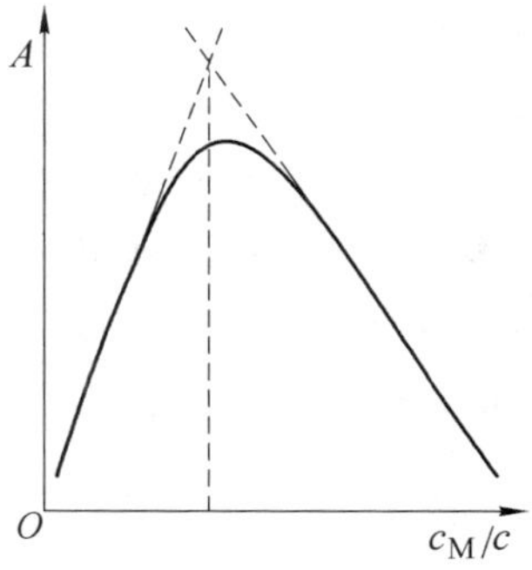

图 7-16 等摩尔连续变化法

7.5.6 应用实例

1. 磷的测定 微量磷的测定一般采用磷钼蓝光度法。磷钼蓝法是将磷酸与钼酸铵在酸性条件下反应，生成黄色磷钼杂多酸，然后用还原剂将黄色的磷钼杂多酸还原成磷钼杂多蓝，进行测定。常用的还原剂有氯化亚锡、硫酸联氨、抗坏血酸等。用硫酸联氨和抗坏血酸作还原剂时，反应速度慢，且需沸水浴加热，操作较麻烦；用氯化亚锡作还原剂，灵敏度高，显色快，但蓝色的稳定性稍差，对酸度和钼酸铵浓度的控制要求严格；若用抗坏血酸加酒石酸锑钾做还原剂，也可以使磷钼杂多酸转化成稳定的蓝色溶液，此法称为钼锑抗法。

2. 微量铁的测定 微量铁的测定有邻二氮菲法、硫代甘醇酸法、磺基水杨酸法、硫氰酸盐法等。

邻二氮菲与 Fe^{2+} 显色反应的适宜 pH 范围很宽，在 pH 2～9 的溶液中均能生成稳定的橙红色螯合物，酸度过高时反应进行较慢；酸度过低时 Fe^{2+} 将水解，通常在 pH 约为 5 的 HAc-NaAc 缓冲介质中测定。生成的配合物非常稳定，$\lg K_f=$

21.3(20℃),其溶液在508 nm处有最大吸收,摩尔吸光系数为1.11×10^4 L·mol^{-1}·cm^{-1}。利用上述反应测定微量铁,选择性很高,相当于含铁量5倍的Co^{2+}、Cu^{2+},20倍量的Cr^{3+}、Mn^{2+}、V(Ⅴ),甚至40倍量的Al^{3+}、Ca^{2+}、Mg^{2+}、Sn^{2+}、Zn^{2+}都不干扰测定。

本章小结

吸光光度法建立在不同结构的物质对不同波长的光有选择性吸收基础之上,其定量测定的依据是朗伯-比耳定律:$A=\lg\frac{I_0}{I_t}=\lg\frac{1}{T}=-\lg T=\varepsilon bc$。

摩尔吸光系数ε是衡量显色反应灵敏度的标志,其单位为L·mol^{-1}·cm^{-1}。为保证显色反应定量完成,需选择合适的显色剂并控制显色反应的条件。测定时,一般应选最大吸收波长作为入射光。

引起吸光光度法误差的主要因素有:①入射光的纯度及化学因素引起的对朗伯-比耳定律的偏离。②仪器的测量误差。为减小测量误差,应控制有色溶液的浓度,选择合适的比色皿的厚度,尽可能使溶液的吸光度A处于0.2~0.8。③干扰。

思考题

7-1 朗伯-比耳定律的适用条件是什么?写出朗伯-比耳定律的数学表达式,并说明其物理意义。

7-2 摩尔吸光系数的物理意义是什么?为什么它能衡量显色反应的灵敏度?

7-3 光度分析对显色反应的要求是什么?影响显色反应的因素有哪些?

7-4 酸度对显色反应的影响主要表现在哪些方面?

7-5 分光光度计是由哪些部件组成的?各部件的作用如何?

7-6 分光光度计通常采用哪几种色散元件?哪种单色器获得的单色光更纯?

7-7 哪些因素影响光度分析的准确度?如何克服?

7-8 何谓“偏离朗伯-比耳定律”?讨论这个问题有何实际意义?

7-9 在吸光光度法中,选择入射光波长的原则是什么?选择最大吸收波长作入射光有何优点?

7-10 符合朗伯-比耳定律的有色溶液稀释时,其最大吸收峰λ_{max}的位置:

A. 向长波方向移动　　B. 向短波方向移动

C. 不移动,但峰值降低　　D. 不移动,但峰值增大

7-11 吸光光度法能用于定性测定的依据是________________,能用于定量测定的依据是________________。

7-12　绘制吸收光谱的目的是________________，绘制工作曲线的目的是________________，从理论上讲，工作曲线的形状应是________________。

7-13　用单波长分光光度计测定溶液吸光度时，为何必须做空白试验？为何要用参比溶液做空白？做空白试验时，测得的光电流强度和什么有关？

练　习　题

7-1　用双硫腙光度法测定 Pb^{2+}，已知 50 mL 溶液中含 Pb^{2+} 0.080 mg，用 2.0 cm 吸收池于波长 520 nm 测得 $T=53\%$，求双硫腙-铅配合物的摩尔吸光系数 ε_{520}。

7-2　一束单色光通过厚度为 1 cm 的某有色溶液后，强度减弱 20%。当它通过厚度为 5 cm 的相同溶液后，光的强度减弱多少？

7-3　一种有色物质溶液，在一定波长下的摩尔吸光系数为 1 239 $L \cdot mol^{-1} \cdot cm^{-1}$。液层厚度为 1.0 cm 时，测得该物质溶液透光率为 75%，求该溶液的浓度。

7-4　一未知摩尔质量的苦味酸胺，摩尔吸光系数为 1.35×10^{4} $L \cdot mol^{-1} \cdot cm^{-1}$。称取该苦味酸胺 0.025 0 g，用 95% 的乙醇溶解后，准确配制成 1 L 溶液，用 1.0 cm 的比色皿，在 380 nm 处测得吸光度为 0.760。求苦味酸胺的摩尔质量。

7-5　测土壤全磷时，进行下列实验：称取 1.00 g 土壤，经消化处理后定容为 100 mL，然后吸取 10.00 mL，在 50 mL 容量瓶中显色定容，测得吸光度为 0.250。取浓度为 10.0 $mg \cdot L^{-1}$ 标准磷溶液 4.00 mL 于 50 mL 容量瓶中显色定容，在同样条件下测得吸光度为 0.125，求该土壤中磷的质量分数。

7-6　某样品中镍的质量分数约 0.12%，用丁二酮肟光度法（$\varepsilon_{470}=1.3\times10^{4}$ $L \cdot mol^{-1} \cdot cm^{-1}$）进行测定。试样溶解后转入 100 mL 容量瓶中，显色，再加水稀释至刻度。在 $\lambda=470$ nm 处，使用 1 cm 吸收池进行测量。计算样品的称量范围。已知 $M(Ni)=58.69$ $g \cdot mol^{-1}$。

7-7　已知 $KMnO_4$ 水溶液的 $\varepsilon_{545}=2.2\times10^{3}$ $L \cdot mol^{-1} \cdot cm^{-1}$，计算此波长下 $\rho=2.0\times10^{-6}$ $g \cdot L^{-1}$ 的高锰酸钾溶液在 3.0 cm 吸收池中的透光率；若溶液稀释 1 倍后，透光率又为多少？

7-8　有两份不同浓度的某一有色配合物溶液，当液层厚度均为 1.0 cm 时，对某一波长单色光的透光率分别为：(a)65.0%；(b)41.8%。求：

(1)该两份溶液的吸光度 A_1，A_2。

(2)如果溶液(a)的浓度为 6.5×10^{-4} $mol \cdot L^{-1}$，求溶液(b)的浓度。

(3)计算此波长下有色配合物的摩尔吸光系数。

7-9　称取含铬、锰的钢样 0.500 g，溶解后定容至 100 mL。吸取此试液 10.0 mL 置于 100 mL 容量瓶中，加硫磷混酸，在沸水浴中，用 Ag^{+} 做催化剂，用 $(NH_4)_2S_2O_8$

将 Cr 和 Mn 分别定量氧化为 $Cr_2O_7^{2-}$ 和 MnO_4^-。冷却后，用水稀释至刻度，摇匀。再取 5.00 mL 铬标准溶液（含 Cr 1.00 mg·mL^{-1}）和 1.00 mL 锰标准溶液（含 Mn 1.00 mg·mL^{-1}），分别置于 2 只 100 mL 容量瓶中，按上述钢样的显色方法处理。用 2 cm 吸收池，在波长 440 nm 和 540 nm 处分别测量各有色溶液的吸光度，数据列于下表。计算钢样中 Cr 和 Mn 的质量分数。

溶液	c/(mg·100 mL^{-1})	A_1(440 nm)	A_2(540 nm)
Mn	1.00	0.032	0.780
Cr	5.00	0.380	0.011
试液		0.368	0.604

7-10 Zinc(Ⅱ) and the ligand L form a product cation that absorbs strongly at 600 nm. As long as the concentration of L excess that of zinc(Ⅱ) by a factor of 5, the absorbance of the solution is only lined on the cation concentration. Neither Zinc (Ⅱ) nor L absorbs at 600 nm. A solution that is 1.60×10^{-4} mol·L^{-1} in zinc(Ⅱ) and 1.00 mol·L^{-1} in L has an absorbance of 0.164 in a 1.00 cm cell at 600 nm. Calculate:

(1) the transmittance of this solution;

(2) the transmittance of this solution in a 3 cm cell;

(3) the molar absorptivity of the complex at 600 nm.

第 8 章　电势分析法 Potentiometry

电势分析法是一种电化学分析方法。电化学分析法是根据电化学原理和物质在溶液中的电化学性质而建立起来的一类分析方法。这类方法是将试样溶液以适当的形式作为化学电池的一部分，根据被测组分的电化学性质，通过测量某种电参量来求得分析结果。

电化学分析法可分为 3 种类型。第一种类型是利用试样溶液的浓度在某一特定的实验条件下与化学电池中某种电参量的关系来进行定量分析的，这些电参量包括电极电势、电流、电阻、电导、电容以及电量等；第二种类型是通过测定化学电池中某种电参量的突变作为滴定分析的终点指示，所以又称为电容量分析法，如电势滴定法、电导滴定法等；第三种类型是将试样溶液中某个待测组分转入第二相，然后用重量法测定其质量，称为电重量分析法，实际上也就是电解分析法。

电势分析法是利用测定原电池的电动势或电动势的变化以求得物质含量的分析方法。电势分析法又可分为直接电势法和电势滴定法。

测量原电池的电动势，直接求出被测物质活度或浓度的电势分析法称为直接电势法。直接电势法早已应用于溶液 pH 的测定。20 世纪 60 年代以来，由于各种类型的离子选择性电极相继出现，应用它作为指示电极进行电势分析，具有简便、快速和灵敏的特点，特别是它能适用于测定其他方法难以测定的离子，因此，直接电势法在土壤、食品、水质、环保等方面均得到广泛的应用。

电势滴定法是利用测定工作电池电动势的变化来指示滴定终点的分析方法。

8.1　电势分析法的基本原理(General Principles of Potentiometry)

在电势分析法中，构成原电池的两个电极，其中一个电极的电极电势能够响应被测离子活度(或浓度)或其变化，称为指示电极；而另一个电极的电极电势恒定，不受试液组成变化的影响，称为参比电极。将指示电极和参比电极共同浸入试液中构成一个原电池(常称为工作电池)，通过测量原电池的电动势，即可求得被测离子的活度(或浓度)。

例如某种金属 M 与其离子 M^{n+} 组成的指示电极 M^{n+}/M，一定温度下其电极电势与离子活度的关系为：

$$\varphi(M^{n+}/M)=\varphi^{\ominus}(M^{n+}/M)+\frac{RT}{nF}\ln a(M^{n+})/c^{\ominus}$$

式中 $a(M^{n+})$为金属离子 M^{n+} 的活度。

将该金属电极与参比电极组成工作电池，若参比电极为正极，工作电池电动势

$$\varepsilon=\varphi(\text{正})-\varphi(\text{负})=\varphi(\text{参比})-\varphi(\text{指示})=\varphi(\text{参比})-\varphi^{\ominus}(M^{n+}/M)-\frac{RT}{nF}\ln a(M^{n+})/c^{\ominus}$$

一定条件下，参比电极的电极电势和 $\varphi^{\ominus}(M^{n+}/M)$为恒定值，可合并为常数 K，则：

$$\varepsilon=K-\frac{RT}{nF}\ln a(M^{n+})/c^{\ominus} \tag{8-1}$$

式(8-1)表明，由指示电极与参比电极组成原电池的电动势与该金属离子活度的对数呈线性关系，因此测定工作电池电动势即可求得 $a(M^{n+})$。这是电势分析法的理论依据。

8.1.1 指示电极(Indicator Electrodes)

电势分析法中常用的指示电极有金属电极和离子选择性电极。

1. 金属电极

(1)惰性金属电极(零电极)：这类电极是由性质稳定的惰性金属构成，如铂电极。在溶液中，惰性金属本身并不参加反应，仅作为导体，是物质的氧化态和还原态交换电子的场所，通过它可以指示溶液中氧化还原体系的平衡电极电势。

例如，将铂丝插入 Fe^{3+} 和 Fe^{2+} 混合溶液中，其电极反应为：

$$Fe^{3+}(aq)+e^{-}\rightleftharpoons Fe^{2+}(aq)$$

电极电势为：
$$\varphi=\varphi^{\ominus}+\frac{2.303RT}{F}\lg\frac{a(Fe^{3+})/c^{\ominus}}{a(Fe^{2+})/c^{\ominus}}$$

(2)金属-金属离子电极(第一类电极)：将金属浸在含有该种金属离子的溶液中，达到平衡后构成的电极即为金属-金属离子电极。其电极电势决定于金属离子的活度，并符合能斯特方程。

$$M^{n+}+ne^{-}\rightleftharpoons M$$

$$\varphi=\varphi^{\ominus}+\frac{2.303RT}{nF}\lg a(M^{n+})/c^{\ominus}$$

25℃时
$$\varphi=\varphi^{\ominus}+\frac{0.059\,2}{n}\lg a(M^{n+})/c^{\ominus}$$

因此，这类电极对阳离子的活度有响应，可用于测定有关离子的活度或浓度，如银、铜、锌、镉、铅、汞等。

(3)金属-金属难溶盐电极(第二类电极)：这类电极一般是由一种金属丝涂上该金属的难溶盐，并浸入含有与难溶盐组成相同的阴离子的溶液而构成的。此类电极对阴离子有响应。如 Ag-AgCl 电极是 Ag、AgCl 和氯化钾溶液组成的电极，电极反应为：

$$AgCl(s)+e^{-}\rightleftharpoons Ag(s)+Cl^{-}(aq)$$

电极电势为：$\varphi(AgCl/Ag)=\varphi^{\ominus}(AgCl/Ag)-\frac{2.303RT}{F}\lg a(Cl^{-})/c^{\ominus}$

电极电势随氯离子活度的变化而变化。

2. 离子选择性电极　离子选择性电极也称膜电极，是一种利用选择性薄膜对特定离子产生选择性响应，以测量或指示溶液中的离子活度或浓度的电极。玻璃膜 pH 电极就是最早的氢离子选择性电极。

8.1.2　参比电极(Reference Electrodes)

电势分析法中所使用的参比电极，不仅要求其电极电势与试液组成无关，还要求其性能稳定，重现性好，并且易于制备。氢电极是重要的参比电极，属一级标准。但它制备麻烦，使用不便，且易受有害成分影响。因此，在电化学分析中，常用容易制作的甘汞电极、银-氯化银电极等作为参比电极，在一定条件下，它们的稳定性和重现性都比较好。

1. 甘汞电极　甘汞电极是由金属汞、Hg_2Cl_2 以及 KCl 溶液组成的电极，其构造如图 8-1 所示。电极由两个玻璃套管组成，内管中封接一根铂丝，铂丝插入纯汞中(厚度为 0.5～1 cm)，下置一层甘汞(Hg_2Cl_2)和汞的糊状物；内管浸于外玻璃管中装有的 KCl 溶液之中，外管下端开口封以熔结陶瓷芯或石棉丝。甘汞电极的电极反应为：

$$Hg_2Cl_2(s)+2e^{-}=2Hg(l)+2Cl^{-}(aq)$$

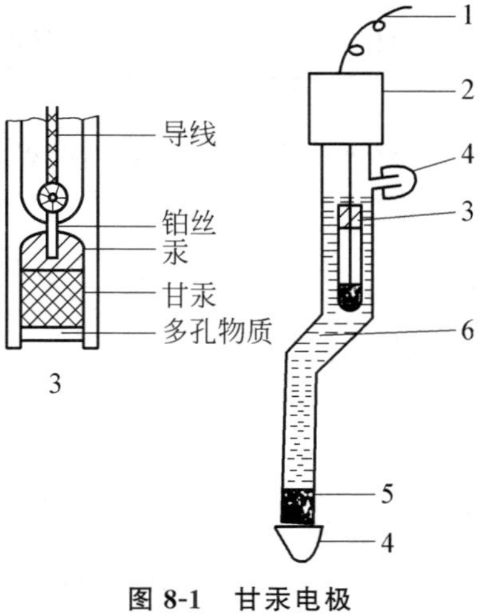

图 8-1　甘汞电极

1. 导线　2. 绝缘体　3. 内部电极　4. 橡皮帽　5. 多孔物质　6. KCl 溶液

电极电势为：

$$\varphi(Hg_2Cl_2/Hg)=\varphi^{\ominus}(Hg_2Cl_2/Hg)-\frac{2.303RT}{F}\lg a(Cl^-)/c^{\ominus}$$

25℃时：

$$\varphi(Hg_2Cl_2/Hg)=0.2676-0.0592\lg a(Cl^-)/c^{\ominus}$$

由上式可知，温度一定时，甘汞电极的电势决定于氯离子的活度。若氯离子活度一定，如在饱和甘汞电极中，则电极电势不随电极反应的发生而变化，是恒定的，见表8-1。常用的参比电极是饱和甘汞电极，温度对电极电势值的影响系数为6.5×10^{-4} V·℃$^{-1}$，可见在常温或温度变动不大的情况下，由温度变化而产生的误差可以忽略，只是在80℃以上时，饱和甘汞电极的电极电势才变得不稳定。故近年来有被Ag-AgCl电极代替的趋势。

与指示电极、被测溶液组成工作电池时，需将甘汞参比电极外管下端的橡皮帽打开，然后将下端开口浸入被测溶液。所以，KCl溶液不仅是甘汞电极的组成，同时起盐桥的作用。

表8-1　不同浓度KCl溶液的甘汞电极的电极电势(25℃)

c(KCl)	电极名称	电极电势/V
0.1 mol·L^{-1}	0.1 mol甘汞电极	+0.3365
1 mol·L^{-1}	标准甘汞电极	+0.2888
饱和	饱和甘汞电极(SCE)	+0.2438

2. 银-氯化银电极　银丝以及其上覆盖的一层氯化银，浸在一定浓度的KCl或HCl溶液中即构成银-氯化银电极。其电极反应为：

$$AgCl(s)+e^-\rightleftharpoons Ag(s)+Cl^-(aq)$$

电极电势为：

$$\varphi(AgCl/Ag)=\varphi^{\ominus}(AgCl/Ag)-\frac{2.303RT}{F}\lg a(Cl^-)/c^{\ominus}$$

25℃时：

$$\varphi(AgCl/Ag)=0.7994-0.0592\lg a(Cl^-)/c^{\ominus}$$

其电极电势随氯离子活度的变化而变化。如果氯离子溶液饱和或浓度较大，其浓度不随电极反应发生而变化或变化极小，则Ag-AgCl电极就可以作为参比电极使用。25℃时不同浓度的 KCl 溶液的银-氯化银电极的电极电势见表 8-2。

表 8-2　不同浓度 KCl 溶液的银-氯化银电极的电极电势(25℃)

c(KCl)	电极名称	电极电势/V
0.1 $mol \cdot L^{-1}$	0.1 $mol \cdot L^{-1}$ 银-氯化银电极	+0.288 0
1 $mol \cdot L^{-1}$	标准银-氯化银电极	+0.222 3
饱和	饱和银-氯化银电极	+0.200 0

8.1.3　复合电极

将作为指示电极的玻璃电极和作为参比电极的银-氯化银电极组装在两个同心玻璃管中，此种电极称为复合电极。其主要部分是电极下端的玻璃球和玻璃管中的一个直径约为 2 mm 的素瓷芯。当复合电极插入溶液时，素瓷芯将待测试液和参比电极的饱和 KCl 溶液沟通，电极内部的内参比电极(另一个 Ag-AgCl 电极)通过玻璃球与待测试液接触。两个 Ag-AgCl 电极通过导线分别与电极的插头连接。内参比电极与插头顶部相连接，为负极；参比电极与插头的根部连接，为正极。

8.2　直接电势法(Direct Potentiometry)

8.2.1　pH 玻璃膜电极及其膜电势

pH 玻璃膜电极是重要的氢离子选择性电极，其电极电势不受溶液中氧化剂或还原剂的影响，也不受有色溶液或混浊溶液的影响，并且在测定过程中响应快，操作简便，不污染溶液。所以，用玻璃电极测量溶液的 pH 得到广泛应用。

pH 玻璃膜电极最重要的部件是由特种软玻璃(原料组成接近 22% Na_2O、6% CaO 和 72% SiO_2)制成的薄膜，其厚度为 30～100 μm。pH 玻璃膜电极在 pH 小于 9 的范围内，对 H^+ 浓度变化的响应表现了极好的选择性，构造见图 8-2。电极内装有 0.1 $mol \cdot L^{-1}$ HCl 溶液，作为内参比溶液，以 Ag-AgCl 电极为内参比电极，

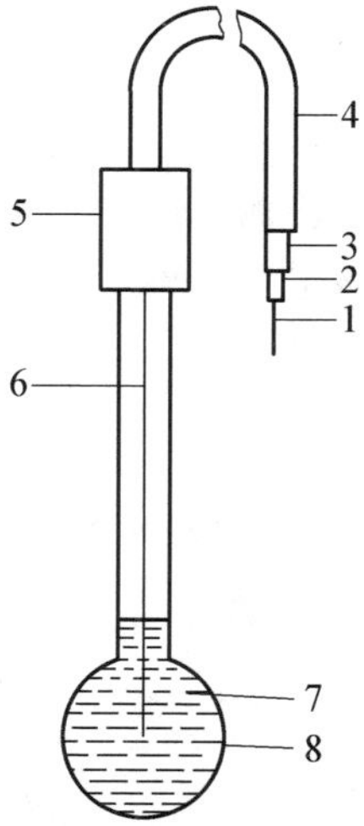

图 8-2　玻璃膜电极

1. 导线　2. 绝缘体　3. 网状金属屏　4. 外套管　5. 电极帽　6. Ag-AgCl 内参比电极　7. 内参比溶液　8. 玻璃薄膜

浸在内参比溶液中。

在使用玻璃膜电极前，需首先把电极浸泡在去离子水中约 24 h，使玻璃膜的外表面形成很薄的水化层。图 8-3 是玻璃膜的截面示意图。在水化过程中，玻璃中的 Na^+ 会从硅酸盐晶格的结点上向外流动，而水中的 H^+ 则进入膜的表层，原因是硅酸结构与 H^+ 结合所形成键的强度远大于 Na^+（约为 10^{14} 倍），因此在膜表面发生如下的离子交换反应：

$$H^+ + Na^+Gl^- \rightleftharpoons Na^+ + H^+Gl^-$$

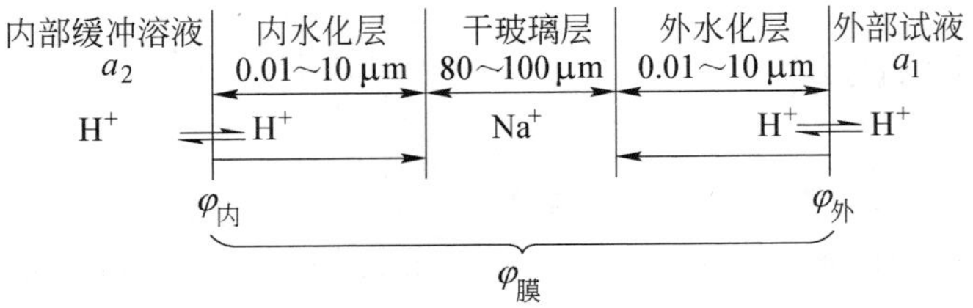

图 8-3　膜电势示意图

当外水化层与试液接触时，由于水化层与溶液中 H^+ 活度不同，H^+ 必由活度较大一方向活度较小一方迁移，并最终达到平衡：

$$H^+(\text{水化层}) \rightleftharpoons H^+(\text{溶液})$$

这样改变了固-液两相界面电荷的分布，从而产生了相界电势 φ(外)。同样道理，膜内侧也产生了相界电势 φ(内)。这样，跨越玻璃膜的两溶液之间产生了电势差，该电势差称为膜电势 φ(膜)。热力学证得：

$$\varphi(\text{膜}) = \varphi(\text{外}) - \varphi(\text{内}) = \frac{2.303RT}{F}\lg\frac{a(H^+,\text{试})/c^{\ominus}}{a(H^+,\text{内})/c^{\ominus}}$$

由于内参比溶液中 $a(H^+,\text{内})$ 为一常数，则

$$\varphi(\text{膜}) = K + \frac{2.303RT}{F}\lg a(H^+,\text{试})$$

即：

$$\varphi(\text{膜}) = K - \frac{2.303RT}{F}\ \mathrm{pH} \qquad (8\text{-}2)$$

25℃时：

$$\varphi(\text{膜}) = K - 0.0592\ \mathrm{pH}$$

式中：K 为常数，因此 φ(膜)仅与膜外溶液 $a(H^+$,试)有关，即在一定温度下，玻璃电极的膜电势与试液的 pH 呈线性关系。

根据形成膜电势的原理，当 $a(H^+$,试)$=a(H^+$,内)时，膜电势 φ(膜)应等于零，但实际上此时膜两侧溶液间仍旧存在一定的电势差，此种电势差称为不对称电势 φ(不)。它是由于膜内外两个表面状况不完全一致(如组成不均匀、表面张力不同、水化程度不同、由于吸附外界离子而使硅胶层的 H^+ 交换容量改变等)而引起的。对于同一个充分水化的玻璃电极，条件一定时，φ(不)是一个常数。

因此，玻璃电极的电极电势应包括内参比电极的电极电势 φ(内参)、膜电势 φ(膜)和不对称电势 φ(不)3 部分，即

$$\varphi(\text{玻璃电极})=\varphi(\text{内参})+\varphi(\text{膜})+\varphi(\text{不})=\varphi(\text{内参})+K-\frac{2.303RT}{F}\text{pH}+\varphi(\text{不})$$

令
$$\varphi(\text{内参})+K+\varphi(\text{不})=K'$$

则
$$\varphi(\text{玻璃电极})=K'-\frac{2.303RT}{F}\text{pH} \tag{8-3}$$

说明在一定温度下，玻璃电极的电极电势与待测溶液的 pH 呈线性关系。

8.2.2　溶液 pH 的电势测定法

用直接电势法测定溶液的 pH，是以玻璃电极为指示电极，饱和甘汞电极为参比电极，浸入试液中，组成原电池，其电池符号可表示为：

(－)Ag，AgCl｜HCl(0.1 mol・L^{-1})｜玻璃膜｜试液‖KCl(饱和)｜Hg_2Cl_2，Hg(＋)

该工作电池的电动势为：

$$\begin{aligned}\varepsilon&=\varphi(\text{甘汞电极})-\varphi(\text{玻璃电极})\\&=\varphi(\text{甘汞电极})-K'+\frac{2.303RT}{F}\text{pH}\end{aligned}$$

令
$$\varphi(\text{甘汞电极})-K'=K$$

即得
$$\varepsilon=K+\frac{2.303RT}{F}\text{pH} \tag{8-4}$$

式中：K 在一定条件下为一常数，因此电池电动势与溶液 pH 呈直线关系。但由于 K 中的 φ(不)是未知常数，不能通过测量电动势直接求得 pH。所以，电势法测定溶液的 pH 时，必须先用已知准确 $pH=pH_s$ 的标准缓冲溶液来校准仪器，消除不

对称电势的影响，然后再测定待测液的 pH_x。测定原理为：

$$\varepsilon_s = K + \frac{2.303RT}{F} pH_s \quad ①$$

$$\varepsilon_x = K + \frac{2.303RT}{F} pH_x \quad ②$$

式②－式①得：

$$\varepsilon_x - \varepsilon_s = \frac{2.303RT}{F}(pH_x - pH_s)$$

$$pH_x = \frac{F(\varepsilon_x - \varepsilon_s)}{2.303RT} + pH_s \quad (8\text{-}5)$$

式(8-5)为 pH 的操作定义，说明 pH_x 和 pH_s 的差与 ε_x 和 ε_s 的差呈线性关系，直线的斜率与温度有关，25℃时等于 $\frac{1}{0.0592}$ V^{-1}。

实际工作中常用 pH 计测量工作电池电动势。pH 计为高阻抗输入的电子毫伏计，25℃时，表盘刻度按每 59 mV 一个 pH 单位重新划定。25℃时进行测量，先将电极浸入已知 pH 的标准缓冲溶液中，待稳定后，利用“定位”旋钮调节仪器指示恰为标准缓冲溶液的 pH，即进行所谓的定位操作；再将电极浸入被测液，此时仪器显示的即为试液的 pH。

使用玻璃电极时，一定要提前用去离子水把电极浸泡约 24 h，使玻璃膜充分水化，因为只有水化后的玻璃电极对 H^+ 才有响应，而且可以减小不对称电势并使之稳定；另外，在使用 pH 标准缓冲溶液校正仪器时，应保证标准缓冲溶液的温度与被测液温度相同。如果待测液 pH＜7 时，用 pH＝4.00 的标准缓冲溶液（0.05 $mol \cdot L^{-1}$ 邻苯二甲酸氢钾）定位；若待测液 pH＞7 时，用 pH＝9.18 的标准缓冲溶液（0.025 $mol \cdot L^{-1}$ KH_2PO_4 和 0.025 $mol \cdot L^{-1}$ Na_2HPO_4）定位，这样使标准缓冲溶液和被测溶液两者的 pH 相差在 3 个 pH 以内，可减小测定误差。常用的 pH 标准缓冲溶液列于表 8-3。

玻璃膜电极在 pH 1～9 范围内响应正常。但当用于 pH＞9 的溶液或 Na^+ 浓度较高的溶液时，由于溶液中的 H^+ 浓度较小，在电极和溶液界面间进行离子迁移的，不仅有 H^+，而且还有 Na^+，不管是 H^+ 还是 Na^+，离子交换所产生的电势，都在电极电势上反映出来。因此，在碱性较强的情况下，测得的 pH 偏低，这种误差称为“碱误差”。改变玻璃成分可以减小这种误差，如用 Li_2O 来代替 Na_2O，这种锂玻璃制成的电极，可测 pH 为 13.5 的溶液，所以把这种电极称为锂玻璃电极或高 pH 电极。但这种电极的机械强度较差。当溶液的 pH＜1 时，玻璃电极的响应也有误差，称为“酸误差”。这主要是由于在酸性较强的溶液中，水分子的浓度小而引起的，因为 H^+ 是靠 H_2O 传送的，水分子浓度小了，则从溶液到电极表面的 H^+ 活度就小，所以 pH 偏高。

表 8-3　常用 pH 标准缓冲溶液的 pH

温度/℃	缓冲溶液					
	0.05 mol·L^{-1} $KH_3(C_2O_4)_2 \cdot 2H_2O$	0.05 mol·L^{-1} 邻苯二甲酸氢钾	饱和酒石酸氢钾	0.025 mol·L^{-1} 磷酸二氢钾 0.025 mol·L^{-1} 磷酸氢二钠	0.01 mol·L^{-1} 硼砂	饱和氢氧化钙
0	1.668	4.006		6.981	9.458	13.416
5	1.669	3.999		6.949	9.391	13.210
10	1.671	3.996		6.921	9.330	13.011
15	1.673	3.996		6.898	9.276	12.820
20	1.676	3.998		6.879	9.226	12.637
25	1.680	4.003	3.559	6.864	9.182	12.460
30	1.684	4.010	3.551	6.852	9.142	12.292
35	1.688	4.019	3.547	6.844	9.105	12.130
40	1.694	4.029	3.547	6.838	9.072	11.975
50	1.706	4.055	3.555	6.833	9.015	11.697
60	1.721	4.087	3.573	6.837	9.968	11.426

8.2.3　其他离子选择性电极

离子选择性电极以固态或液态敏感膜为传感器，对溶液中某种离子产生选择性的响应，电极电势与该离子活度的对数呈线性关系。离子选择性电极的电极电势产生机理与金属基电极不同，电极上没有电子的转移，而是由于离子交换和迁移而产生的。

目前已制成几十种离子选择性电极，可直接或间接地用于 Na^+、K^+、Ag^+、NH_4^+、Ca^{2+}、Cu^{2+}、Pb^{2+}、F^-、Cl^-、Br^-、I^- 等多种离子的测定。由于离子选择性电极分析所需仪器设备简单，操作简便，分析速度快，适合于现场测量，对于某些离子的测定灵敏度较高，选择性好，并且浓度测量范围较宽，因此发展迅速，已广泛应用于化工、冶金、食品加工、环境监测及农业分析等领域中。

1. 离子选择性电极的类型　离子选择性电极的类型和品种很多，但基本上都由敏感膜、内参比电极、电极杆以及带屏蔽的导线等部分组成。其中，敏感膜是离子选择性电极的最重要的组成部分，它起到将溶液中给定离子的活度转变为电信号的作用。

(1)玻璃膜电极：除了对 H^+ 具有选择性响应的 pH 玻璃电极外，还有 K^+、Na^+、NH_4^+、Ag^+、Li^+ 等玻璃膜电极。构造与 pH 玻璃电极相似，其选择性主要决定于玻璃的组成。例如，一种钠电极的玻璃组成是 11% Na_2O、18% Al_2O_3 和 71% SiO_2，一种钾电极的玻璃组成是 27% Na_2O、5% Al_2O_3 和 68% SiO_2。

(2)压片膜电极：这类电极传感膜片是将纯净的难溶盐粉末在高压[$8\times(10^3\sim10^4)$ kg·cm^{-2}]下压成直径 15 mm、厚 2～3 mm 的致密薄片而制得。按照压膜方法的不同，又可分为冷压膜(在室温下压制)、烧结膜(压片后需在高温下进行热处理)、热压膜(直接在加热条件下压制)等 3 种，后两种又称陶瓷膜。将膜片黏结在玻璃管一端，管内充入内参比溶液，插入内参比电极，即构成离子选择性电极，一般构造如图 8-4 所示。例如，可用 AgCl、AgBr、AgI、Ag_2S 分别压制成 Cl^-、Br^-、I^- 和 S^{2-} 选择性电极，可分别用 CuS-Ag_2S、CdS-Ag_2S、PbS-Ag_2S 压制成 Cu^{2+}、Cd^{2+}、Pb^{2+} 选择性电极。

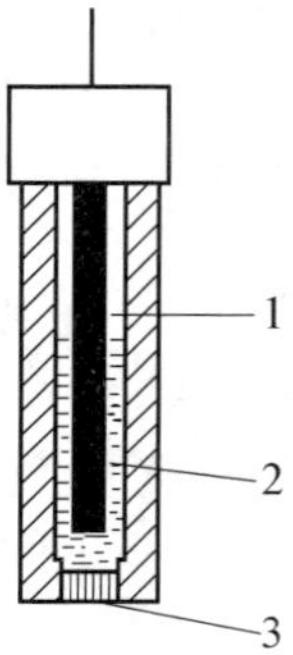

图 8-4　固态压片或晶体膜电极

1. Ag-AgCl 内参比电极
2. 内参比溶液
3. 晶体膜或压片膜

(3)晶体膜电极：数种稀土元素的氟化物晶体，在室温下有很好的导电性。例如 LaF_3 晶体切片做成的氟离子选择性电极，在 F^- 浓度范围为 $1\sim10^{-6}$ mol·L^{-1} 时有能斯特响应，若无干扰离子，其测量下限可达 10^{-7} mol·L^{-1}。

(4)非均态膜电极：这类电极是将难溶盐分布在硅橡胶、聚氯乙烯、聚苯乙烯、石蜡等惰性材料中，制成电极膜。此类电极具有机械性能好、制备方便等特点，但电阻高，响应速度慢，不适于在有机溶剂中应用。目前已经制成的有卤素离子、OH^-、S^{2-}、SO_4^{2-}、PO_4^{3-}、NO_3^- 等阴离子及 Cu^{2+}、Pb^{2+} 等阳离子选择性电极。

(5)液态膜电极

①液态离子交换膜电极：这类电极是用浸有液体离子交换剂的惰性多孔膜作电极膜制成，通常将含有活性物质的有机溶液浸透在烧结玻璃、聚乙烯、醋酸纤维等惰性材料制成的多孔膜内。

②中性载体膜电极：这种电极的液态膜中，产生离子交换作用的成分是可溶于其中的中性载体。载体可以与碱金属离子、铵离子生成配位化合物，这种配合物可以在有机溶剂中移动。比较重要的中性载体膜电极有钾离子选择性电极和铵离子

选择性电极。

(6)气敏电极:气敏电极是一种气体传感器,可用来分析水溶液中所溶解的气体。气敏电极是利用待测气体与电解质溶液发生化学反应,生成一种对电极有响应的离子,所生成离子活度与溶解的气体量有关。

例如,CO_2 在水中发生如下化学反应:

$$CO_2 + H_2O \rightleftharpoons HCO_3^- + H^+$$

反应所生成的氢离子可以用玻璃电极来检测。CO_2 电极就是由透气膜、内参比溶液、指示电极和内参比电极组成。其中透气膜是由聚四氟乙烯、聚丙烯和硅橡胶等制作而成,这样的膜具有疏水性,但是能透过气体,并且将内参比溶液和待测溶液分开。测定时,将 CO_2 电极插入试液,试液中的 CO_2 通过透气膜,与内参比溶液接触并发生反应,引起内参比溶液的 pH 变化,可以由 pH 玻璃电极指示出来,从而测定出试样中的 CO_2 的浓度。

(7)酶电极:这类离子选择性电极,是在敏感膜上附着某种蛋白酶而制成。由于试液中的待测物质受到酶的催化作用,产生能为离子选择电极敏感膜所响应的离子,从而间接测定试液中物质的含量。例如,青霉素在 pH=6.4 的溶液中经青霉素酶催化后转变为青霉素酸,可用玻璃电极测定溶液中的氢离子活度的变化,从而间接测定青霉素的含量。

2. 离子选择性电极的性能　离子选择性电极的性能优劣,可用下面这些指标来评价。

(1)电极电势-活度反应特性:离子选择性电极的电极电势-活度反应特性是指与能斯特方程的符合程度:电极电势 φ 与 $\lg a(B)$ 之间应呈线性关系,直线的斜率为 $S=\pm\frac{2.303RT}{nF}$,否则将在测定结果中引入误差。

(2)离子选择性电极的选择性:常用选择性常数的大小来衡量电极的选择性好坏。选择性常数 $K_{M,N}$ 表示干扰离子 N^{n+} 对于电极敏感离子 M^{m+} 的干扰程度。$K_{M,N}$ 越小,说明 N^{n+} 对 M^{m+} 的干扰越小。

(3)测定下限和线性范围:测定下限是指离子选择性电极能够检测出待测离子的最低浓度,理论上,其由构成电极薄膜的材料决定。一种离子选择性电极所能测定的浓度下限,不可能低于活性物质本身溶解所产生的离子浓度。例如,AgI 膜电极,根据溶度积计算,测定 I^- 的理论下限为 $10^{-8}\ mol\cdot L^{-1}$,但实际测定下限为 $10^{-7}\ mol\cdot L^{-1}$。线性范围是指在检测下限和上限之间的被测离子的浓度范围,测定时待测离子的浓度必须控制在线性范围内。

(4)溶液的 pH 范围：H^+ 或 OH^- 能影响某些测定，每种离子选择性电极都有最适 pH 范围。例如，测定 Na^+ 的玻璃电极对 H^+ 也较为敏感，测量时试液的 pH 就不能太低。另外，测定离子的线性范围与共存离子的干扰，也与溶液的 pH 有关。

(5)响应时间、稳定性和重现性：离子选择性电极的响应时间是指从离子选择性电极和参比电极一起接触试液的瞬间算起，至达到电势稳定在 1 mV 以内所经过的时间。电极响应时间的长短主要取决于敏感膜的性质，另外也受待测离子的浓度、共存干扰离子的浓度以及温度等因素的影响。一般离子选择性电极的响应速度是很快的。响应时间随溶液的浓度而变化，被测溶液浓度越大，响应时间越短，测定稀溶液时，常用搅拌溶液的办法来缩短达到稳定的时间。

稳定性是指将电极保持在恒温条件下，电极电势可在多长的时间内保持恒定。稳定性的定量标准是电极漂移程度和重现性。漂移是指在组成和温度恒定的溶液中，离子选择性电极和参比电极组成的原电池电动势随时间缓慢而有序改变的程度。常用的检测办法是观察电极在 10^{-3} mol · L^{-1} 的溶液中 24 h 电极电势的改变。

离子选择性电极的重现性，是指从 10^{-3} mol · L^{-1} 溶液转移至 10^{-2} mol · L^{-1} 溶液中，往复转移 3 次所得电势的平均偏差。重现性不仅和电极的性能有关，还和电极的“滞后效应”和“记忆效应”有关。

(6)温度和等电势点：离子选择性电极的电极电势与温度有关，改变温度，可引起 ε-lg$a$ 校准曲线的斜率和截距的改变。大多数离子选择性电极在不同温度下测量所得到的校准曲线会相交于一点，该交点称为电极的等电势点。为了减少温度对测量的影响，最好在电极等电势点浓度及其邻近浓度范围进行测量。在等电势点浓度附近，调节电极内参比溶液的浓度，使其接近于待测溶液的浓度，也可以减少因温度的改变而引起的测量误差。

此外，离子选择性电极的内阻、电极的牢固性和使用寿命等，也常作为考虑离子选择电极性能的因素。

3. 离子活(浓)度的测定方法　离子选择性电极的膜电势只随被测离子的活度不同而变化。其电极电势在工作范围内符合能斯特方程，对阳离子 M^{n+} 响应的电极，电极电势可用式(8-6)表示：

$$\varphi(\text{膜}) = K + \frac{2.303RT}{nF}\lg a(M^{n+})/c^{\ominus} \tag{8-6}$$

对阴离子 R^{n-} 响应的电极，电极电势可用式(8-7)表示：

$$\varphi(\text{膜}) = K - \frac{2.303RT}{nF}\lg a(\mathrm{R}^{n-})/c^{\ominus} \tag{8-7}$$

在一定条件下，膜电极的电极电势与被测离子的活度或浓度的对数成线性关系，斜率 S 为 $\pm\frac{2.303RT}{nF}$，这是离子选择性电极测定离子活度或浓度的基础。将离子选择性电极和参比电极浸入试液，所得工作电池的电动势 ε 为：

$$\varepsilon = K' \pm S\lg a/c^{\ominus} \tag{8-8}$$

应用离子选择性电极测定离子活度或浓度时，将活化并清洗干净的指示电极与参比电极浸于待测试液中组成原电池，如图 8-5 所示。根据分析手续的不同，测定方法可分为标准曲线法和标准加入法等。

(1)标准曲线法：将离子选择性电极和甘汞电极依次插入一系列含有不同活度被测物的标准溶液中，分别测定原电池电动势，然后在坐标纸上以 ε 为纵坐标，lg$a$ 或 pa 为横坐标作图，可得一直线，称为标准曲线或工作曲线。再将电极插入试液中，在相同条件下测得工作电池的电动势，从标准曲线上即可查出待测液的活度，这一方法称为标准曲线法。

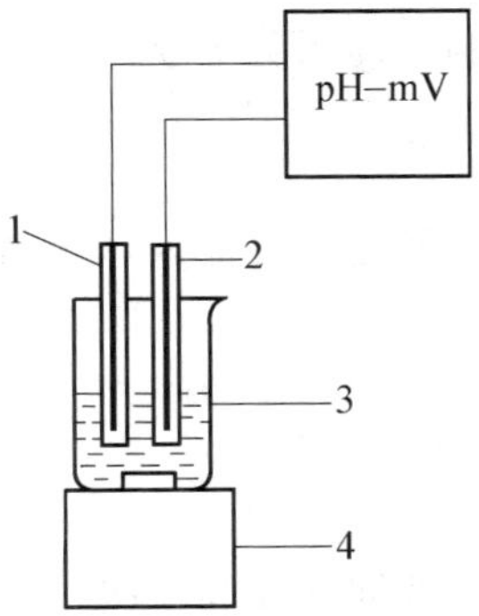

图 8-5　离子选择性电极的测定系统

1. 离子选择性电极　2. 参比电极　3. 试液　4. 电磁搅拌器

实际工作中，难以配制一定活度的标准溶液，且往往要求测定未知物的浓度，故通常用标准曲线法测定未知液的浓度，原理如下：

根据活度与浓度的关系 $a = \gamma \cdot c$，式(8-8)可写为：

$$\varepsilon = K' \pm S\lg a/c^{\ominus} = K' \pm S\lg\{\gamma \cdot c/c^{\ominus}\}$$

$$\varepsilon = K' \pm S\lg \gamma \pm S\lg\{c/c^{\ominus}\} \tag{8-9}$$

当溶液中离子强度恒定时，γ 为常数，式(8-9)可写为：

$$\varepsilon = K'' \pm S\lg\{c/c^{\ominus}\} \tag{8-10}$$

即在保持离子强度恒定条件下，ε 与 $\lg(c/c^{\ominus})$ 呈直线关系。

因此，只要把离子强度较高的强电解质溶液等量加入同体积的系列已知浓度的标准溶液和被测液中，使各溶液中离子强度相等，并作 ε-$\lg(c/c^{\ominus})$ 图，就可测得溶液中游离离子的浓度。所加强电解质溶液中，不能含对电极有响应的离子，也不能含与待测离子作用的物质。这种溶液中往往还含有掩蔽剂，以排除杂质离子干扰；溶液中还含有 pH 缓冲剂，使离子选择性电极能在适宜 pH 下工作，故称之为总离子强度调节缓冲液（total ionic strength adjustment buffer，TISAB）。如测定 F^- 浓度时，TISAB 的组成为 NaCl、HAc、NaAc 和柠檬酸钠，它可维持溶液较大且稳定的离子强度及适宜 pH(5.5～6.5)，其中柠檬酸钠可掩蔽 Al^{3+}、Fe^{3+}，防止它们与 F^- 的配位作用。

标准曲线法的优点是操作简便快速，适合同时测定大批试样。

(2)标准加入法：若试液中离子强度较高，且存在能引起被测离子发生副反应的成分（如配位剂），此时待测离子总浓度可采用标准加入法进行测定。所谓标准加入法，是将标准溶液加入待测溶液中进行测定分析的方法。

设溶液中待测离子的总浓度为 c_x，游离待测离子浓度与总浓度的比值为 x，离子的活度系数为 γ，溶液体积为 V，测得工作电池电动势为 ε_1：

$$\varepsilon_1 = K \pm S\lg\{\gamma \cdot x \cdot c/c^{\ominus}\}$$

而后准确加入体积为 V_s、浓度为 c_s 的该离子标准溶液，使待测离子总浓度增加 Δc：

$$\Delta c = \frac{c_s V_s}{V + V_s}$$

若加入标准溶液后不致引起 γ 和 x 的变化，则此时测得工作电池的电动势 ε_2 为：

$$\varepsilon_2 = K \pm S\lg\{\gamma \cdot x \cdot (c + \Delta c)/c^{\ominus}\}$$

结合以上两式，可得：

$$c_x = \frac{\Delta c}{10^{\frac{\Delta\varepsilon}{S}} - 1} \tag{8-11}$$

式中 $\Delta\varepsilon = \varepsilon_2 - \varepsilon_1$。

此法的关键是标准溶液的加入量：过少，则 $\Delta\varepsilon$ 过小，测量误差较大；过多，则引起 γ 和 x 明显变化。一般控制 c_s 约为 c_x 的 100 倍，V_s 约为 V 的 1/100，加入后，$\Delta\varepsilon$ 以 20～50 mV 为宜。

标准加入法适用于测定组成不确定或复杂的试样，其优点是电极不需要校正和作标准曲线，仅需要一个标准溶液，而且可以消除试样中的干扰因素。缺点是操作时间长，不适用于大批试样的分析。标准加入法的误差主要来源于设定的条件 S、K 和活度系数等在加入标准溶液前后能否保持一致。

(3)试样加入法：当试样量很小并且待测离子浓度不是很低时，可采用试样加入法。方法原理与标准加入法相似，具体做法是，先测定浓度为 c_s、体积为 V_s 标准溶液的 ε_s，再加入待测试液 V_x 后，测定其 ε。最后由 $\Delta\varepsilon$ 计算待测溶液的 c_x。试样加入法使用条件和要求与标准加入法相同。

8.2.4　直接电势法的误差

直接电势法误差产生的因素包括多个方面，例如测量体系的温度、搅拌情况、电极的干扰、玷污、溶液的离子强度、pH 以及偏离能斯特方程、电位差计的准确度等。这些因素的存在最终反映在电动势测量的误差上，影响着分析结果的精密度和准确度。电动势的测量误差 $\Delta\varepsilon$ 引起浓度测量的相对误差 $\Delta a/a$，可由下列推导得到：

$$\varepsilon = K' \pm \frac{RT}{nF}\ln a$$

温度恒定时，对上式求微分，并用 Δ 近似代替 d：

$$\mathrm{d}\varepsilon = \pm \frac{RT}{nF}\mathrm{d}\ \ln a$$

$$\Delta\varepsilon = \pm \frac{RT}{nF}\frac{\Delta a}{a}$$

25℃时表示为：

$$\Delta\varepsilon/V = \pm \frac{0.025\ 7}{n}\frac{\Delta a}{a}$$

故活度测定的相对误差为：

$$相对误差 = \frac{\Delta a}{a} = 3\ 900 \times n\Delta\varepsilon/V \tag{8-12}$$

由式(8-13)可以看出，当电池电动势的测量误差 $\Delta\varepsilon = 0.001$ V 时，对于一价离子，测定的相对误差为 3.9%，二价离子为 7.8%，三价离子则为 11.7%。因此，直接电势法对于所用电势差计的精度要求较高，且一般仅适用于测定浓度较低的待测组分含量。

8.3　电势滴定法(Potentiometric Titration)

在电势滴定法中，根据工作电池电动势的“突跃”判断滴定终点。电势滴定法特别适用于缺乏合适的指示剂，或者待测液混浊、有色，不能用指示剂指示滴定终点的滴定分析，且由于电势滴定法确定滴定终点比指示剂确定滴定终点更为准确，对于一些反应完全程度较差的滴定反应，亦可得到准确的测定结果，如对 K_a 或 K_b 大于 $10^{-9.3}$ 的弱酸弱碱，均可进行准确滴定。

8.3.1 基本原理

电势滴定的基本装置如图 8-6 所示。进行电势滴定时，在被测溶液中插入待测离子的指示电极，与参比电极组成原电池，溶液用电磁搅拌器进行搅拌。随着标准溶液的加入，待测离子的浓度不断发生变化，在化学计量点附近待测离子的浓度变化倍数最大，指示电极的电极电势会发生相应的突变。因此，通过测量滴定过程中电池电动势的变化，可以确定滴定终点，进而求得待测试样的含量。

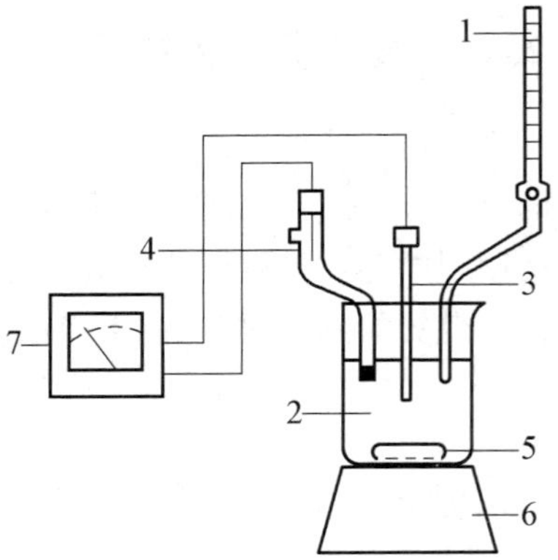

图 8-6 电势滴定的基本装置图

1. 滴定管 2. 被测溶液 3. 离子选择电极 4. 甘汞电极 5. 电磁棒 6. 电磁搅拌器 7. 检流计

在滴定过程中，每加入一定量的标准溶液后，测量一次工作电池的电动势。在化学计量点前后，一定要每加入 0.1～0.2 mL 标准溶液，就测量一次电动势。根据溶液电动势的变化，可绘制出滴定曲线。

8.3.2 滴定终点的确定

电势滴定法的滴定曲线是以电池电动势对标准溶液的体积作图所得的曲线。一般有 3 种确定滴定终点的方法，即 ε-V 曲线法、$\frac{\Delta\varepsilon}{\Delta V}$-$V$ 曲线法、$\frac{\Delta^2\varepsilon}{\Delta V^2}$-$V$ 曲线法，如图 8-7 所示。例如，以银电极为指示电极，饱和甘汞电极为参比电极，采用电势滴定法，用 $AgNO_3$ 标准溶液滴定 NaCl 溶液，实验数据见表 8-4。确定滴定终点的 3 种方法如下所述：

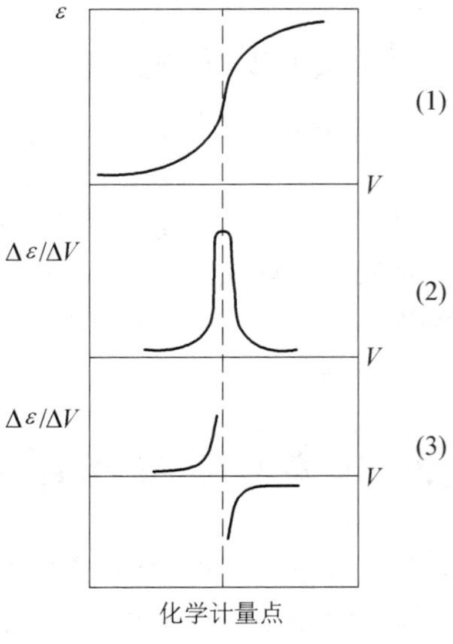

图 8-7 电势滴定的滴定曲线

1. ε-V 曲线法 以加入标准溶液的体积 V 为横坐标，以电池电动势 ε 为纵坐标，根据表中的第一列和第二列的数据即可绘制出如

图 8-7(1)所示的 ε-V 曲线，该曲线的拐点即为滴定终点。如果滴定曲线比较平坦，突跃不明显，则可绘制一阶微商曲线或二阶微商曲线。

2. $\dfrac{\Delta\varepsilon}{\Delta V}$-$V$ 曲线法　$\dfrac{\Delta\varepsilon}{\Delta V}$-$V$ 曲线法也称作一阶微商法。绘制$\dfrac{\Delta\varepsilon}{\Delta V}$-$V$ 曲线时，首先需要根据实验数据分别计算出 $\Delta\varepsilon$、ΔV、$\Delta\varepsilon/\Delta V$ 和 $\overline{V}$ 的值，即相邻两次加入标准溶液的体积差为 ΔV，相应的电动势差为 $\Delta\varepsilon$，相邻两次加入的体积平均值为$\overline{V}$。然后，以 V 为横坐标，以$\dfrac{\Delta\varepsilon}{\Delta V}$为纵坐标绘制出如图 8-7(2)所示的一阶微商曲线。该曲线呈现一个尖峰状极大值，此峰值所对应的 V 值即为滴定终点。用此作图法确定滴定终点较为准确，但作图手续较为麻烦，可改用二阶微商法通过简单计算求得滴定终点。

3. $\dfrac{\Delta^2\varepsilon}{\Delta V^2}$-$V$ 曲线法　$\dfrac{\Delta^2\varepsilon}{\Delta V^2}$-$V$ 曲线法，也称作二阶微商法，如图 8-7(3)所示。因一阶微商曲线的极大点是滴定终点，故二阶微商$\dfrac{\Delta^2\varepsilon}{\Delta V^2}=0$ 时即为滴定终点，且终点前、后$\dfrac{\Delta^2\varepsilon}{\Delta V^2}$符号相反。因此，二阶微商曲线上$\dfrac{\Delta^2\varepsilon}{\Delta V^2}=0$ 时，所对应的标准溶液体积 V 值也就是滴定终点。

二阶微商法可以不经过绘制滴定曲线，直接通过内插法来计算滴定终点的体积。计算如下：

从表 8-4 中看出，加入 24.30 mL 标准溶液时，$\dfrac{\Delta^2\varepsilon}{\Delta V^2}=4\ 400$；加入 24.40 mL 标准溶液时，$\dfrac{\Delta^2\varepsilon}{\Delta V^2}=-5\ 900$，故终点必在 24.30 mL 与 24.40 mL 之间。按如下图意进行比例计算：

24.30	x	24.40	（加入标准溶液的体积/mL）
4 400	0	−5 900	$\dfrac{\Delta^2\varepsilon}{\Delta V^2}$

$$\frac{24.40-24.30}{-5\ 900-4\ 400}=\frac{x-24.30}{0-4\ 400}$$

$$x=\frac{(-4\ 400)\times 0.1}{(-5\ 900-4\ 400)}+24.30=24.34$$

滴定达到滴定终点时，消耗标准溶液的体积为 24.34 mL。

表 8-4　0.1 mol · L^{-1} $AgNO_3$ 滴定同浓度的 NaCl 溶液的数据

$V(AgNO_3)$ /mL	ε /mV	$\Delta\varepsilon$ /mV	ΔV /mV	$\frac{\Delta\varepsilon}{\Delta V}$ /(mV · mL^{-1})	$\overline{V}$/mL	$\Delta\left(\frac{\Delta\varepsilon}{\Delta V}\right)$ /(mV · L^{-1})	$\frac{\Delta^2\varepsilon}{\Delta V^2}$ /(mV · L^{-2})
5.00	62						
		23	5.00	4.6	10.00		
15.00	85						
		22	5.00	4.4	17.50		
20.00	107						
		16	2.00	8.0	21.00		
22.00	123						
		15	1.00	15	22.50		
23.00	138						
		8	0.50	16	23.25		
23.50	146						
		15	0.30	50	23.65		
23.80	161						
		13	0.20	65	23.90		
24.00	174						
		9	0.10	90	24.05		
24.10	183					20	200
		11	0.10	110	24.15		
24.20	194					280	2 800
		39	0.10	390	24.25		
24.30	233					440	4 400
		83	0.10	830	24.35		
24.40	316					−590	−5 900
		24	0.10	240	24.45		
24.50	340					−130	−1 300
		11	0.10	110	24.55		
24.60	351					−40	
		7	0.10	70	24.65		
24.70	358						

为了加快分析速度，对于批量样品，还可以应用自动电势滴定仪进行分析。先用计算方法或手动滴定求得滴定体系的终点电势，然后将自动电势滴定仪的滴定终点调节到所需的位置，让其自动滴定，当达到所设定的终点电势时，仪器可通过电磁阀自动关闭其滴定装置。图 8-8 是 ZD-2 型自动电势滴定仪的方框图。

8.3.3　电势滴定法的应用

各类型滴定分析都可采用电势滴定法，但不同类型的滴定分析应选择不同的指示电极。

1. 酸碱滴定　在酸碱滴定过程中，于化学计量点附近 pH 发生突跃。因此，可采用响应 pH 变化的 pH 玻璃膜电极做指示电极，饱和甘汞电极做参比电极。

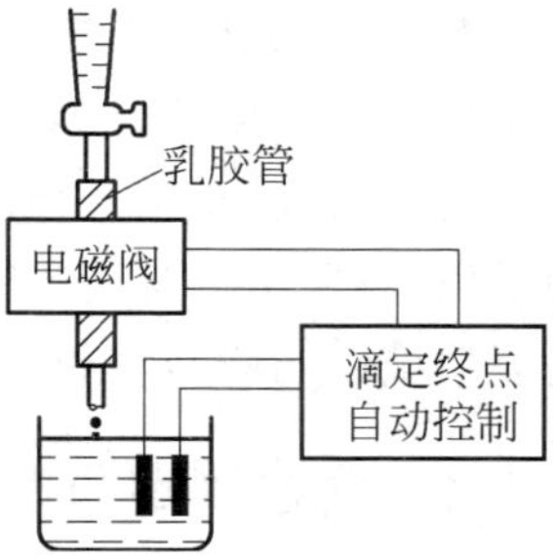

图 8-8　ZD-2 型自动电势滴定仪方框图

2. 配位滴定　在配位滴定过程中，溶液中的金属离子浓度发生变化，在化学计量点附近，pM 发生突跃，因此，可以选择合适的指示电极和参比电极进行电势滴定。例如，用 $AgNO_3$ 或 $Hg(NO_3)_2$ 滴定 CN^-，分别生成 $Ag(CN)_2^-$ 和 $Hg(CN)_4^{2-}$ 配离子，滴定过程中 Ag^+ 或 Hg^{2+} 浓度发生变化，所以可选用银电极或汞电极作为指示电极，以饱和甘汞电极为参比电极组成原电池，进行电势滴定。再如可以用 $Pt \mid Fe^{3+}, Fe^{2+}$ 电极做指示电极，以 EDTA 做标准溶液，采用电势滴定法测定试液中 Fe^{3+} 的含量。

3. 氧化还原滴定　氧化还原反应的电势滴定一般以 Pt 电极做指示电极，甘汞电极做参比电极。滴定过程中，被测物质的氧化态和还原态所组成电对的电极电势：

$$\varphi = \varphi^{\ominus} + \frac{2.303RT}{nF} \lg \frac{c(\text{氧化态})/c^{\ominus}}{c(\text{还原态})/c^{\ominus}}$$

在化学计量点附近，指示电极的电极电势突跃，因此可以确定滴定终点。高锰酸钾法测定 Fe^{2+}、AsO_3^{3-}、V^{4+}、Sn^{2+}、$C_2O_4^{2-}$、I^-、NO_2^-、Cu^{2+} 等，重铬酸钾法测定 Fe^{2+}、Sn^{2+}、I^-、Ce^{3+} 等，碘量法测定 AsO_3^{3-}、Sb^{3+}、维生素 C、咖啡因等，均可进行电势滴定。

4. 沉淀滴定　可选用银电极做指示电极，甘汞电极做参比电极，以 $AgNO_3$ 标准溶液滴定 Cl^-、Br^-、I^- 等。又如选用铂电极做指示电极，用六氰合铁(Ⅱ)酸钾标准溶液滴定 Pb^{2+}、Ca^{2+}、Zn^{2+}、Ba^{2+} 等离子的含量。

8.4　线性滴定法简介(Introduction of Linear Titration)

传统的滴定分析，无论是利用指示剂或电势法确定终点，均以滴定曲线在化学计量点附近的突跃为基础，如酸碱滴定中，就是利用计量点附近 pH 的突变来确定终点。对于反应完全程度较差的弱酸(碱)的滴定，由于计量点附近 H^+ 浓度变化的倍数较小，pH 突跃较小，致使终点无法确定。所以传统的滴定分析法对反应的完全程度要求较高，如对 $c=0.1\ \mathrm{mol\cdot L^{-1}}$ 的一元弱酸，$K_a<10^{-7}$ 时则不能被滴定。此外，为防止错过终点，必须在近终点时放慢滴定速度。线性滴定以电势滴定为手段，克服了传统滴定法的缺陷，适用范围大大扩大，如可准确测定 $K_a<10^{-11}$ 的弱酸(碱)，其滴定剂只需分次等量加入即可，这样便于操作的自动化。

8.4.1 线性滴定原理，一元酸的滴定

科学研究中，为表示两个变量 x、y 间的关系，常通过一些数学变换，将 y 变换为 $f(x)$，并使 x 与 $f(x)$ 呈线性关系。酸碱滴定中，若能将 $c(H^+)$ 变换为一与所用滴定剂体积 V 有关的函数 $f(V)$，且 V 与 $f(V)$ 呈线性关系，则滴定终点的确定必与所谓 pH 突跃大小无关，既不受反应完全程度的影响，且操作时只需将滴定剂等量分步加入即可。这种利用 V 与 $f(V)$ 之间的线性关系确定终点的方法即线性滴定法。

1. 一元强酸的线性滴定 设一元强酸的浓度和体积分别为 $c(A)$、V_0，用浓度为 $c(B)$ 的强碱进行滴定，则在化学计量点前，加入滴定剂体积为 V 时，溶液酸度可依式(8-13)计算：

$$c(H^+)=c(A)\cdot\frac{V_0}{V_0+V}-c(B)\cdot\frac{V}{V_0+V}+\frac{K_w}{c(H^+)} \tag{8-13}$$

设到达化学计量点时需加入滴定剂体积为 $V_{s\cdot p}$，则：

$$c(A)\cdot V_0=c(B)\cdot V_{s\cdot p} \tag{8-14}$$

将式(8-14)代入式(8-13)，得

$$V_{s\cdot p}-V=\frac{V_0+V}{c(B)}\left\{c(H^+)-\frac{K_w}{c(H^+)}\right\} \tag{8-15}$$

由式(8-15)可知，$\frac{V_0+V}{c(B)}\left\{c(H^+)-\frac{K_w}{c(H^+)}\right\}$ 与 V 呈直线关系。所以，只要利用 pH 计测得滴定过程中各点溶液的酸度 $c(H^+)$，利用式(8-15)算得 $V_{s\cdot p}-V$，并令 $f(V)=V_{s\cdot p}-V$，以 $f(V)$ 为纵坐标、V 为横坐标作图，将得一直线，该直线与横坐标的交点为 $V_{s\cdot p}$(图 8-9)。

若滴定至计量点以后，则有：

$$c(OH^-)=c(B)\cdot\frac{V}{V_0+V}-c(A)\cdot\frac{V_0}{V_0+V}+\frac{K_w}{c(OH^-)} \tag{8-16}$$

将式(8-14)代入式(8-16)，得

$$-(V_{s\cdot p}-V)=\frac{V_0+V}{c(B)}\left\{c(OH^-)-\frac{K_w}{c(OH^-)}\right\} \tag{8-17}$$

即 $\frac{V_0+V}{c(B)}\left\{c(OH^-)-\frac{K_w}{c(OH^-)}\right\}$ 与 V 呈线性关系。令 $f(V)=-(V_{s\cdot p}-V)$，则所得直线与横坐标的交点也为 $V_{s\cdot p}$（图 8-9）。

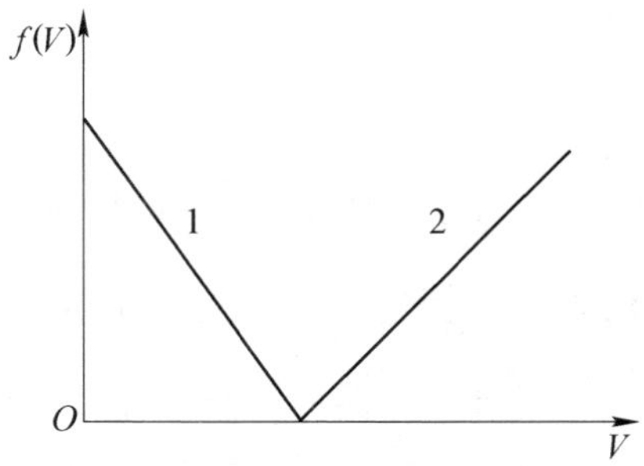

图 8-9 一元酸的线性滴定

1. 计量点前 2. 计量点后

因此，利用线性滴定法滴定一元强酸，只需用定量加液器分次加入滴定剂，测定各点溶液的 $c(H^+)$，计算得 $f(V)$ 后，以 $f(V)$ 为纵坐标，V 为横坐标作图，所得直线与横坐标交点即为滴定终点。

2. 一元弱酸的滴定 设一元弱酸 HA 的初浓度和体积分别为 $c_0(HA)$ 和 V_0，其实验离解常数为 K_a，所用滴定剂 NaOH 的浓度为 $c(B)$。若令 $K=\frac{1}{K_a}$，则

$$K=\frac{1}{K_a}=\frac{c(HA)}{c(H^+)\cdot c(A^-)} \tag{8-18}$$

加入滴定剂体积为 V 时，该溶液的 PBE 为：

$$c(A^-)+c(OH^-)=c(Na^+)+c(H^+)=\frac{V}{V_0+V}c(B)+c(H^+) \tag{8-19}$$

设到达化学计量点时需加入滴定剂体积为 $V_{s\cdot p}$，则有：

$$c_0(HA)\cdot V_0=c(B)\cdot V_{s\cdot p} \tag{8-20}$$

因为 $$c(HA)+c(A^-)=\frac{c_0(HA)\cdot V_0}{V+V_0}$$

所以 $$c(A^-)=\frac{c_0(HA)\cdot V_0}{V+V_0}-c(HA) \tag{8-21}$$

将式(8-18)、式(8-20)代入式(8-21)，得

$$c(A^-)=\frac{c_0(B)\cdot V_{s\cdot p}}{V+V_0}-K\cdot c(H^+)\cdot c(A^-)$$

$$c(A^-)=\frac{c_0(B)\cdot V_{s\cdot p}}{(V+V_0)\{1+K\cdot c(H^+)\}} \tag{8-22}$$

将式(8-22)代入式(8-19)，可得

$$V_{s\cdot p}-V=V\cdot K\cdot c(H^+)+\frac{V_0+V}{c(B)}\{c(H^+)-c(OH^-)\}\{1+K\cdot c(H^+)\} \tag{8-23}$$

化学计量点后，与滴定一元强酸时情况相同：

$$-(V_{s.p}-V)=\frac{V_0+V}{c(B)}\left\{c(OH^-)-\frac{K_w}{c(OH^-)}\right\} \tag{8-24}$$

令 $f(V)=V_{s.p}-V$(计量点前)或 $f(V)=-(V_{s.p}-V)$(计量点后),以 $f(V)$为纵坐标,V 为横坐标作图,可得两直线,它们与横坐标的交点即为滴定终点 $V_{s.p}$。

8.4.2 线性滴定法的应用

线性滴定法操作简单,测定快速,准确度高,应用广泛,不但可测定一元酸碱,也可测定多元或混合酸碱,且即使相邻二级 pK 差值仅为 0.2,也能实现分步滴定。线性滴定法还可应用于沉淀滴定、配位滴定及氧化还原滴定中,可参阅有关专著。

在利用线性滴定法进行测定时,应注意:

(1)应在被测液中加入 KCl 离子强度调节剂(74.56 g A. R. KCl 溶于 1 L 水),以保持滴定过程中溶液的离子强度恒定。一般加入 KCl 离子强度调节剂 10 mL,冲稀至 100 mL 后进行滴定,此时离子强度 $\mu\approx0.1$。

(2)滴定剂可用滴定管加入,也可用定量加液器加入(精度应为 0.01 mL),每次加入 0.5 mL,一般只需在计量点前加入 10 次即可。

(3)所用 pH 计必须认真校准,电极必须严格挑选。

本章小结

电势分析法是利用测定原电池的电动势以求得物质含量的分析方法,电势分析法又可分为直接电势法和电势滴定法。

在电势分析法中,构成工作电池的两个电极,其中一个电极是指示电极,其电极电势能够指示被测离子活度(或浓度)的变化,电极电势与被测离子活度之间的关系符合能斯特方程;而另一个电极的电极电势不受试液组成变化的影响,具有恒定的数值,称为参比电极。将指示电极和参比电极共同浸入试液中构成一个原电池,通过测量原电池的电动势,即可求得被测离子的活度(或浓度)。

直接电势法最早应用于溶液 pH 的测定。应用离子选择性电极测定离子活度或浓度时,测定方法可分为标准曲线法和标准加入法等。

电势滴定法的滴定曲线是以电池电动势对标准溶液的体积作图所得的曲线。一般有 3 种确定滴定终点的方法,即 ε-V 曲线法、$\frac{\Delta\varepsilon}{\Delta V}$-$V$ 曲线法和二阶微商法。

思 考 题

8-1 电势分析法的基本原理是什么?什么是指示电极和参比电极?举例说明。

8-2　为何用直接电势法测定溶液 pH 时,必须使用标准缓冲溶液进行定位操作?

8-3　简述 pH 玻璃膜电极和饱和甘汞电极的基本构造、电极反应、电极符号以及电极电势的计算式。

8-4　简述离子选择性电极的工作原理、种类、性能和应用。

8-5　为什么离子选择性电极对待测离子具有选择性?

8-6　分别总结直接电势法和电势滴定法的特点。

8-7　从玻璃电极的性能及其膜电势产生的原理,讨论欲顺利、准确地进行 pH 的电势法测量,应注意些什么问题?

8-8　电势滴定法是如何确定化学计量点的? 有何优点?

8-9　电势分析法中,被测的物理量是:

(1)指示电极的电极电势;

(2)膜电势;

(3)工作电池电动势;

(4)参比电极的电极电势。

8-10　下列哪些说法是不正确的?

(1)甘汞电极只能做参比电极;

(2)饱和甘汞电极可作为 Cl^- 指示电极;

(3)各种甘汞电极中,饱和甘汞电极的电极电势最低;

(4)电势分析测定中,工作电池放电电流强度应趋于 0。

8-11　膜电势的产生,是由于:

(1)电子的转移;

(2)氧化还原反应的发生;

(3)膜对离子的吸附;

(4)离子交换和迁移。

8-12　填空:

(1)pH 玻璃电极使用前需__________,目的有两个:____________________。

(2)pH 电势测定中,必须用标准 pH 缓冲溶液对仪器定位,目的是:__________。

(3)TISAB 的作用主要有三个:____________________。

练　习　题

8-1　写出下列电极的电极反应及其能斯特方程:

(1)Pt | H_2(g) | H^+;(2)Pt | Fe^{3+},Fe^{2+};

(3)Pt | H_2(g) | OH^-;(4)饱和甘汞电极。

8-2 用玻璃电极与饱和甘汞电极组成原电池，当电池溶液是 pH＝4.00 的缓冲溶液时，在 25℃时用毫伏计测得电池电动势为 0.209 V；当缓冲溶液由未知溶液代替时，毫伏计读数如下：(1)0.312 V；(2)0.088 V；(3)－0.017 V，试计算每个未知溶液的 pH。

8-3 以饱和甘汞电极做参比电极，以氟离子选择性电极做指示电极，浸入 $c(F^-)=0.001\ 00\ mol \cdot L^{-1}$ 的 F^- 溶液中组成原电池（氟电极为正极），测得电池电动势为 0.159 V。换用含有氟离子的待测试液，测得电池电动势为 0.212 V。计算待测液中氟离子的浓度。

8-4 25℃时，下列电池电动势为 0.518 V：

Pt | $H_2(10^5\ Pa)$，HA$(0.01\ mol \cdot L^{-1})$，$A^-(0.01\ mol \cdot L^{-1})$ ‖ 饱和甘汞电极，计算该弱酸的离解常数 K_a。

8-5 某种钠离子选择性电极的选择性系数 $K_{Na,H}$ 约为 30。如果用这种电极测定 $c(Na^+)=0.001\ mol \cdot L^{-1}$ 的溶液，并要求测定相对误差小于 3%，则试液的 pH 必须大于多少？

8-6 25℃时，用标准加入法测定 $c(Cu^{2+})$：于 100 mL 试液中加入 $c(Cu^{2+})=0.020\ mol \cdot L^{-1}$ 标准溶液 1 mL 后，电动势升高 20 mV，计算试液中 $c(Cu^{2+})$。

8-7 在电势滴定中，化学计量点附近测得工作电池电动势如下：

标准溶液体积 V/mL	21.80	21.90	22.00	22.10	22.20	22.30	22.40
电动势 ε/V	0.180	0.190	0.206	0.466	0.606	0.680	0.690

计算滴定终点时所加入标准溶液的体积。

8-8 用 $c(NaOH)=0.100\ 0\ mol \cdot L^{-1}$ 的氢氧化钠标准溶液滴定 100 mL H_3BO_3 溶液，已知 $K(H_3BO_3)=1.74\times10^9$，实验数据如下：

$V(NaOH)/m$	0.00	0.50	1.00	1.50	2.00	2.50	3.00	3.50	4.00	4.50	5.00
pH	6.710	8.284	8.590	8.818	9.000	9.132	9.326	9.490	9.670	9.890	10.170

利用线性滴定作图法求终点时所用标准溶液的用量并计算 $c(H_3BO_3)$。

8-9 The cell

$$SCE \| Ag_2CrO_4(s) \mid CrO_4^{2-} \mid Ag(s)$$

is employed for the determination of $pCrO_4^{2-}$. Calculate $pCrO_4^{2-}$ when the cell potential is 0.402 V.

第 9 章　几种现代仪器分析方法简介 Introduction of Several Modern Instrumental Analytical Methods

仪器分析是以测量物质的物理性质和物理化学性质为基础的分析方法。随着科学技术的发展，分析化学在方法和实验技术方面都发生了深刻的变化，特别是新的仪器分析方法不断出现，且应用日益广泛，使仪器分析在分析化学中所占的比重不断增长，并成为现代实验化学的重要支柱。因此，仪器分析的一些基本原理和实验技术已成为分析化学学科中需掌握的基础知识和基本技能。

9.1　原子吸收光谱分析法(Atomic Absorption Spectrometry, AAS)

原子吸收光谱分析又称原子吸收分光光度分析，是基于被测元素基态原子在蒸气状态对特定谱线(通常是待测元素的特征谱线)的吸收作用来进行定量分析的。

原子吸收光谱法灵敏度较高(火焰原子吸收法可测得 $10^{-6}\sim10^{-9}$ g，石墨炉原子吸收法可测到 $10^{-10}\sim10^{-14}$ g)，是测量微量金属元素的好方法；由于使用锐线光源，发射线的光谱纯度高，大多数情况下共存元素不产生干扰，选择性强；准确度高(火焰原子吸收法的相对误差＜1%，石墨炉原子吸收法为 3%～5%)；仪器操作简单，分析速度快，应用范围广，能够测定的元素 70 多种。

9.1.1　基本原理

当原子在两个能态之间跃迁时，会伴随着能量的发射和吸收。使电子从基态跃迁至第 1 激发态时所产生的吸收谱线称为第 1 共振吸收线，简称共振线；当电子从第 1 激发态跃迁至基态时，发射出的谱线称为第 1 共振发射线，也简称为共振线。

各种元素的原子结构和外层电子排布不同，因而各种元素各有其特征性共振线。基态原子吸收其共振辐射，外层电子由基态跃迁到激发态而产生原子吸收光谱。原子吸收光谱位于紫外光区和可见光区。在原子吸收光谱分析中，是利用处于基态的待测原子蒸气对从光源辐射的共振线的吸收来进行分析的。

原子蒸气中，基态原子数占总原子数的绝大部分，基态原子数与总原子数基本相等。在一定浓度范围和一定光程条件下，当用锐线光源发射的元素共振线照射通过原子蒸气时，测得吸光度与原子蒸气中待测元素的基态原子数呈线性关系，即与浓度呈线性关系：

$$A = K \cdot c \tag{9-1}$$

式中：c 为待测元素的浓度，K 在一定实验条件下是一个常数。这就是原子吸收光谱分析的定量基础。

9.1.2 原子吸收分光光电计

原子吸收分光光电计一般由光源、原子化系统、光学系统及检测系统 4 个部分组成，构造原理如图 9-1 所示。

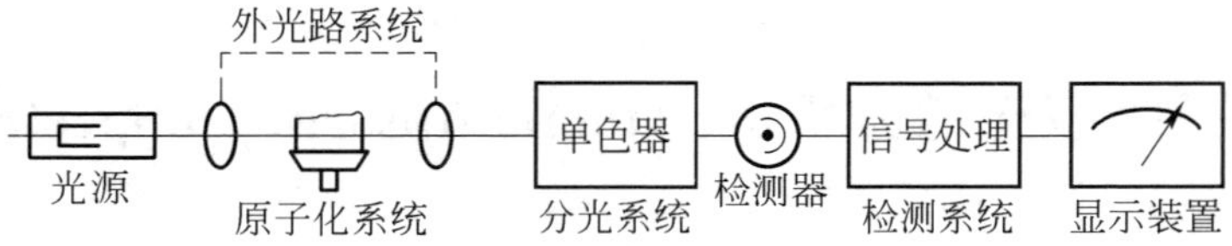

图 9-1 原子吸收分光光度计基本构造示意图

1. **光源** 锐线光源的作用是辐射待测元素的特征光谱即共振吸收光谱。锐线光源应辐射纯度高、辐射强度大、稳定性高、背景小等。目前应用最广泛的是空心阴极灯。

空心阴极灯(HCL)的结构如图 9-2 所示。

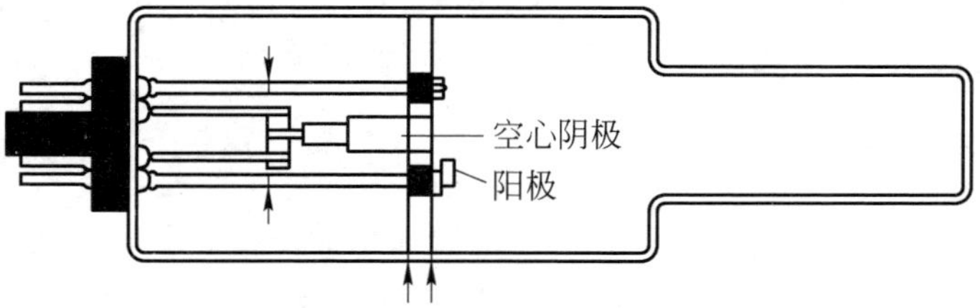

图 9-2 空心阴极灯

空心阴极灯发射的光谱主要是阴极元素的共振光谱(还有内充气体及阴极中杂质的光谱)，因此用不同的待测元素作阴极材料，可制成各相应待测元素的空心阴极灯。空心阴极灯的优点是：只有一个操作参数(即灯电流，因空心阴极灯的光强度与工作电流有关)，发射谱线稳定性好、强度高、纯度高，并且容易更换。

2. 原子化系统 原子化系统的作用是将试样中的待测元素转变为原子蒸气。使试样原子化的方法有火焰原子化法和无火焰原子化法两种。火焰原子化法具有简单、快速、对大多数元素有较高的灵敏度、检测极限低等优点，因而至今使用仍最广泛；无火焰原子化技术具有较高的原子化率、灵敏度高、检测极限低，因此也得到了广泛应用。

(1)火焰原子化法：火焰原子化是利用火焰的热能使样品蒸发、解离生成自由原子。火焰原子化系统分为喷雾器、雾化室和燃烧器 3 部分，如图 9-3 所示。

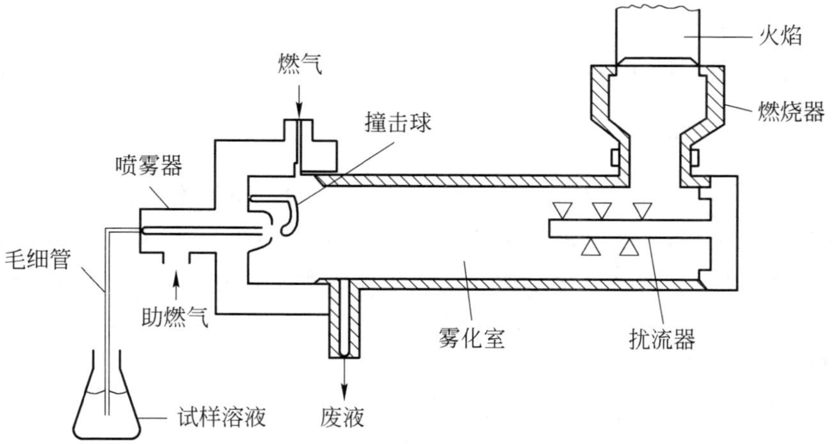

图 9-3 预混合型燃烧器

火焰的组成关系到测定的灵敏性、稳定性和干扰等，对不同的元素应选择不同的、恰当的火焰。常用的火焰有乙炔-空气火焰、乙炔-氧化亚氮火焰、氢气-空气火焰等多种。

火焰原子化法重现性好，易于操作，缺点是原子化效率低，且通常只可以液体进样。

(2)无火焰原子化法：无火焰原子化指火焰以外其他原子化系统，常用的是石墨炉原子化。

石墨炉原子化法是将试样溶液或固体试样放在高电阻的石墨管中，在外加低电压、大电流条件下，石墨管产生 2 000～3 000℃高温，使试样瞬时蒸发、原子化。

石墨炉原子化法最大的优点是注入的试样几乎可以完全原子化，能得到较好的原子化效率。当试样含量很低或只能提供很少量的试样时，使用这种方法是很合适的。它的缺点是，共存化合物的干扰比火焰法大，测量的重现性比火焰法差。

3.光学系统 光学系统可分为两部分:外光路系统(或称照明系统)和分光系统(单色器)。

外光路系统使光源发出的共振线能正确地通过被测试样的原子化蒸气,并投射到单色器的狭缝上。

分光系统(单色器)由入射和出射狭缝、反射镜和色散元件组成。色散元件一般用的都是光栅。单色器可将被测元素的共振吸收线与邻近谱线分开。单色器置于原子化器后边,目的是防止原子化器内发生的辐射干扰进入检测器。锐线光源的谱线比较简单,故对单色器分辨率要求不高,能分开 Mn 279.5 nm 和 279.8 nm 即可。

4.检测系统 检测系统主要由检测器、放大器、对数变换器和显示装置组成。

9.1.3 定量分析方法

1.标准曲线法 这是最常用的分析方法。配制一组标准溶液,由低浓度到高浓度依次喷入火焰,分别测定其吸光度 A;以吸光度为纵坐标,待测元素的含量或浓度 c 为横坐标,绘制 A-c 标准曲线。在相同的实验条件下,喷入待测试样溶液,根据测得的吸光度,由标准曲线求出试样中待测元素的含量。标准曲线法简便、快速,但仅适用于组成简单的试样。

2.标准加入法 一般说来,待测试样的确切组成是不完全确知的,这就为配制与待测试样组成相似的标准溶液带来了困难,这时可采用标准加入法。

取相同体积的试样两份,在其中一份加入一定量被测元素的标准溶液,稀释至相同的体积,测出两份溶液的 A_x 和 A_s,根据吸收定律:

$$A_x = Kc_x$$

$$A_s = k(c_x + c_s)$$

$$c_x = \frac{A_x}{A_s - A_x} \cdot c_s \tag{9-2}$$

实际测定中,常采用下述作图法。

分取几份相同量的被测试样,分别加入不同量被测元素的标准溶液,稀释至相同的体积。设试样中待测元素的浓度为 c_x,加入标准溶液后浓度分别为$c_x + c_{s_1}$,$c_x + c_{s_2}$,$c_x + c_{s_3}$…,分别测得其吸光度度(A_1,A_2,A_3,…)。以 A 对加入标准溶液的浓度作图,得图 9-4 所示的直线。在将直线外推至与横坐标相交,交点所示浓度即为被测元素经稀释后的浓度 c_x 的相反数。

使用标准加入法,被测元素的浓度应在曲线的线性范围之内。标准加入法应

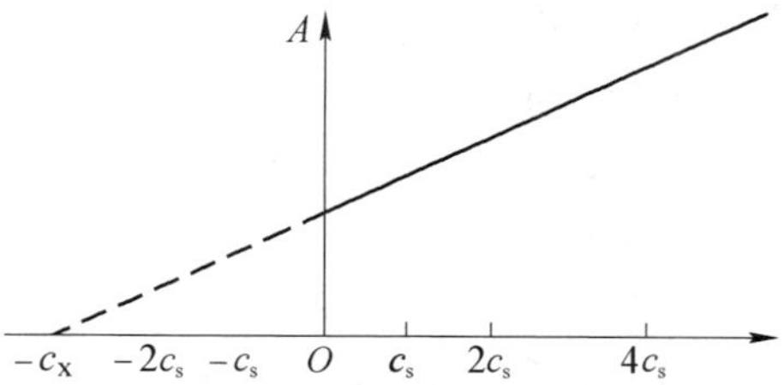

图 9-4　标准加入法

进行试样空白值的扣除，且必须用标准加入法进行扣除。在使用标准加入法时，要考虑消除背景的干扰。

9.2　原子发射光谱分析法(Atomic Emission Spectrometry，AES)

原子发射光谱分析是根据原子所发射的光谱来进行元素的定性与定量分析的方法。原子发射光谱分析对一个试样既能同时进行多元素定性分析，又可同时测定各元素含量(高、中、微含量)，具有分析速度快，选择性、准确性高，检出限低，试样消耗少等优点。

9.2.1　基本原理

通常情况下，当原子受到外界能量(如热能、电能等)的作用时，原子由于与高速运动的气态粒子和电子相互碰撞而获得了能量，使原子中外层电子从基态跃迁到激发态。处于激发态的原子是十分不稳定的，在极短时间(10^{-8} s)内，外层电子就跃迁至较低的能级或基态上。在原子由较高能级跃迁至基态或其他较低能级的过程中，将释放出多余的能量，这种能量以一定波长的电磁波的形式辐射出去。特定元素的原子可产生一系列不同波长的特征发射光谱线，这些谱线按一定的顺序排列，并保持一定的强度比例。原子发射光谱分析就是通过识别这些元素的特征谱线来鉴别元素的存在(定性分析)，利用这些谱线的强度来测定元素的含量(定量分析)。

9.2.2　光谱分析仪器

原子发射光谱仪主要由光源和光谱仪两部分组成。

1. 光源　光源的作用是提供足够的能量使试样蒸发、原子化、激发，进而产生发射光谱。光源的特性在很大程度上影响着光谱分析的准确度、精密度和检出限，因此必须对光源的种类、特点及应用范围有基本的了解。目前常用的光源有直流电弧、交流电弧、高压火花和电感耦合高频等离子体(ICP)焰炬。

(1)直流电弧:这种光源的弧焰温度与电极和试样的性质有关,一般可达4 000～7 000 K。由于持续放电,电极头温度高,蒸发能力强,试样进入放电间隙的量多,绝对灵敏度高,适宜于进行定性分析及低含量组分的测定。但因电弧不稳定,重现性差,且电极头温度高,所以不宜于定量分析及低熔点元素的分析。

(2)交流电弧:交流电弧有高压电弧和低压电弧两类,前者工作电压达2 000～4 000 V,可利用高电压把弧隙击穿而燃烧。但由于装置复杂,操作危险,实际上已很少使用。

交流电弧的最大优点是稳定性比直流电弧高,操作简便安全,因而广泛应用于光谱定性、定量分析中,但灵敏度稍差些。

(3)高压火花:火花放电即指在通常气压下,两电极间加上高电压达到击穿电压时,在两极尖端迅速放电,产生电火花。放电沿着狭窄的发光通道进行,并伴随着爆裂声。日常生活中,雷电即是大规模的火花放电。

这种光源的特点是放电的稳定性好,电弧放电的瞬间温度可高达10 000 K以上,适用于定量分析及难激发元素的测定。由于每次放电后的间隙时间较长,电极头温度较低,因而试样的蒸发能力较差,较适合于分析低熔点的试样。但灵敏度较差,不宜做痕量分析,同时由于电火花仅射在电极的一小点上,若试样不均匀,产生的光谱不能全面代表被分析的试样。

(4)电感耦合高频等离子体(ICP)焰炬:ICP光源是20世纪60年代研制的新型光源,由于它的性能优异,70年代迅速发展并获广泛的应用。ICP光源是高频电流产生的类似火焰的激发光源,主要由高频发生器、等离子体炬管和雾化器3部分组成。

ICP的工作温度比其他光源高,在等离子体核处达10 000 K,且又在惰性气体条件下,原子化条件极为良好,有利于难溶化合物的分解和元素的激发,对大多数元素都有很高的分析灵敏度。它的局限性是对非金属测定灵敏度低,仪器价格较贵,维持费用也较高。

2.光谱仪 光谱仪的作用是将光源发射的电磁辐射色散后,得到按波长顺序排列的光谱,并对不同波长的辐射进行检测与记录。

目前常用的光谱仪有棱镜摄谱仪、光栅摄谱仪和光电直读光谱仪。

光谱仪的好坏主要取决于它的色散装置,其光学性能的主要指标有色散率、分辨率与集光本领。因为发射光谱是靠每条谱线进行定性、定量分析的,因此这3个指标均至关重要。

摄谱仪的记录方法为照相法，需用感光板来接收与记录所发出的光，感光板所记录的光谱可长期保存，尤其是光谱定性分析，大多采用之。

(1)光栅摄谱仪：光栅摄谱仪应用衍射光栅作为色散元件，利用光的衍射现象进行分光。其比棱镜摄谱仪有更高的分辨率，且色散率基本上与波长无关，它更适用于一些含复杂谱线的元素(如稀土元素、铀、钍等)试样的分析。

(2)光电直读光谱仪：光电直读光谱仪是利用光电测量方法直接测定光谱线强度的光谱仪。由于 ICP 激发光源的突出优点，而使其得到广泛应用。

ICP 炬管发出的辐射，经入射狭缝投射到凹面光栅上，经色散后不同波长的光分别聚焦在预先排定的、排在罗兰圆(曲面半径为 R 的凹面反射光栅，其中心点与直径为 R 的圆相切，若入射狭缝在此圆上，则不同波长的光都成像在这个圆上，称为罗兰圆)上不同的出射狭缝上，然后由反射镜反射至各自对应的光电倍增管上。一个出射狭缝和一个光电倍增管构成一个光的通道，可检测一条谱线。多道仪器可根据需要设置多个通道(20～70 个)进行多元素测定。这种光谱仪可同时测定几十种元素，分析速度快，准确度高，线性范围宽。

9.2.3　分析方法

1. 光谱定性分析　所谓灵敏线是指各种元素谱线中最容易激发或激发电位比较低的谱线。元素谱线的强度随试样中该元素的含量的减少而降低，并且在元素含量降低时，其中有一部分灵敏度较低、强度较弱的谱线渐次消失。而这些灵敏线则将在最后消失，因此又可称为“最后线”。各元素灵敏线的波长可在光谱波长表中查到。在实际定性分析中，只要检查出某种元素两条以上的灵敏线，就可判断该元素存在与否。必须注意，在实际工作中，灵敏线并非固定不变的，它和所采用的光源、感光板、摄谱仪的型号等条件有关，因此对灵敏线的选择应考虑到具体条件。

必须指出的是，在某试样的光谱中没有某种元素的谱线，并不表示在此试样中该元素绝对不存在，而仅仅表示该元素的含量低于检测方法的灵敏度。光谱分析的灵敏度除了取决于元素的性质外，还与所用的光源、摄谱仪，试样引入分析间隙的方法及其他实验条件等有关。

光谱定性分析通常用比较法进行，即将试样与已知的欲鉴定元素的化合物在相同条件下摄谱，将所得谱图进行比较，以确定某些元素是否存在。这种方法简便，但只适用于试样中指定组分的定性鉴定。

对复杂样品的测定，需用铁的光谱来进行比较(因为铁的光谱谱线较多，大约有 4 600 条，其中每条谱线的波长都做了准确的测定)。此外还可用波长测定法，准确测出该谱线的波长，再从元素的波长表上查出未知谱线相对应的元素。

2.光谱定量分析　光谱定量分析是根据谱线的强度来确定元素浓度的。元素的谱线强度 I 与该元素在试样中浓度 c 的相互关系可用下述经验式表示：

$$I=ac^b \tag{9-3}$$

式中：a 是与试样的蒸发、激发过程和试样组成等有关的一个参数；b 称为自吸系数，它的数值与谱线的自吸有关（自吸是指原子在高温发射某一波长的辐射，被处在边缘低温状态的同种原子所吸收的现象，自吸现象影响谱线强度）。在一定条件下，在一定的待测元素含量的范围内，a 和 b 是常数。

对式(9-3)取对数得：

$$\lg I=b\lg c+\lg a \tag{9-4}$$

此式表明，以 $\lg I$ 对 $\lg c$ 作图，所得曲线在一定浓度范围内为一直线，如图 9-5 所示。由图可见，当试样浓度较高时，由于 b 不是常数($b<1$)，曲线发生弯曲。

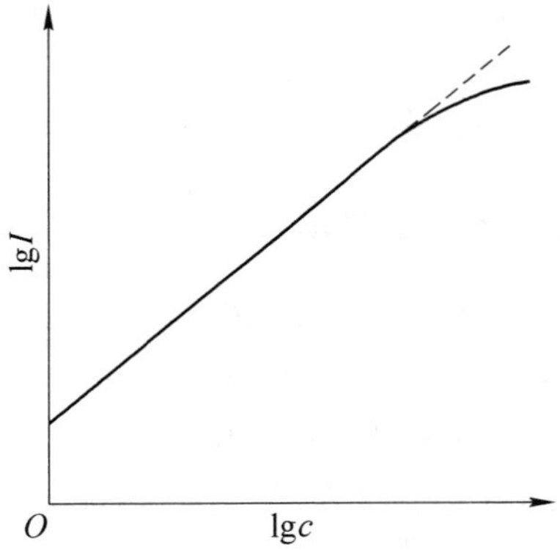

图 9-5　光谱定量分析的工作曲线

由于 a 和 b 随被测元素含量和实验条件的改变而变化，这种变化往往很难完全避免，因此要根据谱线强度的绝对值来进行定量分析是不能得到准确结果的。

采用“内标法”可以减少工作条件变化对测定结果的影响。

内标法是相对强度法，首先在被测元素的谱线中选一条线作为分析线，再选择其他元素的一条谱线为内标线，所选内标线的元素为内标元素，内标元素可以是试样的基体元素，也可以是定量加入的试样中不存在的元素。分析线和内标线组成分析线对。

设被测元素和内标元素的浓度分别为 c 和 c_0，I 和 I_0 为分析线强度和内标线强度。

分析线与内标线强度之比，称为相对强度：

$$R=\frac{I}{I_0}=\frac{ac^b}{a_0c_0^{b_0}} \tag{9-5}$$

式中：内标元素含量 c_0 为常数，实验条件一定时，$A=\dfrac{a}{a_0c_0^{b_0}}$，为常数，则：

$$R = Ac^b \tag{9-6}$$

对式(9-6)取对数,得:

$$\lg R = b\lg c + \lg A \tag{9-7}$$

式(9-7)是内标法的基本公式。以 lg$R$ 对 lg$c$ 作图,所得曲线为相应的工作曲线。只要测出谱线相对强度 R,即可从相应的曲线上求得试样中欲测元素的含量。

为了正确地做出工作曲线,应用的标准试样不得少于 3 个,故光谱定量分析常称为 3 标准试样法。此外,每一标准试样及分析试样都应摄谱多次(一般为 3 次),然后取其平均值。

9.3　荧光分析法(Fluorescence Spectroscopy)

荧光分析法可分为分子荧光分析法、原子荧光分析法和 X 射线荧光分析法。

某些物质被光照射后,物质分子吸收了辐射而成为激发态分子,若在返回到基态时伴随着光子的辐射,则发射出比入射光波长更长的荧光,测量荧光的强度进行分析的方法称为荧光分析法。荧光分析法灵敏度高,选择性强,试样用量少,方法简便。弱点是一方面由于能发出荧光的物质相对较少,应用范围较窄;另一方面,由于灵敏度高,测定时对环境因素敏感,干扰因素较多。

9.3.1　基本原理

1. 荧光的产生　分子内部运动包括电子运动、分子振动和分子转动,故分子内存在一系列分立的能级:电子能级、振动能级、转动能级。荧光物质吸收光辐射,跃迁至激发态后,可经由非辐射跃迁和辐射跃迁返回基态,此过程称为去活化过程。非辐射过程有多种不同形式,如在液相或压力足够大的气相中,通过分子碰撞,激发态分子可将过剩的振动能在极短的时间(10^{-12} s 数量级)以热的形式传递给周围分子,分子从较高的振动能级转至较低的振动能级。若还有辐射去活化过程发生,分子从第一激发态的最低振动能级跃迁至最低电子能级而辐射光子发出荧光,由于非辐射去活化过程已降低了分子能量,光子的波长必定比其吸收的特征波长要长。

2. 荧光的强度　当 I_0 和 b 一定时,荧光强度与荧光物质的浓度成正比:

$$I_f = Kc \tag{9-8}$$

这种线性关系只有在极稀的溶液中,当 $\varepsilon bc \leqslant 0.05$ 时才成立,对于较浓溶液,荧光强度与浓度不呈线性关系。

9.3.2 荧光分析仪

荧光分析中常用的仪器有荧光计和荧光光度计两类，主要由激发光源、单色器或滤光片、样品池和检测器组成。

9.3.3 定量测定方法

目前荧光分析大多用于定量测定。由于自身能发射荧光的化合物为数不多，因此往往利用有机试剂与待测物形成荧光配合物来进行测定。很多无机阳离子的测定都用此法。

1. **标准曲线法** 即用已知量的标准物质经过和试样一样的处理后，配成一系列标准溶液，在一定的仪器条件下测定这些溶液的荧光强度，做出标准曲线。然后在同样的仪器条件下测定试样溶液的荧光强度，从标准曲线上查出它们的浓度。

2. **比较法** 如果已知某待测物质荧光标准曲线的浓度线性范围，则取已知量的荧光物质（此量在线性范围之内）配成一标准溶液，测定其荧光强度，然后在同样条件下测定试样溶液的荧光强度，由标准溶液的浓度和两个溶液的荧光强度比值，求得试样中荧光物质的含量。

除分子荧光分析法外，1964 年以后发展起来的原子荧光分析法，是以原子在辐射能激发下发射的荧光强度进行定量分析的发射光谱分析法。此法具有灵敏度高，检出限低，谱线简单，干扰小，分析线性范围宽，能实现多元素同时测定等优点。但由于存在散射光的干扰，复杂基体样品和高含量试样的测定存在困难，发展较晚等问题，从而限制了原子荧光分析法的应用。

当 X 射线照射物质时，除发生散射、衍射和吸收等现象外，还产生次级 X 射线，即荧光 X 射线。根据荧光 X 射线的波长可确定物质所含元素，根据其强度可确定所含元素的含量，这就是 X 射线荧光分析。

9.4 极谱分析法（Polarographic Analysis）

极谱分析是在特殊条件下进行的电解分析，以测定电解过程中所得的电流-电压曲线来作定性和定量分析的电化学分析方法。近年来，随着一些新的极谱分析技术的发展，极谱分析成为电化学分析中最常用和最重要的方法之一。其优点是检测灵敏度高、适用范围宽、检出限低、测定误差小、在合适的条件下可进行多种元素的同时测定。由于通过溶液的电流很小，在电解前后溶液浓度基本不变，试样可重复多次测定。几乎所有常见的金属元素和大量的有机化合物都可用极谱法测定，它是有机化学、生物化学、农业化学、药物化学、环境化学的重要分析工具之一。

极谱分析的基本线路和仪器装置如图 9-6 所示。

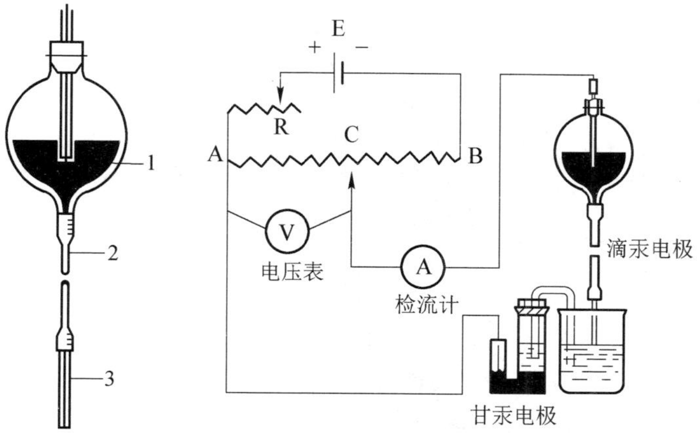

图 9-6　极谱分析的装置

1. 贮汞瓶　2. 橡皮管　3. 玻璃毛细管

被分析的溶液放在电解池中，电解池中插入两个电极，阳极为参比电极，通常用饱和甘汞电极，在有小电流通过时，参比电极的电极电位保持恒定。阴极是滴汞电极，它将汞放在上端的贮汞瓶中，瓶中的汞通过塑料管(或不含硫的橡皮管)进入玻璃毛细管(内径约为 0.05 mm)，然后由毛细管以很小的汞滴自由滴入电解液中。滴汞电极的特点是滴汞面积很小，电解时电流密度很大，可产生强的浓差极化。由于滴汞不断更新，可保持操作条件不变。滴汞以每 10 s 2～3 滴的速度滴下。移动电位差计的接触点 C，使两极上的外加电压自零起逐渐增大，由灵敏度很高的检流计量得不同电压下的电流值。以电流为纵坐标，电压为横坐标可以绘出电压-电流曲线，称为极谱图，图 9-7 即为镉离子的极谱图。

由图可见，极谱波是一条台阶状的曲线。起始部分平坦，是因为外加电压还未达到 Cd^{2+} 的分解电压，滴汞电极上还没有 Cd^{2+} 被还原，此时应该没有电流通过电解池。但实际上仍有极微小的电流通过，称为残余电流，以 i_r 表示。当外加电压大于 Cd^{2+} 的分解电压后，电解作用开始，Cd^{2+} 在滴汞电极还原为金属 Cd，并在电极上形成汞齐。与此同时，在阳极上则发生氧化反应，使甘汞电极中的汞氧化为 Hg_2Cl_2。电极反应分别为：

阴极 $Cd^{2+} + 2e^- + Hg = Cd(Hg)$（镉汞齐）

阳极 $2Hg + 2Cl^- = Hg_2Cl_2 + 2e^-$

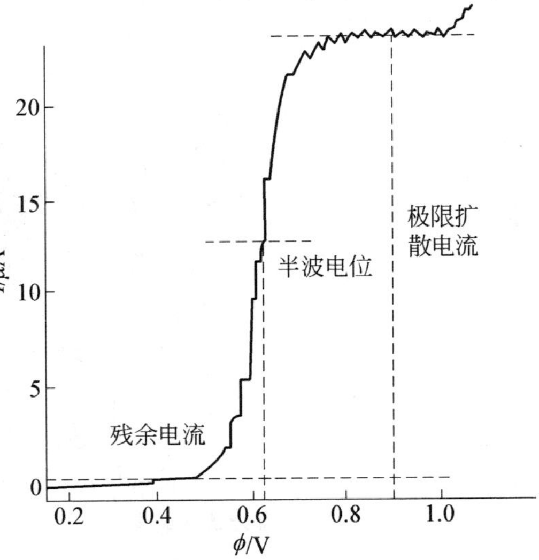

图 9-7 镉离子极谱图

电解开始后，外加电压稍有增加，电解电流则迅速增加，在极谱图上出现一个突跃。由于滴汞电极表面的 Cd^{2+} 迅速地进行电极反应，结果使滴汞电极表面的镉离子浓度大大低于溶液本体中的镉离子浓度，所以当外加电压增加到一定值时，电流完全靠溶液由本体中扩散而来的 Cd^{2+} 的放电来完成，不再增加，而达到一个极限值，此时的电流称为极限电流，以 i_e 表示。极限电流减去残余电流，所得值称为极限扩散电流，以 i_d 表示。i_d 的大小与溶液中的 Cd^{2+} 浓度成正比，它是极谱定量分析的基础。当电流等于极限扩散电流值的一半时，相应的滴汞电极的电位称为半波电位，用符号 $\varphi_{1/2}$ 表示。$\varphi_{1/2}$ 是一定条件下离子的特性常数，它是极谱定性分析的依据。

9.4.1 极谱的定量分析

在一定电位下，受扩散控制的电解电流可表示为：

$$i = K(c - c_e) \tag{9-9}$$

式中：c 为溶液主体中被测离子的浓度，c_e 为滴汞电极表面被测离子的浓度，K 是一比例常数，称为尤考维奇常数。

当外加电压达到被测离子的析出电位后，电极表面的被测离子浓度降低，趋近于零，即 $c_e \to 0$ 或 $(c-c_e) \to c$，此时电极表面与溶液主体之间的浓差达到极限，在此情况下产生极限扩散电流，则式(9-9)可写成：

$$i_d = Kc \tag{9-10}$$

即极限扩散电流正比于溶液中被测物质的浓度，不再随外加电压的增加而改变。据此，通过测量 i_d 的大小可求出待测物质的浓度或含量。

在实际测量中，通常不需要测量极限扩散电流的绝对值，只需测量所得极谱波的波高(以毫米或记录纸格数表示)，以波高代替极限扩散电流。通过极谱波的残余电流部分和极限电流部分作两条相互平行的直线，两线间的垂直距离即为所求的波高。由于极谱波呈锯齿形，故在作直线时应取锯齿形的中值，如图 9-8 所示。

但在很多情况下，可能呈不同的波形，此时应采用三切线法：作残余电流和极限扩散电流的延伸线，这两条线与波的切线相交于 A、B 两点(图 9-9)，通过两相交点作两条互相平行的线，此两条平行线之间的垂直距离即为所求波高。

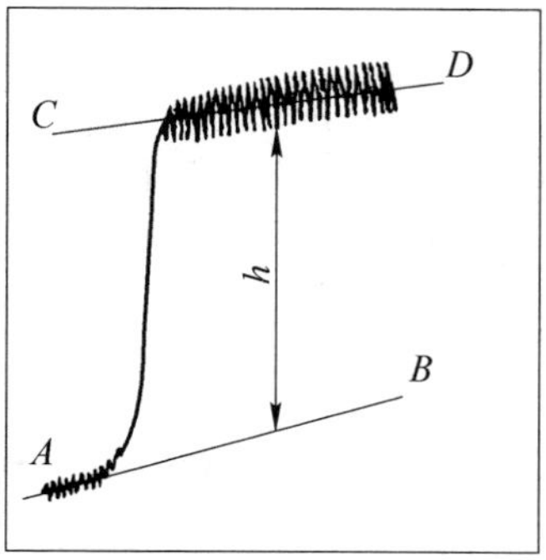

图 9-8　平行线法测量波高

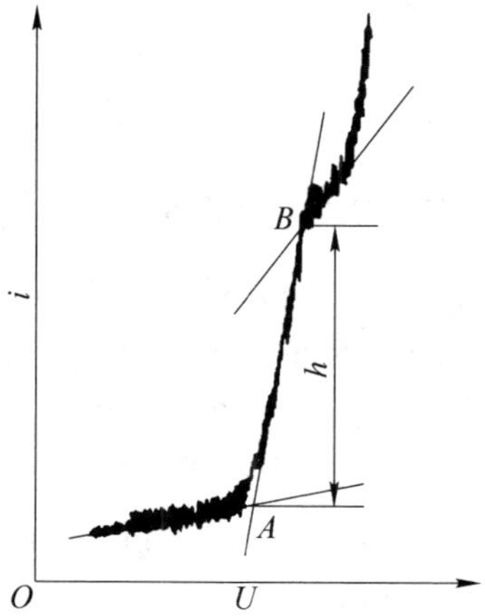

图 9-9　三切线法测量波高

极谱定量分析方法有如下几种：

1.直接比较法　在同一实验条件下，分别测量浓度为 c_s 的标准溶液及浓度为 c_x 的未知液的极谱波的波高 h_s 及 h_x，由

$$c_x = \frac{h_x}{h_s} \cdot c_s \tag{9-11}$$

可求出未知液的浓度。测定应在同一条件下进行,即应使两个溶液的组成、温度、毛细管、汞柱高度等保持一致。

2.标准曲线法　在同一条件下测定不同浓度的标准溶液的极限扩散电流(或波高),绘制波高—浓度曲线为标准曲线,此曲线应是一条通过原点的直线。然后在同样条件下测定未知试样的波高,再由标准曲线上找出其浓度。此法宜于大批同一类样品的分析。

3.标准加入法　先测定体积为 V_x 的未知试样的波高 h_x,然后加入一定体积(V_s)的相同物质的标准溶液(c_s),在同一实验条件下再测定其极谱波高 h,由式(9-11)得:

$$h_x = Kc_x$$

$$h = K\frac{c_xV_x + c_sV_s}{V_x + V_s}$$

两式相除,化简得:

$$c_x = \frac{c_sV_sh_x}{(V_x+V_s)h - V_xh_x} \tag{9-12}$$

此法在分析少数试样时最为适用。

9.4.2　极谱的定性分析

极谱的定性分析是以半波电位 $\varphi_{1/2}$ 为依据的。$\varphi_{1/2}$ 是一定条件下离子的特征常数,与离子的浓度无关。因此,测得半波电位后,查阅文献数据,即可找出是何种金属离子,达到定性分析的目的。

为提高前述经典极谱分析法的灵敏度和分辨率,发展了一些新的极谱技术,其中已得到比较广泛应用的有催化极谱法、单扫描极谱法、方波极谱法、脉冲极谱法以及溶出伏安法等。

9.5　气相色谱法(Gas Chromatography,GC)

9.5.1　概述

色谱法与蒸馏、重结晶、溶剂萃取、化学沉淀法一样,也是一种分离技术,是各种分离技术中效率最高和应用最广的一种方法,它最初由分离植物色素而得名。色谱分离原理是,使混合物中各组分在两相间进行分配,其中静止不动的一相称为固定相，另一携带混合物流过此固定相的流体叫流动相。当流动相中所含混合物经过固定相时，就会与固定相发生作用。由于各组分在性质和结构上的差异，与固定相发生作用的大小、强弱也有差异，因此在同一推动力作用下，不同组分在固定相停留时间有长有短，从而不同组分按先后次序从固定相流出。这种借在两相间分配原理而使混合物中各组分分离的技术就称为色谱法（或称层析法）。

色谱法有许多种类，可以有不同分类方法：

(1)按流动相物态，色谱法可分为气相色谱法（流动相为气体）和液相色谱法（流动相为液体）；再按固定相物态，又可分为气固色谱法（固定相为固体吸附剂）、气液色谱法（固定相为涂在固体担体上或毛细管壁上的液体）、液固色谱法和液液色谱法。

(2)按固定相使用的形式可分为柱色谱法、纸色谱法和薄层色谱法等。

(3)按分离过程的机制，可分为吸附色谱法（利用吸附剂表面对不同组分的物理吸附性能的差异进行分类）、分配色谱法（利用不同组分在两相中有不同的分配系数来进行分离）、离子交换色谱法（利用离子交换原理）和排阻色谱法（利用多孔性物质对不同大小分子的排阻作用）等。

色谱分析，是先利用色谱对样品组分进行分离，而后对各组分一一检测的分析方法。它能分离、分析复杂的多组分混合物，以其具有高分离效能、高检测性能、分析时间快速而成为现代仪器分析方法中应用广泛的一种方法。

本节重点讨论气相色谱分析法。

气相色谱是以气体为流动相的色谱分析法，特别适用于在 500℃以下可气化且不分解的有机物的分析。其工作流程如图 9-10 所示。

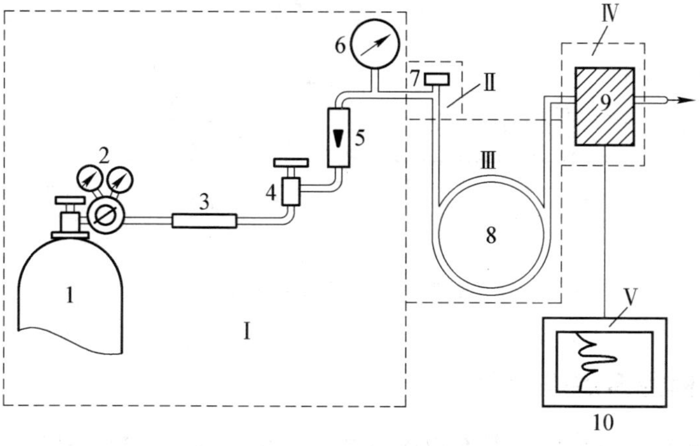

图 9-10　气相色谱流程图

载气由高压气瓶 1 供给，经减压阀 2 降压后，进入净化干燥器 3 净化，以除去载气中的水分。针形阀 4 控制载气的压力和流量，由流量计 5 和压力表 6 指示。载气再经过进样器（包括气化室）7，试样在进样器注入（如为液体试样，经气化室瞬间气化为气体）。由不断流动的载气携带试样进入色谱柱 8 进行各组分分离，分离后的各组分依次进入检测器 9 后排空。检测器按各个组分的浓度或质量产生相应的电信号，经放大后由记录仪 10 记录，得到按时间顺序排列的峰形色谱图，如图 9-11 所示，图中编号的 4 个峰代表混合物中 4 种组分。根据色谱图，可得到各组分的定性和定量分析结果。

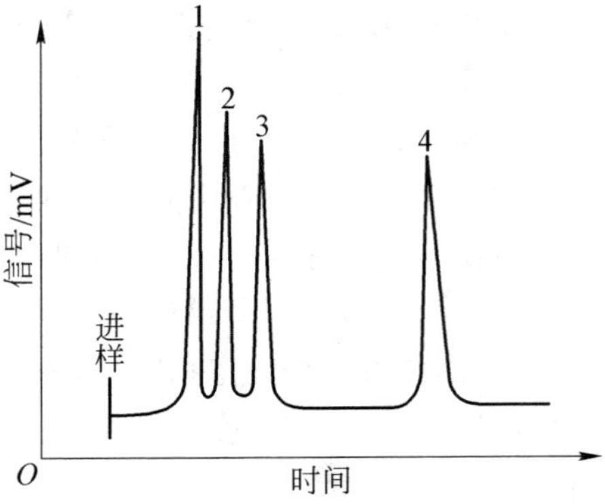

图 9-11　色谱图

色谱图是以组分的浓度（或质量）为纵坐标，流出时间为横坐标所得的曲线，这种曲线称为色谱流出曲线。图 9-12 中，t_M 称为死时间，指不被固定相吸附或溶解的气体从进样开始到柱后出现浓度最大值时所需的时间，如图中 $O'A'$ 所示。t_R 称为保留时间，指被测组分从进样开始到柱后出现浓度最大值时所需的时间，如图中 $O'B$ 所示。t'_R 称为调整保留时间，指扣除死时间后的保留时间，即 $t'_R = t_R - t_M$，如图 9-12 中 AB 所示。

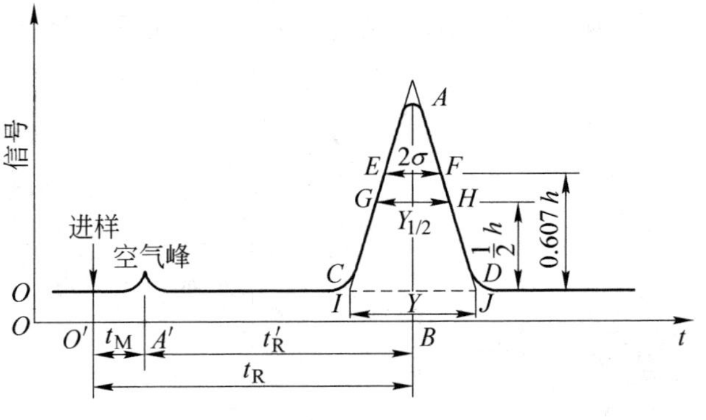

图 9-12　色谱流出曲线

9.5.2　气相色谱定性分析

利用调整保留时间定性是色谱中最普遍和最方便的一种方法。在一定的条件下测出各色谱峰的调整保留时间，与纯物体的调整保留时间比较，就可确定试样中有哪些组分。

本法简便、快捷，但必须严格控制操作条件不变，且需配大量纯物质以供对照。

9.5.3 气相色谱定量分析

1.基本原理 气相色谱定量分析的依据是当操作条件一定时，被测组分的质量 m_i（或其在载气中的浓度）与检测器的响应信号（色谱图上表现为峰面积 A_i 或峰高 h_i）成正比，即

$$m_i = f'_{iA} \cdot A_i \tag{9-13}$$

计算机技术的应用，使得峰面积测定自动化，仪器可自动给出。式中 f'_{iA} 称为绝对校正因子。

色谱定量分析是基于被测组分的量与峰面积（或峰高）成正比，但由于同一检测器对不同的物质具有不同的响应值，所以两个等量的物质的峰面积往往不相等。这样就不能用峰面积来直接计算物质的含量，需要引入“相对校正因子”对响应值进行校正，使检测器产生的响应信号能真实反映出物质的含量。

将纯的 i 组分与基准物 s 按一定的配比混合后同时进样，两者绝对校正因子的比值即为相对校正因子：

$$f_{iA} = \frac{f'_{iA}}{f'_{sA}} = \frac{A_s \cdot m_i}{A_i \cdot m_s} \tag{9-14}$$

2.几种常见的定量计算方法

(1)归一化法：当试样中各组分都能流出色谱柱，并在色谱图上显示色谱峰时，可用此法定量计算。

假设试样中有 n 个组分，每个组分的质量分别为 $m_1, m_2, \cdots, m_n$，各组分质量的总和为 m，其中组分 i 的质量分数 ω_i 可计算如下：

$$\omega_i = \frac{m_i}{m} = \frac{m_i}{m_1 + m_2 + \cdots + m_i + \cdots + m_n}$$

$$= \frac{A_i f_{iA}}{A_1 f_{1A} + A_2 f_{2A} + \cdots + A_i f_{iA} + \cdots + A_n f_{nA}} \tag{9-15}$$

式中校正因子的数值可由文献查得，也可由实验测得。

若各组分 f_j 值相似，则上式可简化为：

$$\omega_i = \frac{A_i}{A_1 + A_2 + \cdots + A_i + \cdots + A_n} \tag{9-16}$$

归一化法的优点是简便、准确，当操作条件如进样量、流速等变化时，对结果影响小。

(2)内标法：当只需测定试样中某几个组分，而且试样中所有组分不能全部出峰时，可采用此法。

所谓内标法是将一定量的纯物质作为内标物加入准确称取的试样中，根据被测物和内标物的质量及其在色谱图上相应的峰面积比，求出某组分的含量。

例如要测定试样中组分 i（质量为 m_i）的质量分数 ω_i，可于试样中加入质量为 m_s 的内标物，试样质量为 m，则

$$m_i = f_{iA} \cdot A_i$$

$$m_s = f_{sA} \cdot A_s$$

$$\frac{m_i}{m_s} = \frac{A_i f_{iA}}{A_s f_{sA}}$$

$$m_i = \frac{A_i f_{iA}}{A_s f_{sA}} \cdot m_s$$

$$\omega_i = \frac{m_i}{m} = \frac{A_i f_{iA}}{A_s f_{sA}} \cdot \frac{m_s}{m} \tag{9-17}$$

一般常以内标物为基准，则 $f_{sA}=1$，此时计算式可简化为

$$\omega_i = \frac{A_i}{A_s} \cdot \frac{m_s}{m} \cdot f_{iA} \tag{9-18}$$

由式(9-18)可以看到，本法是通过测量内标物及欲测组分峰面积的相对值来计算的，因而由于操作条件变化而引起的误差，将同时反映在内标物及欲测组分上而抵消，所以可得到较准确的结果。

若用$\frac{A_i}{A_s}$对 ω_i 作图，就得到内标标准曲线。分析时，将内标物以固定的浓度分别加入标准溶液和样品溶液中，测出峰面积比，就可从标准曲线上查出待测组分的含量。

(3)外标法：所谓外标法实际上就是常用的标准曲线法。首先用纯物质配制一系列不同浓度的标准试样，在一定的色谱条件下准确定量进样，从所得色谱图上测出响应信号，绘制响应信号(纵坐标)对质量分数(横坐标)的标准曲线。分析试样时，取和绘制标准曲线时同样量的试样，测得试样的响应信号，由标准曲线即可查出其质量分数。

此法的优点是操作简单、计算方便，但结果的准确度主要取决于进样量的重现性和操作条件的稳定性。

气相色谱法能直接分离的样品应是可挥发、热稳定的，沸点一般不超过500℃。因此在目前已知的化合物中，可用气相色谱法直接分析的只有15％～20％。而以液体为流动相的液相色谱法可分析化合物中80％～85％的物质。

20世纪60年代末，在经典液相色谱的基础上发展起来的高效液相色谱法(High Performance Liquid Chromatography，HPLC)，采用了高压输液泵、高效微粒固定相和高灵敏度检测器，是目前最有效的分离分析技术，在生物工程、制药、食品、环境、石油化工等领域得到了广泛的应用。按分离机理来分，HPLC包括吸附色谱、分配色谱、离子交换色谱、体积排阻色谱、亲和色谱等，其中目前应用最广泛的是分配色谱。

高效液相色谱仪由溶剂(流动相)输送系统、进样系统、柱系统、检测系统、数据处理和控制系统组成。

电泳技术起源于19世纪初，1937年被应用于人血清中不同蛋白质的分离。1981年，美国科学家Jorgenson和Lucas设计出毛细管电泳装置，并从理论上阐述了毛细管区带电泳的分离原理，标志着毛细管电泳(Capillary Electrophoresis，CE)这一新型分离分析技术的诞生。这种技术的特点是高效、快速、成本低，因此得以迅速发展。目前广泛应用于生物、医药、食品、环保、化工等领域。毛细管电泳分离模式较多，目前有毛细管区带电泳、电动毛细管色谱、凝胶电泳、等速电泳、毛细管电色谱和毛细管等电聚焦等，而且各模式之间易于切换。

毛细管电泳的仪器简单，只需要一个高压电源、缓冲液瓶(包括样品瓶)、毛细管和一个检测器，操作参数较少。高压电源提供分离动力，毛细管是分离通道，多采用外涂耐高温聚酰亚胺涂料的熔融毛细管。目前最常用的检测器是紫外吸光检测器，其次是激光诱导荧光检测器和电化学检测器。

思考与练习题

9-1　试说明原子吸收光谱法的基础及实际测量方法。

9-2　简述原子发射光谱产生的过程。

9-3　极谱定量分析的依据是什么？有哪几种定量方法？

9-4　用气相色谱法测定二甲苯氧化母液中乙苯和二甲苯含量，采用内标法，称取试样1 500 mg，加入内标物壬烷150 mg，混合均匀后进样，测得如下数据：

组分	壬烷	乙苯	对二甲苯	间二甲苯	邻二甲苯
峰面积	98	70	95	120	80
校正因子	1.02	0.97	1.00	0.96	0.98

计算样品中乙苯、对二甲苯、间二甲苯、邻二甲苯的含量。

附　录

Ⅰ.相对原子质量
（1985 年）

元素		相对原子质量	元素		相对原子质量	元素		相对原子质量	元素		相对原子质量
符号	名称		符号	名称		符号	名称		符号	名称	
Ac	锕	[227]	Er	铒	167.26	Mn	锰	54.938 05	Ru	钌	101.07
Ag	银	107.868 2	Es	锿	[254]	Mo	钼	95.94	S	硫	32.066
Al	铝	26.981 54	Eu	铕	151.965	N	氮	14.006 74	Sb	锑	121.75
Am	镅	[243]	F	氟	18.998 40	Na	钠	22.989 77	Sc	钪	44.955 91
Ar	氩	39.948	Fe	铁	55.847	Nb	铌	92.906 38	Se	硒	78.96
As	砷	74.921 59	Fm	镄	[257]	Nd	钕	144.24	Si	硅	28.085 5
At	砹	[210]	Fr	钫	[223]	Ne	氖	20.179 7	Sm	钐	150.36
Au	金	196.966 54	Ga	镓	69.723	Ni	镍	58.69	Sn	锡	118.710
B	硼	10.811	Gd	钆	157.25	No	锘	[254]	Sr	锶	87.62
Ba	钡	137.327	Ge	锗	72.61	Np	镎	237.048 2	Ta	钽	180.947 9
Be	铍	9.012 18	H	氢	1.007 94	O	氧	15.999 4	Tb	铽	158.925 34
Bi	铋	208.980 37	He	氦	4.002 60	Os	锇	190.2	Tc	锝	98.906 2
Bk	锫	[247]	Hf	铪	178.49	P	磷	30.973 76	Te	碲	127.60
Br	溴	79.904	Hg	汞	200.59	Pa	镤	231.035 88	Th	钍	232.038 1
C	碳	12.011	Ho	钬	164.930 32	Pb	铅	207.2	Ti	钛	47.88
Ca	钙	40.078	I	碘	126.904 47	Pd	钯	106.42	Tl	铊	204.383 3
Cd	镉	112.411	In	铟	114.82	Pm	钷	[145]	Tm	铥	168.934 21
Ce	铈	140.115	Ir	铱	192.22	Po	钋	[～210]	U	铀	238.028 9
Cf	锎	[251]	K	钾	39.098 3	Pr	镨	140.907 65	V	钒	50.941 5
Cl	氯	35.452 7	Kr	氪	83.80	Pt	铂	195.08	W	钨	183.85
Cm	锔	[247]	La	镧	138.905 5	Pu	钚	[244]	Xe	氙	131.29
Co	钴	58.933 20	Li	锂	6.941	Ra	镭	226.025 4	Y	钇	88.905 85
Cr	铬	51.996 1	Lr	铹	[257]	Rb	铷	85.467 8	Yb	镱	173.04
Cs	铯	132.905 43	Lu	镥	174.967	Re	铼	186.207	Zn	锌	65.39
Cu	铜	63.546	Md	钔	[256]	Rh	铑	102.905 50	Zr	锆	91.224
Dy	镝	162.50	Mg	镁	24.305 0	Rn	氡	[222]			

Ⅱ.常见化合物摩尔质量

g · mol^{-1}

化合物	摩尔质量	化合物	摩尔质量	化合物	摩尔质量
Ag_3AsO_4	462.53	$CdCO_3$	172.41	HCl	36.46
AgBr	187.78	$CdCl_2$	183.33	H_2CO_3	62.03
AgCl	143.32	CdS	144.47	$H_2C_2O_4 \cdot 2H_2O$	126.07
AgCN	133.89	$Ce(SO_4)_2$	332.24	HF	20.01
Ag_2CrO_4	331.73	$CoCl_2$	129.84	HI	127.91
AgI	234.77	CoS	90.99	HIO_3	175.61
$AgNO_3$	169.87	$CoSO_4$	154.99	HNO_3	63.02
AgSCN	165.95	$CrCl_3$	158.36	H_2O	18.02
$AlCl_3$	133.33	Cr_2O_3	151.99	H_2O_2	34.02
Al_2O_3	101.96	CuCl	99.00	H_3PO_4	97.99
$Al(OH)_3$	78.00	$CuCl_2$	134.45	H_2S	34.08
$Al_2(SO_4)_3$	342.17	CuI	190.45	H_2SO_4	98.09
As_2O_3	197.84	CuO	79.55	$HgCl_2$	271.50
As_2O_5	229.84	Cu_2O	143.09	Hg_2Cl_2	472.09
As_2S_3	246.05	CuS	95.62	HgI_2	454.40
$BaCO_3$	197.31	$CuSO_4$	159.62	HgO	216.59
BaC_2O_4	225.32	$CO(NH_2)_2$	60.05	HgS	232.65
$BaCl_2$	208.25	CO_2	44.01	$HgSO_4$	296.67
$BaCl_2 \cdot 2H_2O$	244.37	$FeCl_3$	162.21	KBr	119.00
$BaCrO_4$	253.32	FeO	71.85	$KBrO_3$	167.00
$Ba(OH)_2$	171.35	Fe_2O_3	159.69	KCl	74.55
$BaSO_4$	233.37	$Fe(OH)_3$	106.88	K_2CO_3	138.21
$CaCl_2$	110.99	$FeSO_4 \cdot 7H_2O$	278.01	KCN	65.12
$CaCO_3$	100.09	$NH_4Fe(SO_4)_2 \cdot 12H_2O$	482.2	K_2CrO_4	194.19
CaC_2O_4	128.10	$FeSO_4 \cdot (NH_4)_2SO_4 \cdot 6H_2O$	392.14	$K_2Cr_2O_7$	294.18
CaO	56.08	H_3AsO_3	125.94	$KHC_2O_4 \cdot H_2C_2O_4 \cdot 2H_2O$	254.19
$Ca(OH)_2$	74.10	H_3AsO_4	141.94	KI	166.00
$Ca_3(PO_4)_2$	310.18	H_3BO_3	61.83	$KHC_8H_4O_4$(KHP)	204.22
$CaSO_4$	136.14	CH_3COOH	60.05	KIO_3	214.00

续表

化合物	摩尔质量	化合物	摩尔质量
$KMnO_4$	158.03	NH_3	17.03
KNO_3	101.10	NH_4Cl	53.49
K_2O	94.20	$(NH_4)_2CO_3$	96.09
KOH	56.11	$(NH_4)_2C_2O_4$	124.10
K_2SO_4	174.27	NH_4HCO_3	79.06
$MgCO_3$	84.32	$(NH_4)_2MoO_4$	196.01
$MgCl_2$	95.22	NH_4NO_3	80.04
MgC_2O_4	112.33	$(NH_4)_2HPO_4$	132.06
$MgNH_4PO_4$	137.32	$(NH_4)_2SO_4$	132.15
MgO	40.31	NH_4VO_3	116.98
$Mg(OH)_2$	58.33	$NiCl_2 \cdot 6H_2O$	237.69
$Mg_2P_2O_7$	222.55	$NiSO_4 \cdot 7H_2O$	280.87
$MgSO_4 \cdot 7H_2O$	246.49	P_2O_5	141.91
$MnCO_3$	114.95	$PbCl_2$	278.10
$MnCl_2 \cdot 4H_2O$	197.91	$PbCO_3$	267.21
MnO_2	86.94	$Pb_3(PO_4)_2$	811.54
MnS	87.01	$PbSO_4$	303.27
$MnSO_4 \cdot 4H_2O$	223.06	SO_2	64.07
Na_2CO_3	105.99	SiF_4	104.08
$Na_2C_2O_4$	134.00	SiO_2	60.08
$CH_3COONa(NaAc)$	82.03	$SnCl_2$	189.60
$NaCl$	58.44	$SnCl_4$	260.50
$NaHCO_3$	84.01	$SrCO_3$	147.63
$Na_2HPO_4 \cdot 12H_2O$	358.14	$SrCrO_4$	203.62
$Na_2H_2Y \cdot 2H_2O$	372.24	$SrSO_4$	183.68
$NaNO_3$	85.00	$ZnCO_3$	125.39
Na_2SO_4	142.05	$ZnCl_2$	136.29
$NaOH$	40.00	$ZnSO_4 \cdot 7H_2O$	287.57
$Na_2S_2O_3$	158.12	$ZnSO_4$	161.46
$Na_2B_4O_7 \cdot 10H_2O$	381.42		

Ⅲ.常用的酸碱溶液的相对密度和浓度

相对密度 (15℃)	HCl 的浓度		HNO_3 的浓度		H_2SO_4 的浓度	
	g/100 g	mol/L	g/100 g	mol/L	g/100 g	mol/L
1.02	4.13	1.15	3.70	0.6	3.1	0.3
1.04	8.16	2.3	7.26	1.2	6.1	0.6
1.05	10.2	2.9	9.0	1.5	7.4	0.8
1.06	12.2	3.5	10.7	1.8	8.8	0.9
1.08	16.2	4.8	13.9	2.4	11.6	1.3
1.10	20.0	6.0	17.1	3.0	14.4	1.6
1.12	23.8	7.3	20.2	3.6	17.0	2.0
1.14	27.7	8.7	23.3	4.2	19.9	2.3
1.15	29.6	9.3	24.8	4.5	20.9	2.5
1.19	37.2	12.2	30.9	5.8	26.0	3.2
1.20			32.3	6.2	27.3	3.4
1.25			39.3	7.9	33.4	4.3
1.30			47.5	9.8	39.2	5.2
1.35			55.8	12.0	44.8	6.2
1.40			65.3	14.5	50.1	7.2
1.42			69.8	15.7	52.2	7.6
1.45					55.0	8.2
1.50					59.8	9.2
1.55					64.3	10.2
1.60					68.7	11.2
1.65					73.0	12.3
1.70					77.2	13.4
1.84					95.6	18.0

相对密度 (15℃)	NH_3 的浓度		NaOH 的浓度		KOH 的浓度	
	g/100 g	mol/L	g/100 g	mol/L	g/100 g	mol/L
0.88	35.0	18.0				
0.90	28.3	15				
0.91	25.0	13.4				
0.92	21.8	11.8				
0.94	15.6	8.6				
0.96	9.9	5.6				
0.98	4.8	2.8				
1.05			4.5	1.25	5.5	1.0
1.10			9.0	2.5	10.9	2.1
1.15			13.5	3.9	16.1	3.3
1.20			18.0	5.4	21.2	4.5
1.25			22.5	7.0	26.1	5.8
1.30			27.0	8.8	30.9	7.2
1.35			31.8	10.7	35.5	8.5

Ⅳ.常用弱酸及弱碱的离解常数表

(18～25℃)

名称	化学式	$K_a(K_b)$	$pK_a(pK_b)$
亚砷酸	$HAsO_2$	6.0×10^{-10}	9.22
砷酸	H_3AsO_4	$K_1\,6.5\times10^{-3}$	2.19
		$K_2\,1.15\times10^{-7}$	6.94
		$K_3\,3.2\times10^{-12}$	11.50
硼酸	H_3BO_3	5.8×10^{-10}	9.24
碳酸	H_2CO_3	$K_1\,4.2\times10^{-7}$	6.38
		$K_2\,5.6\times10^{-11}$	10.25
氢氰酸	HCN	4.9×10^{-10}	9.31
铬酸	H_2CrO_4	$K_1\,1.8\times10^{-1}$	0.74
		$K_2\,3.2\times10^{-7}$	6.49
氢氟酸	HF	6.8×10^{-4}	3.17
氢硫酸	H_2S	$K_1\,8.9\times10^{-8}$	7.05
		$K_2\,1.2\times10^{-13}$	12.92
亚硝酸	HNO_2	4.6×10^{-4}	3.33
过氧化氢	H_2O_2	2.4×10^{-12}	11.62
磷酸	H_3PO_4	$K_1\,6.9\times10^{-3}$	2.16
		$K_2\,6.23\times10^{-8}$	7.21
		$K_3\,4.8\times10^{-13}$	12.32
焦磷酸	$H_4P_2O_7$	$K_1\,3.0\times10^{-2}$	1.52
		$K_2\,4.4\times10^{-3}$	2.36
		$K_3\,2.5\times10^{-7}$	6.60
		$K_4\,5.6\times10^{-10}$	9.25
偏硅酸	H_2SiO_3	$K_1\,1.7\times10^{-10}$	9.77

续表

名称	化学式	$K_a(K_b)$	$pK_a(pK_b)$
		$K_2\ 1.6\times10^{-12}$	11.80
硫酸	H_2SO_4	$K_2\ 1.2\times10^{-2}$	1.92
亚硫酸	H_2SO_3	$K_1\ 1.29\times10^{-2}$	1.89
		$K_2\ 6.3\times10^{-7}$	6.20
甲酸(蚁酸)	HCOOH	1.7×10^{-4}	3.77
醋酸	CH_3COOH	1.79×10^{-5}	4.75
抗坏血酸	$C_6H_8O_6$	$K_1\ 6.8\times10^{-5}$	4.17
		$K_2\ 2.8\times10^{-12}$	11.56
草酸	$H_2C_2O_4$	$K_1\ 5.6\times10^{-2}$	1.25
		$K_2\ 5.1\times10^{-5}$	4.29
水杨酸	$C_6H_4OH\cdot COOH$	$K_1\ 1.3\times10^{-3}$	2.89
		$K_2\ 8\times10^{-14}$	13.1
磺基水杨酸	$C_6H_3SO_3H\cdot OH\cdot COOH$	$K_2\ 3\times10^{-3}$	2.5
		$K_3\ 3\times10^{-12}$	11.5
酒石酸	$H_2C_4H_4O_6$	$K_1\ 9.1\times10^{-4}$	3.04
		$K_2\ 4.3\times10^{-5}$	4.37
邻苯二甲酸	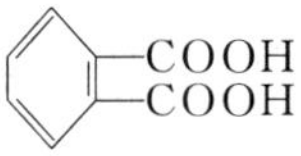	$K_1\ 1.1\times10^{-3}$	2.95
		$K_2\ 3.9\times10^{-6}$	5.41
柠檬酸	$H_3OHC_6H_4O_6$	$K_1\ 7.4\times10^{-4}$	3.13
		$K_2\ 1.8\times10^{-5}$	4.74
		$K_3\ 4.0\times10^{-7}$	6.40

续表

名称	化学式	$K_a(K_b)$	$pK_a(pK_b)$
苹果酸	$COOH \cdot CHOHCH_2COOH$	K_1 4.0×10^{-4}	3.40
		K_2 8.9×10^{-6}	5.05
苯甲酸	C_6H_5COOH	6.2×10^{-5}	4.20
乳酸	$CH_3CHOHCOOH$	1.4×10^{-4}	3.86
乙二胺四乙酸(EDTA)	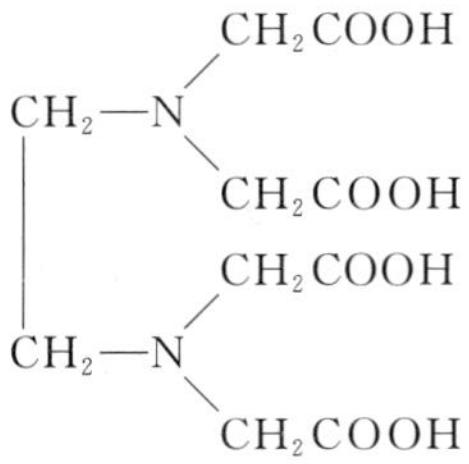	K_1 1.3×10^{-1}	0.9
		K_2 3×10^{-2}	1.52
		K_3 8.5×10^{-3}	2.07
		K_4 1.8×10^{-3}	2.74
二乙三胺五乙酸(DTPA)	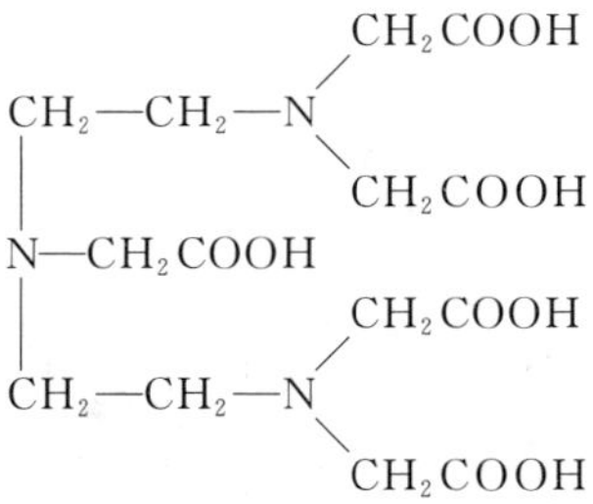	K_1 1.29×10^{-2}	1.89
		K_2 1.62×10^{-3}	2.79
		K_3 5.13×10^{-5}	4.29
		K_4 2.46×10^{-9}	8.61
		K_5 3.81×10^{-11}	10.42
8-羟基喹啉	C_9H_6NOH	K_1 8×10^{-6}	5.1
		K_2 1×10^{-10}	10
氨水	$NH_3 \cdot H_2O$	1.8×10^{-5}	4.74
甲胺	CH_3NH_2	4.2×10^{-4}	3.38
乙胺	$CH_3CH_2NH_2$	4.3×10^{-4}	3.37
三乙醇胺	$(HOCH_2CH_2)_3N$	5.8×10^{-7}	6.24
六亚甲基四胺	$(CH_2)_6N_4$	1.4×10^{-9}	8.85

Ⅴ. 难溶化合物的溶度积常数表

(18～25℃)

难溶化合物	K_{sp}	pK_{sp}	难溶化合物	K_{sp}	pK_{sp}
$Ag[Ag(CN)_2]$	7.2×10^{-11}	10.14	$Ca(OH)_2$	5.5×10^{-6}	5.26
AgBr	4.95×10^{-13}	12.31	$Ca_3(PO_4)_2$	2×10^{-29}	28.7
Ag_2CO_3	8.1×10^{-12}	11.09	$CaSO_4$	9.1×10^{-6}	5.04
$Ag_2C_2O_4$	3.4×10^{-11}	10.46	$CdCO_3$	5.2×10^{-12}	11.28
AgSCN	1.0×10^{-12}	12.0	$Cr(OH)_2$	2×10^{-16}	15.7
AgCl	1.77×10^{-10}	9.75	$Cr(OH)_3$	6.3×10^{-31}	30.2
Ag_2CrO_4	1.12×10^{-12}	11.95	$CrPO_4$	1×10^{-17}	17.0
$Ag_2Cr_2O_7$	2×10^{-7}	6.7	$CuCO_3$	1.4×10^{-10}	9.86
AgI	8.3×10^{-16}	16.08	CuC_2O_4	2.3×10^{-8}	7.64
AgOH	2.0×10^{-8}	7.71	CuCl	1.2×10^{-6}	5.92
Ag_3PO_4	1.4×10^{-16}	15.84	CuSCN	4.8×10^{-15}	14.32
Ag_2S	6.3×10^{-50}	49.2	$CuCrO_4$	3.6×10^{-6}	5.44
Ag_2SO_4	1.4×10^{-5}	4.84	$Cu_2[Fe(CN)_6]$	1.3×10^{-16}	15.89
$AlAsO_4$	1.6×10^{-16}	15.8	CuI	1.1×10^{-12}	11.96
$Al(OH)_3$	1.3×10^{-33}	32.9	CuOH	1×10^{-14}	14.0
$AlPO_4$	6.3×10^{-19}	18.24	$Cu(OH)_2$	2.2×10^{-20}	19.66
Al-8-羟基喹啉	1.0×10^{-29}	29.0	CuS	6.3×10^{-36}	35.2
As_2S_3	2.1×10^{-22}	21.68	Cu_2S	2.5×10^{-48}	47.6
$Ba_3(AsO_4)_2$	8×10^{-51}	50.1	$CdC_2O_4\cdot3H_2O$	9.1×10^{-8}	7.04
$BaCO_3$	8.1×10^{-9}	8.09	$Cd_2[Fe(CN)_6]$	3.2×10^{-17}	16.49
BaC_2O_4	1.6×10^{-7}	6.80	$Cd(OH)_2$(新沉淀)	2.2×10^{-14}	13.66
$BaCrO_4$	1.2×10^{-10}	9.93	$Cd(OH)_2$(陈化)	5.9×10^{-15}	14.23
BaF_2	1.0×10^{-6}	5.98	CdS	8×10^{-27}	26.1
$Ba(OH)_2$	5×10^{-3}	2.3	$CoCO_3$	1.4×10^{-13}	12.84
$BaSO_4$	1.1×10^{-10}	9.96	$Co_2[Fe(CN)_6]$	1.8×10^{-15}	14.74
$Ca_3(AsO_4)_2$	6.8×10^{-19}	18.2	$Co(OH)_2$(蓝、新鲜)	1.6×10^{-14}	13.8
$CaCO_3$	2.8×10^{-9}	8.54	$Co(OH)_2$(红、陈化)	5×10^{-16}	15.3
$CaC_2O_4\cdot2H_2O$	2.5×10^{-9}	8.6	$Co(OH)_3$	1.6×10^{-44}	43.8
CaF_2	2.7×10^{-11}	10.57	$CoS(\alpha)$	4.0×10^{-21}	20.4
$CaHPO_4$	1×10^{-7}	7.0	$CoS(\beta)$	2.0×10^{-25}	24.7

续表

难溶化合物	K_{sp}	pK_{sp}	难溶化合物	K_{sp}	pK_{sp}
$FeCO_3$	3.2×10^{-11}	10.5	$Mn(OH)_2$	1.9×10^{-13}	12.72
FeC_2O_4	3.2×10^{-7}	6.5	MnS(浅红)	2.5×10^{-10}	9.6
$Fe_4[Fe(CN)_6]_3$	3.3×10^{-41}	40.5	MnS(绿)	2.5×10^{-13}	12.60
$Fe(OH)_2$	3.7×10^{-15}	14.43	$PbCO_3$	7.4×10^{-14}	13.13
$Fe(OH)_3$	1.1×10^{-36}	35.96	PbC_2O_4	4.8×10^{-10}	9.32
$FePO_4$	1.3×10^{-22}	21.9	$PbCl_2$	1.6×10^{-5}	4.79
FeS	6.3×10^{-18}	17.2	$PbCrO_4$	2.8×10^{-13}	12.55
Fe_2S_3	1×10^{-38}	38.0	PbF_2	2.7×10^{-8}	7.57
Hg_2CO_3	8.9×10^{-17}	16.1	$PbHPO_4$	1.3×10^{-10}	9.9
$Hg_2C_2O_4$	2×10^{-13}	12.7	PbI_2	7.1×10^{-9}	8.15
$Hg_2(CN)_2$	5×10^{-40}	39.3	$Pb(OH)_2$	1.2×10^{-15}	14.93
$Hg_2(SCN)_2$	2×10^{-20}	19.7	$Pb_3(PO_4)_2$	8×10^{-43}	42.1
Hg_2Cl_2	2.0×10^{-18}	17.70	PbS	1.1×10^{-28}	27.96
$HgCrO_4$	2×10^{-9}	8.7	$PbSO_4$	1.6×10^{-8}	7.79
$(Hg_2)_3[Fe(CN)_6]_2$	8.5×10^{-21}	20.07	$Sn(OH)_2$	1.4×10^{-28}	27.85
$Hg_2(OH)_2$	2×10^{-24}	23.7	$Sn(OH)_4$	1×10^{-56}	56.0
$Hg(OH)_2$	3×10^{-26}	25.52	SnS	1×10^{-25}	25.0
HgS(红)	4×10^{-53}	52.4	$SrCO_3$	1.1×10^{-10}	9.96
HgS(黑)	1.6×10^{-52}	51.8	SrC_2O_4	6.3×10^{-8}	7.2
Hg_2SO_4	1×10^{-17}	17.0	$SrCrO_4$	2.2×10^{-5}	4.65
$K[B(C_6H_5)_4]$	2.2×10^{-8}	7.65	$Sr_3(PO_4)_2$	4×10^{-28}	27.4
$KHC_4H_4O_6$	3.0×10^{-4}	3.52	$SrSO_4$	3.2×10^{-7}	6.49
$K_2NaCo(NO_2)_6$	2.2×10^{-11}	10.66	SrF_2	2.5×10^{-9}	8.61
$MgCO_3$	2.6×10^{-5}	4.58	$ZnCO_3$	1.4×10^{-11}	10.84
MgC_2O_4	8.6×10^{-5}	4.07	ZnC_2O_4	2.7×10^{-8}	7.56
MgF_2	6.5×10^{-9}	8.19	$Zn_2[Fe(CN)_6]$	4.0×10^{-16}	15.4
$MgNH_4PO_4$	2.5×10^{-13}	12.6	$Zn[Hg(SCN)_4]$	2.2×10^{-7}	6.66
$Mg(OH)_2$	5×10^{-12}	11.3	$Zn(OH)_2$	1.2×10^{-17}	16.92
Mg-8-羟基喹啉	4×10^{-16}	15.4	$Zn_3(PO_4)_2$	9.0×10^{-33}	32.05
$MuCO_3$	1.8×10^{-11}	10.74	ZnS(α)	1.6×10^{-24}	23.8
$MnC_2O_4\cdot2H_2O$	1.1×10^{-15}	14.96	ZnS(β)	2.5×10^{-22}	21.6
$Mn_2[Fe(CN)_6]$	8×10^{-13}	12.1	Zn-8-羟基喹啉	5×10^{-25}	24.3

Ⅵ.一些配合物的稳定常数表

(18～25℃)

配合物	$\lg K_f$	配合物	$\lg K_f$	配合物	$\lg K_f$
$[AgCl_4]^{3-}$	5.31	$[Co(NH_3)_6]^{3+}$	35.2	$[Fe(C_2O_4)_3]^{3-}$	20.2
$[AgBr_4]^{3-}$	9.20	$[Co(C_2O_4)_3]^{4-}$	9.7	$[HgCl_4]^{2-}$	16.21
$[AgI_4]^{3-}$	13.75	$[Co(C_2O_4)_3]^{3-}$	～20	$[HgBr_4]^{2-}$	21.0
$[Ag(CN)_2]^-$	21.10	CrF_3	10.29	$[HgI_4]^{2-}$	20.83
$[Ag(SCN)_2]^-$	7.57	$[Cr(SCN)_2]^+$	3.0	$[Hg(CN)_4]^{2-}$	41.4
$[AgC_2O_4]^-$	2.41	$[CuCl_3]^{2-}$	5.7	$[Hg(SCN)_4]^{2-}$	21.23
$[Ag(NH_3)_2]^+$	7.03	$[CuBr_2]^-$	5.89	$[Hg(NH_3)_4]^{2+}$	19.4
$[Ag(S_2O_3)_2]^{3-}$	13.46	$[CuI_2]^-$	8.76	$[Hg(S_2O_3)_4]^{6-}$	33.24
$[AlF_6]^{3-}$	19.84	$[Cu(CN)_4]^{3-}$	30.3	$[Hg(C_2O_4)_2]^{2-}$	6.98
$[Al(C_2O_4)_3]^{3-}$	16.3	$[Cu(SCN)_2]^-$	5.18	$[Mg(C_2O_4)_2]^{2-}$	4.38
$[CdCl_4]^{2-}$	2.8	$[Cu(NH_3)_2]^+$	10.8	$[MnF]^+$	5.48
$[CdBr_4]^{2-}$	3.7	$[Cu(NH_3)_4]^{2+}$	12.67	$[Mn(C_2O_4)_3]^{4-}$	19.4
$[CdI_4]^{2-}$	6.49	$[Cu(S_2O_3)_3]^{5-}$	13.84	$[PbBr_4]^{2-}$	3.0
$[Cd(CN)_4]^{2-}$	18.85	FeF_3	12.06	$[PbI_4]^{2-}$	4.47
$[Cd(SCN)_4]^{2-}$	3.6	$[FeF_5]^{2-}$	15.77	$[Pb(CN)_4]^{2-}$	10
$[Cd(NH_3)_4]^{2+}$	7.12	$[Fe(CN)_6]^{4-}$	35	$[Pb(S_2O_3)_3]^{4-}$	6.35
$[Cd(S_2O_3)_2]^{2-}$	6.44	$[Fe(CN)_6]^{3-}$	42	$[Pb(C_2O_4)_2]^{2-}$	6.54
$[Cd(C_2O_4)_2]^{2-}$	5.77	$Fe(SCN)_3$	5.64	$[Zn(CN)_4]^{2-}$	16.7
$[Co(CN)_4]^{2-}$	19.1	$[Fe(SCN)_5]^{2-}$	6.4	$[Zn(NH_3)_4]^{2+}$	9.46
$[Co(SCN)_4]^{2-}$	3.0	$[FeHPO_4]^+$	9.35	$[Zn(C_2O_4)_3]^{4-}$	8.15
$[Co(NH_3)_6]^{2+}$	5.11	$[Fe(C_2O_4)_3]^{4-}$	5.2		

Ⅶ. 氨羧配位剂类配合物的稳定常数表

（18～25℃）

金属离子	$\lg K_f$					
	EDTA	CyDTA	DTPA	EGTA	HEDTA	TTHA
Ag^+	7.32			6.88	6.71	8.67
Al^{3+}	16.3	17.63	18.6	13.9	14.3	19.7
Ba^{2+}	7.86	8.0	8.87	8.41	6.3	8.22
Be^{2+}	9.3	11.51				
Bi^{3+}	27.94	32.3	35.6		22.3	
Ca^{2+}	10.7	12.10	10.83	10.97	8.3	10.06
Cd^{2+}	16.7	19.23	19.2	16.7	13.3	19.8
Ce^{3+}	15.98	16.76				
Co^{2+}	16.31	18.92	19.27	12.39	14.6	17.1
Co^{3+}	36				37.4	
Cr^{3+}	23.4					
Cu^{2+}	18.80	21.30	21.55	17.71	17.6	19.2
Er^{3+}						23.19
Fe^{2+}	14.32	19.0	16.5	11.87	12.3	
Fe^{3+}	25.1	30.1	28.0	20.5	19.8	26.8
Ga^{3+}	20.3	22.91	25.54		16.9	
Hg^{2+}	21.80	25.00	26.70	23.2	20.30	26.8
In^{3+}	25.0	28.8	29.0		20.2	
La^{3+}		16.26				22.22
Li^+	2.79					
Mg^{2+}	8.7	11.02	9.30	5.21	7.0	8.43
Mn^{2+}	13.87	16.78	15.60	12.28	10.9	14.65

续表

金属离子	$\lg K_f$					
	EDTA	CyDTA	DTPA	EGTA	HEDTA	TTHA
Mo(V)	～28					
Na^{+}	1.66					
Nd^{3+}	16.61	17.68				22.82
Ni^{2+}	18.62	20.3	20.32	13.55	17.3	18.1
Pb^{2+}	18.04	19.68	18.80	14.71	15.7	17.1
Pd^{2+}	18.5					
Pr^{3+}	16.4	17.31				
Sc^{3+}	23.1	26.1	24.5	18.2		
Sm^{3+}						24.3
Sn^{2+}	18.3					
Sn^{4+}	34.5					
Sr^{2+}	8.73	10.59	9.77	8.50	6.9	9.26
Th^{4+}	23.2	25.6	28.78			31.9
TiO^{2+}	17.3					
Tl^{3+}	37.8	38.3				
U^{4-}	25.8	27.6	7.69			
VO^{2+}	18.8	19.40				
Y^{3+}	18.10	19.15	22.13	17.16	14.78	
Zn^{2+}	16.50	18.67	18.40	12.7	14.7	
Zr^{2+}	29.5		35.8			16.65
稀土元素	16～20	17～22	19		13～16	

EDTA：乙二胺四乙酸；

CyDTA：1，2-二胺基环己烷四乙酸(或称 DCTA)；

DTPA：二乙基三胺五乙酸；

EGTA：乙二醇二乙醚二胺四乙酸；

HEDTA：N-β 羟基乙基乙二胺三乙酸；

TTHA：三乙基四胺六乙酸。

Ⅷ.标准电极电势表(25℃)

电极反应	$\varphi^{\ominus}$/V
$K^{+}+e^{-}\rightleftharpoons K$	−2.924
$Sr^{2+}+2e^{-}\rightleftharpoons Sr$	−2.89
$Ca^{2+}+2e^{-}\rightleftharpoons Ca$	−2.76
$Na^{+}+e^{-}\rightleftharpoons Na$	−2.711
$Mg^{2+}+2e^{-}\rightleftharpoons Mg$	−2.375
$Al^{3+}+3e^{-}\rightleftharpoons Al$	−1.66
$ZnO_2^{2-}+2H_2O+2e^{-}\rightleftharpoons Zn+4OH^{-}$	−1.216
$SO_4^{2-}+H_2O+2e^{-}\rightleftharpoons SO_3^{2-}+2OH^{-}$	−0.92
$Zn^{2+}+2e^{-}\rightleftharpoons Zn$	−0.762 8
$S+2e^{-}\rightleftharpoons S^{2-}$	−0.508
$CO_2(g)+2H^{+}+2e^{-}\rightleftharpoons H_2C_2O_4$	−0.490
$Fe^{2+}+2e^{-}\rightleftharpoons Fe$	−0.409
$Se+2H^{+}+2e^{-}\rightleftharpoons H_2Se$	−0.40
$SeO_3^{2-}+3H_2O+4e^{-}\rightleftharpoons Se+6OH^{-}$	−0.366
$H_3PO_4+2H^{+}+2e^{-}\rightleftharpoons H_3PO_3+H_2O$	−0.276
$AgI+e^{-}\rightleftharpoons Ag+I^{-}$	−0.151
$2H^{+}+2e^{-}\rightleftharpoons H_2$	0
$NO_3^{-}+H_2O+2e^{-}\rightleftharpoons NO_2^{-}+2OH^{-}$	0.01
$AgBr+e^{-}\rightleftharpoons Ag+Br^{-}$	0.073
$S_4O_6^{2-}+2e^{-}\rightleftharpoons 2S_2O_3^{2-}$	0.09
$S+2H^{+}+2e^{-}\rightleftharpoons H_2S$	0.141
$Sn^{4+}+2e^{-}\rightleftharpoons Sn^{2+}$	0.15
$Cu^{2+}+e^{-}\rightleftharpoons Cu^{+}$	0.158
$SO_4^{2-}+4H^{+}+2e^{-}\rightleftharpoons H_2SO_3+H_2O$	0.20
$AgCl+e^{-}\rightleftharpoons Ag+Cl^{-}$	0.222
$Cu^{2+}+2e^{-}\rightleftharpoons Cu$	0.340 2
$O_2+H_2O+4e^{-}\rightleftharpoons 4OH^{-}$	0.401
$I_2(s)+2e^{-}\rightleftharpoons 2I^{-}$	0.534 5
$I_3^{-}+2e^{-}\rightleftharpoons 3I^{-}$	0.535 5

续表

电极反应	$\varphi^{\ominus}$/V
$MnO_4^- + e^- \rightleftharpoons MnO_4^{2-}$	0.564
$H_3AsO_4 + 2H^+ + 2e^- \rightleftharpoons HAsO_2 + 2H_2O$	0.58
$MnO_4^- + 2H_2O + 3e^- \rightleftharpoons MnO_2 + 4OH^-$	0.58
$O_2 + 2H^+ + 2e^- \rightleftharpoons H_2O_2$	0.682
$Fe^{3+} + e^- \rightleftharpoons Fe^{2+}$	0.770
$Hg_2^{2+} + 2e^- \rightleftharpoons 2Hg$	0.789
$Ag^+ + e^- \rightleftharpoons Ag$	0.799 6
$Hg^{2+} + 2e^- \rightleftharpoons Hg$	0.851
$Cu^{2+} + I^- + e^- \rightleftharpoons CuI$	0.86
$2Hg^{2+} + 2e^- \rightleftharpoons Hg_2^{2+}$	0.995
$NO_3^- + 3H^+ + 2e^- \rightleftharpoons HNO_2 + H_2O$	0.94
$NO_3^- + 4H^+ + 3e^- \rightleftharpoons NO + 2H_2O$	0.96
$VO_2^+ + 2H^+ + e^- \rightleftharpoons VO^{2+} + H_2O$	0.999
$HNO_2 + H^+ + e^- \rightleftharpoons NO + H_2O$	1.00
$Br_2 + 2e^- \rightleftharpoons 2Br^-$	1.065
$IO_3^- + 6H^+ + 6e^- \rightleftharpoons I^- + 3H_2O$	1.085
$2IO_4^- + 12H^+ + 10e^- \rightleftharpoons I_2 + 6H_2O$	1.20
$MnO_2 + 4H^+ + 2e^- \rightleftharpoons Mn^{2+} + 2H_2O$	1.208
$O_2 + 4H^+ + 4e^- \rightleftharpoons 2H_2O$	1.229
$Cr_2O_7^{2-} + 14H^+ + 6e^- \rightleftharpoons 2Cr^{3+} + 7H_2O$	1.33
$Cl_2 + 2e^- \rightleftharpoons 2Cl^-$	1.358 3
$BrO_3^- + 6H^+ + 6e^- \rightleftharpoons Br^- + 3H_2O$	1.44
$Ce^{4+} + e^- \rightleftharpoons Ce^{3+}$	1.443
$ClO_3^- + 6H^+ + 6e^- \rightleftharpoons Cl^- + 3H_2O$	1.45
$2ClO_3^- + 12H^+ + 10e^- \rightleftharpoons Cl_2 + 6H_2O$	1.47
$HClO + H^+ + 2e^- \rightleftharpoons Cl^- + H_2O$	1.49
$MnO_4^- + 8H^+ + 5e^- \rightleftharpoons Mn^{2+} + 4H_2O$	1.51
$2HClO + 2H^+ + 2e^- \rightleftharpoons Cl_2 + 2H_2O$	1.63
$H_2O_2 + 2H^+ + 2e^- \rightleftharpoons 2H_2O$	1.776
$F_2 + 2e^- \rightleftharpoons 2F^-$	2.87

Ⅸ.部分氧化还原电对的条件电极电势表

电极反应	$\varphi^{\ominus\prime}$/V	介　质
$Ag^{+}+e^{-} \rightleftharpoons Ag$	0.792	$c(HClO_4)=1\ mol\cdot L^{-1}$
	0.228	$c(HCl)=1\ mol\cdot L^{-1}$
	0.59	$c(NaOH)=1\ mol\cdot L^{-1}$
$Ce^{4+}+e^{-} \rightleftharpoons Ce^{3+}$	1.70	$c(HClO_4)=1\ mol\cdot L^{-1}$
	1.61	$c(HNO_3)=1\ mol\cdot L^{-1}$
	1.44	$c(H_2SO_4)=0.5\ mol\cdot L^{-1}$
	1.28	$c(HCl)=1\ mol\cdot L^{-1}$
$Co^{3+}+e^{-} \rightleftharpoons Co^{2+}$	1.84	$c(HNO_3)=3\ mol\cdot L^{-1}$
$Cr^{3+}+e^{-} \rightleftharpoons Cr^{2+}$	−0.40	$c(HCl)=5\ mol\cdot L^{-1}$
$Cr_2O_7^{2+}+14H^{+}+6e^{-} \rightleftharpoons 2Cr^{3+}+7H_2O$	0.93	$c(HCl)=0.1\ mol\cdot L^{-1}$
	0.97	$c(HCl)=0.5\ mol\cdot L^{-1}$
	1.00	$c(HCl)=1\ mol\cdot L^{-1}$
	1.05	$c(HCl)=2\ mol\cdot L^{-1}$
	1.08	$c(HCl)=3\ mol\cdot L^{-1}$
	1.11	$c(H_2SO_4)=2\ mol\cdot L^{-1}$
	1.15	$c(H_2SO_4)=4\ mol\cdot L^{-1}$
	1.30	$c(H_2SO_4)=6\ mol\cdot L^{-1}$
	1.34	$c(H_2SO_4)=8\ mol\cdot L^{-1}$
	0.84	$c(HClO_4)=0.1\ mol\cdot L^{-1}$
	1.025	$c(HClO_4)=1\ mol\cdot L^{-1}$
	1.27	$c(HNO_3)=1\ mol\cdot L^{-1}$
$CrO_4^{2-}+2H_2O+3e^{-} \rightleftharpoons CrO_2^{-}+4OH^{-}$	−0.12	$c(NaOH)=1\ mol\cdot L^{-1}$
$Cu^{2+}+e^{-} \rightleftharpoons Cu^{+}$	−0.09	pH=14.0
$Fe^{3+}+e^{-} \rightleftharpoons Fe^{2+}$	0.75	$c(HClO_4)=1\ mol\cdot L^{-1}$
	0.68	$c(H_2SO_4)=1\ mol\cdot L^{-1}$
	0.70	$c(HCl)=1\ mol\cdot L^{-1}$

续表

电极反应	$\varphi^{\ominus\prime}$/V	介　质
	0.46	$c(H_3PO_4)=2\ mol\cdot L^{-1}$
	0.51	$c(HCl)=1\ mol\cdot L^{-1}$
		$c(H_3PO_4)=0.25\ mol\cdot L^{-1}$
$H_3AsO_4+2H^++2e^-\rightleftharpoons HAsO_2+2H_2O$	0.557	$c(HCl)=1\ mol\cdot L^{-1}$
	0.557	$c(HClO_4)=1\ mol\cdot L^{-1}$
$I_3^-+2e^-\rightleftharpoons 3I^-$	0.545	$c(H_2SO_4)=0.5\ mol\cdot L^{-1}$
$MnO_4^-+8H^++5e^-\rightleftharpoons Mn^{2+}+4H_2O$	1.45	$c(HClO_4)=1\ mol\cdot L^{-1}$
	1.27	$c(H_3PO_4)=8\ mol\cdot L^{-1}$
$SnCl_6^{2-}+2e^-\rightleftharpoons SnCl_4^{2-}+2Cl^-$	0.14	$c(HCl)=1\ mol\cdot L^{-1}$
$Sn^{2+}+2e^-\rightleftharpoons Sn$	−0.16	$c(HClO_4)=1\ mol\cdot L^{-1}$
$Pb^{2+}+2e^-\rightleftharpoons Pb$	−0.32	$c(NaAc)=1\ mol\cdot L^{-1}$
	−0.14	$c(HClO_4)=1\ mol\cdot L^{-1}$
$Ti(Ⅳ)+e^-\rightleftharpoons Ti(Ⅲ)$	−0.01	$c(H_2SO_4)=0.4\ mol\cdot L^{-1}$
	0.12	$c(H_2SO_4)=4\ mol\cdot L^{-1}$
	−0.04	$c(HCl)=1\ mol\cdot L^{-1}$
	−0.05	$c(H_3PO_4)=1\ mol\cdot L^{-1}$

参 考 文 献

1. 朱寿珩. 定量分析. 3 版. 北京:北京农业大学出版社,1994.
2. 彭崇慧,等. 定量分析简明教程. 2 版. 北京:北京大学出版社,1997.
3. 北京大学化学系分析化学教研室编. 基础分析化学实验. 北京:北京大学出版社,1993.
4. 彭崇慧. 酸碱平衡的处理(修订本). 北京:北京大学出版社,1984.
5. 彭崇慧,张锡瑜. 络合滴定原理. 北京:北京大学出版社,1981.
6. 汪葆浚,等. 线性滴定法. 北京:高等教育出版社,1985.
7. 赵士铎. 定量分析. 北京:中国农业科学技术出版社,1996.
8. 叶宪曾,等. 仪器分析教程. 2 版. 北京:北京大学出版社,2007.
9. 李克安. 分析化学教程. 北京:北京大学出版社,2005.